생활과 과학

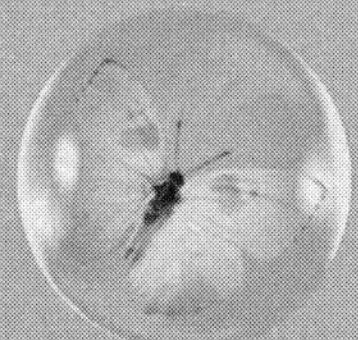

김영해 · 이철호 홍성엽 공저

자유아카데미

머리말

산업혁명 이후로 과학기술이 빠르게 발전하여 지금은 후기산업시대를 지나 정보화시대로 접어들었다. 우리 주위에는 과학기술에 의해 만들어진 많은 제품들이 존재하며, 그로 인해 생활이 예전에 비해 아주 편리해졌다. 예를 들면, 휴대폰의 발명 및 보급으로 언제 어디서나 통화하는 것이 가능해지고 있다. 그러나 모든 일에는 좋은 면만 있지 않는 법, 과학기술의 과도한 발달로 심각한 문제들이 생겨나고 있다. 예를 들면, 에너지의 고갈, 환경과 생태계의 파괴, 지구온난화와 살상무기의 대량 생산 및 인간의 소외 등의 심각한 문제를 안고 있다. 이 책에서는 전반적인 과학 보다는 과학의 일부인 화학을 중심으로 하여 내용을 전개해 나가려고 한다.

자연과학은 자연환경을 보다 쉽게 이해할 수 있는 지름길이다. 특히 화학은 자연의 이해와 아울러 지금의 기술문명을 이룩하는 데 중요한 역할을 하고 있다. 또한 많이 생산되는 화학제품들은 생활을 편리하게 해 주고 있다. 물론 이들 제품들의 관리 및 폐기물의 처리문제에도 관심을 가질 필요가 있다.

1부에는 과학의 정의와 탐구 방법 그리고 간단한 화학의 역사를 다루었고 또한 우리나라 과학의 과거 현재를 간단하게 소개하였다. 또한 기본적인 화학의 이론을 소개하였다. 2부에서는 주위에서 자주 접할 수 있는 화학물질들, 즉 화장품, 식품, 의약품 및 농약들에 대하여 간략하게 소개하였다. 3부는 주로 인간의 활동으로 생긴 환경문제의 현황과 해결방안을 다루었으며, 4부에서는 지구와 에너지 문제를 소개하였다. 내용은 일반인도 쉽게 이해할 수 있게 되도록이면 어려운 전문용어와 복잡한 수식을 생략하였다.

이 책이 비록 생활과 화학 교재로 집필되었지만 일반인을 위한 교양서적의 역할을 할 수 있게 되기를 바란다. 내용의 부족한 점은 추후 고쳐 나가겠다.

끝으로 이 책의 출판을 위하여 물심양면으로 도와주신 자유아카데미사에 진심으로 감사드리며, 교정을 보느라고 수고한 무기분광학 연구실 제자들에게도 감사의 말씀을 전한다.

저자들 씀

차례

제 1부 과학의 이해

제 2부 생활속의 화학

제 3부 인류와 환경 문제

제 4부 인류와 자원 문제

SECTION 01

과학의 이해

Chapter 01 자연과학의 이해
Chapter 02 기초화학 이론

자연과학의 이해

CHAPTER 01

1.1 자연과학이란 무엇인가?

자연과학을 정의하기 위하여 어원을 살펴보면 어떤 사물을 안다는 라틴어 scientia에서 유래되었으며 이런 의미에서 자연과학은 자연환경을 대상으로 탐구하는 인간 활동이라고 정의되어질 수 있고 이해나 상관관계 그리고 확립된 사실에 대한 합리적인 설명 등이 포함된다. 자연과학은 연구 대상에 따라서 크게 물리과학과 생명과학으로 구분된다. 물리과학은 대상이 주로 물질과 에너지이며, 여기에는 물리학, 화학, 지질학 그리고 천문학 등이 속한다. 생명과학은 생명체와 생명현상을 다루며 미생물학, 분자생물학, 유전학, 생태학 그리고 생리학 등이 포함되어 있다. 두 분야 간에 명확한 구분이 없고 이들을 연결시키는 새로운 학문영역 예를 들면 생물물리학이나 생무기화학 등이 출현하고 있다.

1.2 과학적 탐구 방법

실험이나 관찰에서 얻어진 현상들을 설명하기 위해서는 과거의 경험적 사실들로부터 추론하는 귀납적 방법을 쓰며, 이렇게 하여 결론을 얻기 위해서는 가설을 설정하는 경우가 많다. 가설을 설정하면 실험이나 관찰로 직접 검증할 수 있는 명제를 찾아내는 데 편리하다. 가설은 경험적 사실로부터 귀납됨으로써 일반화된다. 가령 원자구조의 가설을 설정하는데 태양계를 모델로 삼았던 것과 같이 가설은 어떤 모델로부터의 유추라고 할 수 있다. 어떤 모델을 택할 것인가 하는 것은 과학자의 지식이나 사고방식에 의존하며, 과학연구에 있어서 창조적 사고의 중요한 과제가 된다. 모델 중에는 태양계 같은 실질적인 모델과 방정식 같은 형식적인 모델이 있으며, 실질적인 모델은 실제로 존재하는 물체가 가지고 있는 성질을 추상화해서 구성하는 것이 보통이다.

연구대상과 어느 정도 공통된 성질을 가진 것을 모델로 삼고, 그 모델이 가지고 있는 다른 성질들이 연구대상에도 타당하다고 가정하여 가설을 세우는 것이 모델을 이용한 유추의 기본이다. 방대한 가설로부터 연역하지 않고 실험을 설계하기 위해서 세운 근거가 매우 박약한 가설은 작업가설이라고 한다. 그러나 일반가설과 명확히 구별되는 것은 아니다.

원칙적으로 실험은 가설을 검증하기 위해서 실시하는 것이지만, 자연계에서 복잡하게 일어나는 현상을 부분적으로 재생시켜서 관찰하려는 뜻을 가지고 있다. 즉, 실험은 분석과 불가분의 관계에 있다. 이렇게 인위적으로 조건을 설정하고 거기서 일어난 현상을 관찰하는 것이 실험이며, 따라서 실험은 우리들의 손으로 자연의 벽을 두드렸을 때 들려오는 소리를 듣는 것이다.

자연과학에서 실험이 가능한 것은 자연현상이 재현 가능하기 때문이다. 즉, 자연현상은 동일한 조건만 설정해 놓으면 반복해서 일어나게 할 수 있다. 다시 말하면, 재현 가능한 현상에 한해서만 실험이 가능하다는 이야기가 된다. 물론 생물현상은 반드시 재현 가능하다고는 할 수 없다. 그것은 개체나 세포들이 따로따로 변이를 일으키기 때문이다. 뉴턴 역학에서는 측정 가능한 기본개념으로서 시간 · 공간 · 질량을 설정하고, 다른 모든 개념은 이들 기본개념에서 유도된다. 숫자로 표현되는 개념은 주관성을 떠나서 객관적이며 누구에게나 똑같이 이해된다는 뜻에서 보편성을 가지고 있다. 과학법칙이 방정식으로 표시되고, 가설의 실험적 검증이 엄밀히 이루어질 수 있는 것은 모두 이 보편성 때문이다. 즉, 보편성이 만족되어야 정밀과학이라고 할 수 있다. 물론 생물학에서는 모든 분야가 측정 가능한 개념으로 성립된다고 말하기는 어렵다. 그러나 그 방향으로 접근하려고 하는 노력이 계속되어 왔다.

20세기 초에 P. W. 브리지먼은 과학의 개념은 측정조작의 방법에 따라 정의하지 않으면 안 된다는 조작주의를 제창하여 심리학을 포함한 모든 자연과학분야의 과학자들에게 큰 영향을 주었다. 그것은 A. 아인슈타인이 제창한 상대성 이론이 동기가 되어, 뉴턴 역학의 모든 개념이 수치로는 표시되어 있지만 정의 그 자체는 성질에 따라서 이루어졌다는 비판이 나온 데 근거를 두고 있다. 뉴턴의 만유인력은 행성의 운동에 관한 케플러의 법칙과 갈릴레이의 떨어지는 물체의 법칙을 토대로 하고 있다. 그런데 뉴턴의 법칙이 세워지면 갈릴레이의 법칙은 그것으로부터 이론적으로 유도되며, 그 의미가 명백해진다. 우리가 일반적인 고차원의 법칙을 찾으려고 노력하는 것은 이 때문이다.

과학적 설명의 문제점의 하나는 어디까지 설명해야 진정으로 설명한 것이 되느냐에 있다. 가령, 인과관계의 연쇄는 무한히 연장될 수도 있고 분할될 수도 있다. 실상은 '왜'라는 질문이 나왔을 때 이미 대답의 종류나 범위에 대한 기대가 있었으므로, 그것이 만족되면 일단 대답이 된다. 설명이 지적 만족의 문제라고 하는 것도 그런 의미 이다.

1.3 화학의 발전

화학은 연금술을 토대로 하여 발전하였다. 연금술은 가격이 저렴하고 양이 많은 금속을 귀금속으로 변환하기 위하여 시작된 것으로 헬레니즘 시대에 이집트의 알렉산드리아에서 활발하게 연구되었으며 아랍을 거쳐 유럽에 전해졌다. 연금술사들은 아리스토텔레스가 주장한 원소 변환 설을 근거로 모든 물질은 물, 흙, 공기, 불의 4원소로 되어 있으므로 이들의 비율을 여러 가지로 바꾸면 구리, 철, 납 같은 금속으로부터 금, 은 같은 귀금속을 만들 수 있다고 생각하고 연구하였다. 그러나 실제로 황금을 잘 만들 수 없게 되자 원소의 변환에는 철학자의 돌이 필요하다는 믿음이 점차 확산되어 이것을 찾기나 만들기 위하여 연금술사들은 온 힘을 기울였지만 결국 발견되지 않았다. 흔한 돌이나 값싼 금속에서 귀금속을 만들어 내는 일은 실패하였지만 그 과정에서 화학의 기초 지식이 축적되었다. 그들은 여러 가지 물질들에서 화학적 변화를 일으키는 다양한 방법들을 발견하였고, 질량을 측정하는 저울이나 금속을 녹이는 도가니, 플라스크, 증류기 등 많은 화학 기구들을 발명해 내었다.

17세기부터 반 헬몬트와 보일은 기체에 대한 연구를 하여 근대 화학의 새 지평을 열었다. 보일은 기체의 부피와 압력은 반비례한다는 보일의 법칙을 발견하였다. 그리고 샤를이 발견한 기체의 부피는 절대온도에 비례한다는 샤를의 법칙으로부터 기체상태 방정식이 얻어졌다 ($PV = nRT$, P:압력. V:부피, n:몰수, R:기체상수, T:절대온도). 그 후에 가연성 물질이 연소할 때 플로지스톤이 방출된다는 플로지스톤설이 널리 퍼졌지만 라부아지에의 실험에 의하여 부정되었다. 라부아지에는 연소할 때 생기는 무게변화를 측정하여 물질이 연소하면 가연성물질의 무게가 증가하며 동시에 공기의 무게는 감소한다는 사실을 발견하여 연소는 산소와의 결합이라고 결론지었다. 또한 그에 의하여 질량불변의 법칙도 알려졌다. 돌턴은 그 때까지 알려진 일정성분비의 법칙과 배수비례의 법칙을 합리적으로 설명할 수 있는 원자론을 발표하였다. 그러나 기체의 반응을 원자론으로는 잘 설명할 수 없었고 이 문제는 아보가드로에 의하여 산소나 질소 등의 기체는 두 개의 원자로 만들어진 분자로 존재한다고 하여 해결되었다.

분젠과 키르히호프에 의해 확립된 스펙트럼분석법은 세슘과 루비듐 등의 새로운 원소를 발견하는데 큰 도움을 주었다. 그때까지는 유기물질이 천연물에서만 얻어진다고 믿어졌으나 뵐러에 의하여 무기물인 시안산암모늄을 가열하여 유기물인 요소가 얻어지자 유기물들의 합성이 활발하게 이루어졌다. 특히 케쿨레에 의하여 벤젠의 구조가 밝혀지면서 방향족 화합물들의 연구가 시작되어 천연염료 인디고, 알리자린 등이 합성되었다. 값싼 염료 등이 만들어지고 표백제 사용으로 의복 가격이 하락하여 수요가 급증한 것이 산업혁명의 원인이 되었다고 한다. 19세기에 들어와서 기초이론 연구가 시작되어 열화학과 전기화학 등의 물리화학이 생겨났다. 헤스의 법칙, 자유에너지 개념 등이 발표되었으며 반응속도 연구도 활발해졌다. 라울에 의한 용액의 어는점 내림과 증기압 내림

연구에서 이들이 용질의 농도에 비례한다는 것 (라울의 법칙)이 밝혀지면서 분자량을 정확하게 측정할 수 있게 되었다. 그때까지 발견된 원소들의 성질을 조사하여 멘델레예프가 주기율표를 만들어 체계적으로 연구할 수 되었다. 19세기 초에 베르너에 의하여 제안된 착물화학 이론으로 무기화학이 비약적인 발전을 하게 되어 오늘에 이르고 있다. 화학의 다양화의 예로서 지구화학과 우주화학이 있으며 환경오염이 점점 심각해지면서 환경화학이 독립된 분야로 발전하고 있다. 동양에서도 화학을 비롯한 자연과학의 연구가 활발히 진행되었지만 (고구려 천문도 등) 실용적인 연구에 치우치면서 더 이상의 발전이 이루어지지 않았다.

비료와 화약 등의 원료가 되는 암모니아가 대기 중의 질소에서 만들어지는 방법이 하버에 의해 발견되면서 곡물 증산에 큰 기여를 하였지만 동시에 대량살상무기의 개발에도 사용되었다는 사실은 핵이나 게놈프로젝트처럼 자연과학이 풀어야할 과제가 아닐까?

1.4 한국의 과학과 과학자들

고구려 시대에 석각천문도가 만들어졌다고 하며 원본은 사라졌지만 조선 태조 때 만들어진 천상열차분야지도 (약 1500개의 별과 280개의 별자리가 새겨져 있음)가 이것을 약간 수정하여 복원한 것이라고 기록되어 있는 것으로 보아 삼국시대 특히 고구려에 상당한 수준의 천문학이 발달하였다는 것을 알 수 있다. 또한 동양에서 가장 오래 된 천문대인 첨성대를 보아도 고대 한국의 자연과학 수준이 상당히 높았다는 것을 알 수 있다. 범종, 금속활자, 자기들의 제작에도 수준 높은 과학기술이 필요하였다. 고려 말기에 화약 제조법을 원나라에서 도입하여 화약을 만들어 실전에 사용한 최무선과 조선 세종 때 물시계, 천문기기, 금속활자를 만든 장영실 등도 유명하다. 조선 세종 때의 과학 기술자로 활약하였던 장영실은 동래현의 관노로 있다가 재주가 세종에게 인정되어 중국에 파견되어 천문기기를 연구하고 귀국하여 궁중기술자로서 활동하였다. 1424년에 물시계를 만들고 1432년에는 이천과 함께 천문기기를 설계하고 제작을 지휘하였다. 먼저 간의와 혼천의를 완성하였고 1437년에는 대간의, 소간의를 비롯하여 천평일구, 앙부일구, 일성정시의, 규표 등을 만들었다. 1434년에 자격루를 만들었고 그 공으로 대호군에까지 승진하였으며 그 은혜에 보답하고자 옥루를 만들었다. 옥루는 중국과 아라비아의 물시계에 대한 모든 문헌을 철저히 비교 연구하여 이룩한 천상시계이다. 또한 이천과 함께 금속활자의 주조사업에도 노력을 기울여 조선시대의 활판 인쇄 기술을 대표하는 갑인자와 그 인쇄기를 완성하였다. 그러나 뿌리 깊은 신분 차별의 벽을 넘지 못하고 세종이 타는 가마를 부실하게 제작하여 세종을 다치게 했다는 죄목으로 벼슬에서 쫓겨난 후 어떻게 되었는지 알려지지 않고 있다.

그러나 농업, 군사 등의 실용적인 면에만 치우쳤고 조선 시대부터는 성리학에만 주력

하는 닫혀있는 사회분위기에서 자연과학은 더 이상 발전하지 못하였다. 조선의 자연과학은 17세기부터 명나라, 청나라를 통해 서양의 과학기술이 전해지면서 실학의 형태로 연구되기 시작하였다. 홍대용은 지동설을 주장하였고 수원화성의 건축에 당시의 첨단기술이 사용되었다고 한다. 수원화성은 정조에게서 수원성 축성의 명을 받은 정약용이 1794년에 축조하기 시작하여 2년 반이나 걸려 1796년 완성되었다. 그는 가장 이상적인 성곽을 만들기 위하여 자재를 운반하는 새로운 수레와 거중기라는 돌을 들어 올리는 첨단기계까지 고안해 냈다. 2백년 전, 흑산도에서 홍어를 사가지고 돌아오던 중 표류를 당했던 신안 우이도의 홍어장수 문순득은 온갖 우여곡절을 겪으며 일본 오키나와 (당시 유구국)과 필리핀 (당시 여송국), 마카오(당시 광동 오문), 중국을 거치는 전대미문의 표류를 하게 된다. 하지만 표류라는 절망적인 상황에서도 문순득은 좌절하지 않고 각 나라의 문화와 언어 등을 빠르게 습득하며 이국의 문명과 소통할 줄 알았던 인물이다. 훗날 문순득은 제주도에 표류한 필리핀 표류민들의 통역을 맡아 상인으로는 드물게 조선왕조실록에까지 이름을 올린다. 당시 신안 우이도에 유배 중이던 손암 정약전은 문순득이 표류 당하기 전부터 신분을 뛰어넘는 교우가 있었던 것으로 추정된다. 길고 먼 표류에서 세계 문물을 체험하고 돌아온 문순득의 표류 경험을 높이 샀던 정약전은 직접 표류기를 대필하게 되는데... 문순득과 정약전의 우정이 낳은 역사적인 표류기가 바로 지난 2백년동안 신안 우이도에 묻혀 있었던 〈표해시말〉이다. 절망적인 표류 상황을 희망으로 바꾼 바다 사나이 문순득의 표류기는 당대 실학자들의 학문과 사상에도 지대한 영향을 끼친 것으로 드러났다. 다산 정약용의 〈경세유표〉, 그리고 문순득의 표류기와 함께 발견된 조선 최초의 선박 관련 논문인 〈운곡선설〉 등이 전해지고 있다. 과학기술은 최한기 등에 의하여 전파되기 시작하였으며 김정호의 대동여지도와 이제마의 사상의학으로 이어지게 된다. 최한기는 많은 책을 남겼으며 그가 다룬 분야는 천문학, 의학, 물리학, 수학, 농학, 지리학 등이었다. 이 움직임은 안동김씨 등의 세도 정치와 대원군의 쇄국 정책에 의하여 맥이 끊어지게 된다.

본격적인 서양의 앞선 과학기술의 도입은 조선시대 말에 개항하면서부터이지만 (그 당시의 과학기술선구자들로 변수. 서재필, 지석영, 김정동, 상호, 유전 등이 활약하였다.). 곧 일본에 의해 식민지가 되면서 일본을 통한 간접적인 도입이라는 한계를 가지게 된다. 그 당시의 선지자들은 과학기술의 필요성은 절실히 느끼면서도 사농공상의 관습에서 완전히 벗어나지 못하여 직접 과학기술계에 뛰어들려고 하지 않고 대신 사람들의 계몽에만 그친 한계를 보였다 (이광수가 쓴 최초의 근대소설 '무정'에 이런 현실이 잘 묘사되어 있음). 조선 시대의 신분사회에서 생활하였던 지식인층들은 과학기술을 배우기보다는 법과를 공부하여 관직으로 나가려 했으며 안타깝게도 이런 경향은 아직도 계속되고 있다. 식민지 시대에는 석주명, 조복성, 원홍구, 이태규, 리승기, 김양하 등이 유명하며 특히 이태규와 리승기는 광복 후에도 큰 역할 내지는 영향을 미쳤다. 이태규는 미국의 유타대학에서 연구 활동을 벌이면서 한국과학자들을 배출하여 남한의 과학기술

발전에 지대한 기여를 할 수 있게 하였다. 리승기는 북한에서 바닐론 생산을 주도하였지만 시대의 흐름에는 부응하지 못하였다. 씨없는 수박으로 유명한 우장춘은 농업 원예 분야에서 상당한 업적을 만들었다. 60년 이후 남한의 경제개발이 본격화되면서 과학기술이 비약적으로 발전하기 시작하였다고 할 수 있다.

현재는 선진기술을 도입 모방하는 수준을 넘어 독자적인 과학기술개발도 활발히 이루어지고 있다. 현재 상당수의 과학기술자들이 국내외에서 활발하게 연구하고 있으므로 멀지 않은 장래에 한국에서도 과학 분야에서 노벨상 수상자들이 배출되리라고 생각된다. 김성욱, 이서구, 김순권, 이호왕, 김성배, 김성호, 최원규 등이 유력시되고 있다. 그렇지만 기초적인 연구보다는 실용적인 연구에 치중하는 경향이 많아 기초가 튼튼하지 못하다는 점과 자라나는 청소년들이 점점 의학, 한의학, 약학 등에 몰리는 경향이 점차 심화되어 우수한 인재를 키우기가 어렵다는 점들이 미래에 어두운 그림자를 던지고 있으므로 계속적인 우리나라의 발전을 낙관할 수 없다는 현실이 안타깝다. 또한 우리나라에서는 고위 관직이나 기업체의 고위직에 과학기술자가 채용되는 경우가 아주 드물다. 우리나라의 과학기술자들이 문과적 소양이 부족하다고 하지만 이 현상은 그렇게 만든 교육의 책임에 의한 것이라고 생각된다. 이런 이유들로 우수하고 야심에 찬 젊은이들이 과학기술계에 종사하기를 원하지 않는 것이 아닐까?

1.5 과학기술의 지속적인 발전

당연히 사람들은 보다 나은 대우를 원한다. 따라서 이공계 고등학생들이 의대에 진학하여 수입이 많고 명성이 높을 수도 있는 의사가 되려고 하는 것이 이런 측면에서는 타당성이 있다. 그러나 여기서 우리는 많은 것을 생각해야 한다. 일단 두 가지만 논의하도록 해보자.

첫째로 병원에서 사용하는 많은 첨단 장비들은 기초과학의 발달과 그것을 응용한 기술의 진보에 의하여 만들어진 것이다. 열역학, 전자기학, 분광학 등의 기초가 되는 학문과 순수하게 분리하는 기술, 반도체 제조, 발전기와 전동기 등에 의한 전기에너지의 사용 등의 기술이 뒷받침한 결과로 지금 의사들은 첨단 장비를 이용하고 있는 것이다. 따라서 앞으로도 병원에서 첨단기술과 장비를 사용하여 보다 많은 환자들에게 도움을 줄 수 있게 하기 위해서는 기초 과학의 육성이 필수적이다.

두 번째로는 자연과학은 합리성을 추구한다. 즉 철저한 계획, 실험 그리고 결과의 검증 및 해석을 필요로 한다. 또한 과학에 종사하는 사람들의 개성적인 아이디어를 중시한다. 자연과학이 계속하여 발전하기 위해서는 정형화된 지식인들처럼 고정관념에서 벗어나지 못하는 것이 아닌 합리적인 시고로서 타당성이 인정된다면 과감하게 고정관념을 부술 수 있는 열린 마음의 소유자들이 요구되며 사회 역시 열린사회가 되어야 한다. 개인이 가지고 있는 개성, 능력, 참신한 아이디어를 최대한 발휘할 수 있도록 사회, 교육, 정치 등이 변화되어야 미래의 우리나라가 발전할 수 있는 원동력이 되는 과학 기술이 진보할 수 있어야 하며 이런 미래에 대한 비젼을 종교계가 뒷받침하여야 한다. 우리나라의 경제 수준은 세계 11위이지만 우리나라보다 아주 경제면에서 뒤쳐져 있는 인도도 과학 분야에서 노벨상 수상을 하였는데 (굳이 이웃인 일본의 예는 언급하지 않아도 잘 알려져 있다.) 아직도 우리는 가능성만 있다.

기초 자연과학 분야에 우수한 인재들이 많이 지원하고 과학 기술의 발전에 매진할 수 있도록 사회 전체가 노력하지 않으면 우리나라는 영원히 남의 뒤꽁무니만 쫓아가는 나라로 만족하여야 할 것이다.

1.6 최근의 과학 이론

1.6.1 상대성 이론

상대성 이론의 골자는 반응이 일어날 때의 질량감손이 에너지로 변환된다는 것 즉 물질이 에너지로 바뀔 수 있고 또한 에너지가 물질로 바뀔 수 있다는 것이다. 이 이론이 원자폭탄과 수소폭탄을 만드는 이론적 기초가 된 것이다.

우선 빛에 대한 이야기로 실마디를 풀어가보자. 르네상스 이후로 자연과학이 태동하였을 때 빛에 대한 연구가 진행되었다. 유명한 뉴턴에 의하여 '빛은 입자이다. 왜냐하면 빛이 반사할 때나 굴절할 때 입자로 설명하면 사실과 부합되기 때문이다' 는 입자설이 제안되었다. 그러나 빛 역시 회절과 간섭 현상을 일으킨다는 사실이 알려지면서 빛의 본질은 입자가 아니고 파동이라는 파동설이 호이겐스 등에 의하여 주장되었고 19세기의 맥스웰에 의하여 집대성되었다. 일반적으로 파동이 전달되려면 매질이 필요하므로 빛의 경우에는 매질이 무엇일까 하는 의문을 풀기 위하여 가상의 매체인 에테르를 통하여 전달된다고 가정하고 에테르의 존재를 증명하려고 노력하였지만 결국 성공하지 못하였다.

한편 빛의 속도를 측정하는 노력도 이루어졌다. 갈릴레이에 의하여 빛의 속도가 상상할 수 없을 만큼 크기는 하지만 무한대는 아니라고 주장된 후 측정하기 위해서는 아주 짧은 시간을 측정하거나 또는 아주 긴 거리를 측정하여 빛의 속도를 결정하자는데 의견이 일치하였다. 유명한 마이컬슨의 실험에 의하여 측정된 광속도가 3×10^8 m/sec이었으며 오늘날에도 받아들여지고 있다. 또한 빛의 속도보다 더 큰 속도는 없다는 것이 제안되어 진리로 받아들여졌다.

빛이 파동이라고 생각하면 전달하는데 필요한 매체를 찾지 못하였다는 딜레마에 빠져 있는 와중에 흑체복사라는 문제가 불거졌다. 흑체복사는 빛이 파동이라는 이론 (파동설)로는 만족스럽게 해결할 수가 없었다 (ultraviolet catastrophe). 이 문제는 1900

년에 막스 플랑크가 양자설을 제안하면서 해결되었다. 플랑크의 이론은 '빛은 연속된 에너지를 가지고 있지만 방출되거나 흡수할 때는 불연속적인 에너지 형태이다' 는 것이다. 헌 부대에 담긴 새 술처럼 플랑크는 양자역학을 처음으로 제안하였지만 고전역학에도 미련을 가지고 있었다.

그 뒤 광전효과 현상을 설명하면서 빛은 불연속적인 에너지를 가진 입자 (광량자)이면서 파동운동을 한다는 광량자론이 등장하여 오늘날까지 이어지고 있다. 간단하게 광전효과 현상을 설명하면 빛을 금속 표면에 쪼이면 전자가 방출된다는 것이며 텔레비전, 전광판 등에 이용되고 있다.

아인스타인이 이런 이론들을 바탕으로 사고하였을 것이다. 물체를 가속하여 속도가 빛의 속도에 접근하면 어떤 현상이 예상될까라는 문제를 심사숙고하였을 것이다. 이런 것처럼 실제로 실험하기 곤란한 문제에 대하여 머릿속으로 실험해보는 것을 사고실험이라고 하며 과학 특히 물리학에서는 중요한 역할을 하고 있다. 물체의 속도는 광속도보다 더 커질 수는 없으므로 속도가 광속도보다 아주 작을 때에는 흔히 볼 수 있듯이 주어진 에너지가 속도의 증가에 이용된다. 그러나 속도가 점점 광속도에 접근하면 속도의 증가 비율이 감소하므로 에너지가 어떻게 될까? 바로 여기서 천재성이 발현되는 것이다. 발상의 전환 즉 그때까지는 물질의 질량이 불변이라고 모두가 생각하였는데 사실은 불변이 아니고 변할 수 있으며 에너지가 질량을 크게 할 수 있다 즉 에너지가 물질이 될 수 있다는 혁명적인 발상을 하게 된 것이다. 이것이 특수 상대성 이론의 골자이며 일정한 속도로 운동하는 물체의 속도가 광속도에 가까워지면 길이는 감소, 시간은 늦어지며 질량은 증가한다.

일반 상대성 원리는 물체가 가속도 운동을 할 때 가능한 현상에 대한 이론이다. 결론부터 말하면 가속도와 중력의 작용은 같으며 구별할 수 없다는 것이다. 가속되어 앞으로 움직이는 우주선에서 사과를 놓치게 되면 사과는 그 순간의 속도로 움직이며 우주선의 속도는 계속 증가하게 되니 우주선의 밑바닥이 사과를 쫓아와서 결국은 부딪히게 되고 사과는 바닥에 있게 되는 것이다 (가속도에 의한 설명). 이 현상을 다르게 표현하면 사과가 바닥으로 떨어지게 되고 그 후에는 계속하여 바닥에 있게 된다고 볼 수도 있다 (중력에 의한 표현). 좀 더 쉬운 예를 들어 보자. 등속도로 움직이는 엘리베이터에서는 무게의 변화가 없다. 반면에 가속되어 위로 움직이게 되면 무게가 증가하며 내려가게 되면 무게가 감소한다. 이런 일이 일어나면 안 되지만 만약에 줄이 끊어져 자유 낙하하는 엘리베이터 속에서는 0이 되는 무중력 상태를 경험하게 되는 것이다. 이 현상 역시 가속도와 중력은 동일한 효과를 가진다는 것을 말해주고 있다.

중력이 지구 보다 더 큰 별에서는 시계가 느리게 가는 현상이 일어난다. 이것은 암모니아가 반전운동을 할 때의 주기를 비교하면 관측할 수 있다. 중력이 큰 별에서는 주기가 느려지므로 방출되는 마이크로파의 진동수가 증가하는 즉 적색편이가 관측된다. 빛의 정지 질량은 0이라고 생각되지만 빛 역시 중력에 의하여 경로가 바뀐다. 그러나 지구에서는 중력이 약하여 실제로 관측할 수 없지만 중력이 강한 별들에서는 빛이 별 쪽으로 휘는 것을 관측할 수 있다. 아주 중력이 강한 별 즉 블랙홀에서는 빛조차도 탈출할 수 없게 되는 것이다.

1.6.2 반입자의 세계

전기적으로 양인 양성자와 중성인 중성자가 아주 강하지만 범위가 아주 좁은 핵력(중간자의 방출과 흡수에 의한 교환력)에 의하여 결합되어 있는 원자핵 주위를 음의 전기를 가지고 있는 전자들이 회전하고 있는 원자로 이루어진 것이 우리가 알고 있는 우주이다. 그렇다면 전기적으로 음인 반양성자와 중성인 반중성자가 핵력으로 결합되어 있는 원자핵 주위를 양의 전기를 가지고 있는 양전자들이 회전하고 있는 반원자로 이루어진 우주가 있을 수 있는 가능성이 있다.

우리의 우주에서 원자번호 11번인 소듐은 11개의 양성자와 12개의 중성자로 이루어진 원자핵 주위를 11개의 전자가 회전하고 있으므로 가장 외각에 있는 전자 (최외각 전자) 하나가 비교적 용이하게 떨어져 소듐 양이온이 된다. 반면에 원자번호가 17인 염소는 양성자 17, 중성자 18 또는 양성자 17 중성자 20의 원자핵 주위를 전자 17개가 회전하고 있다. 이 경우에는 전자 하나를 받아들여 음이온이 되는 경우가 유리하다. 즉, 소듐 금속과 염소 기체가 반응하게 되면 소듐 양이온과 염소 음이온으로 이루어진 염, 염화소듐이 만들어진다.

반우주에서는 소듐 원소가 양전자를 잃고 염소 원소가 양전자를 받아들이므로 소듐이 음이온이 되고 염소가 양이온이 된다(반 염화소듐이라고 부르기로 하자).

그러면 이들 두 경우에 생성물의 구조가 어떻게 될까?

염화소듐에서는 작은 소듐 양이온과 큰 염소 음이온이 교대로 배열된다. 반 염화소듐에서는 작은 소듐 음이온과 큰 염소 양이온이 교대로 배열된다. 결론적으로 말하여 염화소듐과 반 염화소듐은 동일한 구조를 가지고 있다. 전기적으로 양성인 존재와 음성인 존재가 서로 반대라는 차이 외에는 동일하다. 그러나 인간과 인간은 악수할 수 있고 반 인간과 반 인간 역시 악수할 수 있지만 인간과 반 인간은 어느 정도 거리를 두고 있어야만 한다. 만일 이 거리 내로 접근하면 강한 인력에 의하여 서로 충돌하게 되고 빛을 남기고 사라진다.

현재 각 나라의 소립자 연구실에서 강력한 입자 가속기에 의하여 많은 반입자들이 만들어지고 있고 연구 대상이다. 그러나 이들의 수명은 아주 짧다. 입자와 충돌하여 빛을 남기고 사라진다.

'천사와 악마'에서 뛰어난 물리학자 신부님이 거의 1g에 달하는 반입자를 만들었다는 이야기가 나온다. 이 책에 나온 대로 반입자 물질은 가공할 위력을 가진 폭발 물질로 사용될 수도 있다. 물론 이 정도 크기의 반입자를 만드는 것도 불가능하다고 생각하며 설사 만들었다고 하더라도 보관하는 것도 불가능할 것이므로 실제로 일어나지는 않을 것이다. 그러나 이런 생각만으로 충분히 두렵다.

과학의 끝은 과연 어디일까?

1.6.3 빅뱅이론

1920년대 A. 프리드먼과 A. G. 르메트르 신부에 의하여 처음으로 제안되었으며 1940년대 G. 가모에 의하여 체계화된 우주의 생성에 관한 이론이 바로 빅뱅이론이다. 이 이론은 H. 허블에 의한 우주팽창론과 우주배경복사인 절대온도3K를 가지는 마이크로파의 발견에 의하여 입증되었다.

이 이론을 간단하게 설명하면 다음과 같다. 약 200억 년 전에 고온의 고밀도 상태가 대폭발을 일으켜 빠른 속도로 팽창하며 온도가 내려가기 시작하였다. 최초에는 에너지가 빛의 형태로 존재하였는데 시간이 지나며 빛에서 물질과 반물질이 생성되었다. 이렇게 생성된 대부분의 물질-반물질 쌍은 곧 다시 충돌하여 빛으로 돌아갔지만 빠르게 팽창하는 우주에서 물질과 반물질의 불균일한 분포에 의하여 물질과 반물질이 따로 존재할 수 있게 되었다. 즉 우리가 살고 관측하는 우주는 물질로 이루어진 세계이다. 우주 멀리 어느 곳에는 반물질로 이루어진 세계가 존재할 지도 모른다.

이제 물질과 반물질에 대하여 알아보기로 하자. 물질의 기본 단위는 분자이며 분자는 원자로 이루어져 있다. 원자를 좀 더 자세히 들여다보면 양성자와 중성자들이 모여 있는 원자핵과 그 주위를 돌고 있는 전자로 되어있다는 것을 알 수 있다. 지금까지 언급된 양성자, 중성자, 전자 및 여러 중간자들 즉 소립자들이 우리가 알고 있는 입자이며 입자와 성질이 다른 반입자도 존재하며 연구실에서 만들어지고 있다. 이런 세계를 상상하여 보자. 반양성자와 반중성자들로 이루어진 반원자핵 주위를 양전자가 공전하며 반 중간자들이 핵을 유지하는 핵력을 공급하는 즉 반원자 반 분자 그리고 반물질이 모여 이루어진 반우주가 존재할 지도 모른다.

한 가지 의문이 남아 있는데 반입자가 반중력을 가지고 있느냐는 아직 풀리지 않은 과제이다.

1.6.4 우주의 팽창

우주의 팽창에 대하여 소개하기 전에 도플러 효과에 대하여 알아보자. 기차가 기적을 울리며 다가오면 기적소리가 점점 커져가며 관찰자를 지나쳐 멀어지면 소리가 점점 작아지는 현상을 경험한 일이 있을 것이다. 이 현상은 음원이 음파(소밀파)의 파장이 관찰자에게로 접근하면 짧아져 소리가 크게 들리고 관찰에게서 멀어지면 길어져 소리가 작아지는 현상이다. 광원의 경우에도 비슷한 현상이 발견된다. 즉 광원이 가까워지면 파장이 짧아져 청색으로 편이 되며(청색편이), 광원이 멀어지면 파장이 길어져서 적색으로 편이(적색편이) 된다.

1929년에 허블이 윌슨 산에 설치된 100인치 망원경을 사용하여 은하들의 적색편이가 지구로부터의 거리에 비례하여 증가한다는 현상을 관찰하였다. 이 현상을 관찰하기 위해서는 별 또는 성운, 성단의 거리를 계산할 수 있어야 한다. 거리를 계산하는 방법 역시 허블에 의하여 발견되었다. 성운에 있는 변광성의 겉보기 밝기를 측정하고 절대밝기를 주기로부터 추정해서 그 들의 거리를 금방 계산할 수 있었다. 예를 들면 안드로메다 성운에 속하는 케페이드 변광성의 겉보기 밝기가 절대밝기에 비례하고 거리의 제곱에 반비례하는 간단한 법칙을 사용해서 안드로메다 성운의 거리를 계산할 수 있었다. 적색변이가 지구에서의 거리에 비례하여 증가하는 사실에서 우주는 팽창하며 지구에서 멀리 떨어질수록 더 빨리 멀어진다는 현상이 밝혀졌다.

그러면 여기에서 의문이 생긴다. 우주는 계속하여 팽창할 것인가? 아니면 어느 시기에 팽창을 멈추고 수축하겠는가? 전자의 경우라면 빅뱅이 일회성이며 우주는 계속 팽창하여 결국에는 암흑만이 지배하는 세계가 전개될 것이며 후자의 경우라면 빅뱅, 팽창, 수축, 다시 빅뱅, 팽창, 수축, … 이 계속해서 일어날 것이다. 어느 쪽이 맞느냐는 우주의 곡률이 양이나 음이냐에 달려 있다. 마케도니아의 알렉산더 대왕이 페르시아를 정복하여 시작된 헬레니즘 시대에 문화의 중심지였던 알렉산드리아에서 거주하면서 기하학의 기본 법칙을 체계적으로 확립하여 아직까지도 초등학생과 중학생을 어렵게 만드는 유클리드의 유명한 공리 "삼각형의 세 각의 합은 180도이다"가 성립하면 평면, 성립하지 않으면 곡면이라고 한다. 이 정의에 따르면 원기둥, 원뿔, 삼각뿔 등은 평면이고 공과 말안장 등은 곡면이다. 공의 경우에 두 점을 적도 위에 두고 나머지 한 점을 북반구의 임의 점으로 하여 삼각형을 그려 세 각의 합하면 180도 보다 크다는 것을 알 수 있다. 말안장은 상상하기 힘들지만 삼각형을 그려 세 각의 합을 구하면 180도 보다 작아진다. 이런 의미에서 세 각의 합이 180도 보다 큰 공은 양(+)의 곡률을 가진 곡면이라고 하며 말안장처럼 세 각의 합이 180도 보다 작은 입체는 음(−)의 곡률을 가진 곡면이라고 한다.

만약에 우주가 양의 곡률을 가진 곡면이면 수축과 팽창을 반복하는 닫힌 우주이며 음의 곡률을 가진 곡면이면 계속하여 팽창하는 열린 우주라고 예상되고 있다. 아직까지는 우리의 우주에 대한 지식이 많이 부족하므로 우리의 우주가 위의 어느 경우에 해당하지는 지는 아직 모르고 있으며 관측 결과에 의해 아직도 우주는 팽창하고 있는 중이다. 앨버트 아인슈타인은 광전효과(photoelectric effect, 다음에 자세히 소개할 예정)에 대한 업적으로 1921년에 노벨물리학상을 수상하였으며 특수 및 일반상대성 이론(이것도 다음에 소개)을 발견하여 우리들의 시공간 개념을 변화시켰고 통일장 이론을 연구하고 있었다.

아직까지는 어느 가설이 옳은가는 확실하게 밝혀지지 않고 있다. 미래의 언제인가 밝혀지겠지만 나는 빅뱅, 팽창, 수축이 반복되기를 바란다.

연습문제

1. 연역법과 귀납법을 비교 설명하라

2. 중국의 연금술은 주로 어디에 중점을 두었을까?

3. "공화국은 과학자를 필요로 하지 않는다" 는 무슨 뜻일까?

4. 원자력은 우리에게 복을 주는가 아니면 재앙을 주는가?

5. 우리나라에서 금속활자 기술을 이용한 도서 출판이 활발하지 않았던 이유가 무엇이었을까?

6. 현재 우수한 이공계 인력이 점차 의학, 약학 등으로 몰리는 경향이 뚜렷하다. 이유가 무엇이라고 생각하는가?

기초 화학 이론

CHAPTER 02

2.1 물질

물질은 순물질과 혼합물로 나누어진다. 순물질은 성분이 하나이며 구성이 일정하다. 혼합물은 둘 이상의 성분으로 되어 있으며 구성이 변한다. 물 (H_2O), 염화소듐 (NaCl), 순금(Au)은 순물질이며 염화나트륨이 물에 녹으면 혼합물이 되므로 두 물질의 비를 다양하게 할 수 있다. 순물질은 단체와 화합물로 나누어진다. 단체는 하나의 원소로 이루어져 있고 화합물은 둘 이상의 원소들이 일정한 비로 결합하여 이루어진 물질이다. 수소 (H_2), 산소 (O_2), 디아아몬드 (C), 순금 (Au), 염소 (Cl_2) 등은 단체이며 물 (H_2O), 염화소듐 (NaCl), 이산화탄소 (CO_2) 등은 화합물이다.

2.2 원자의 구조

원자는 화학결합을 할 수 있는 원소의 기본단위이다. 돌턴은 원자를 매우 작고 더 이상 나눌 수 없는 것으로 생각하였다. 그러나 그 후에 이루어진 일련의 연구를 통해 원자에 내부 구조가 있다는 것이 밝혀졌다. 즉 원자는 전자, 양성자 및 중성자로 구성됨을 발견하였다.

2.2.1 전자

기체 방전관에 전류를 통하면 빛을 방출하며 기체의 압력이 감소함에 따라 양극 (+) 쪽으로 어두운 띠가 흐르는 것이 관찰되었다. 충분히 낮은 압력에서는 빛이 방출되지 않지만 전류는 계속 흘렀다. 진공 속에서 전류를 운반하는 물체는 미지의 존재였다. 왜냐하면 기체가 없어지면 기체분자에서 전하운반체가 나올 수 없기 때문이다. 미지의 전하 운반체는 음극에서 나왔으므로 음극선이라고 불리어졌다. 미지의 존재인 음극선을 사용한 실험에서 음극선이 유리관 내벽을 때리면 밝은 빛이 방출되며 유리관 속에 있는 금속 박편을 가열하여 백색광이 발생할 수 있을 정도로 많은 에너지를 가지고 있었다. 또한 이들은 음전하를 이동시켰으며 전기장이나 자기장에 의하여 진행경로가 휘어졌다.

음극선의 성질에 대한 논란은 1897년 캠브리지 대학의 캐번디시 연구실의 톰슨이 음극선이 음전하를 가지고 있는 입자들이라는 사실을 증명함으로서 해결되었다. 그는 자기장에 의해 휘어진 음극선의 진행 경로를 전기장으로 보정할 수 있는 장치를 만들어 전기장과 자기장의 세기를 조절하여 음극선이 휘지 않게 하여 음극선이 질량을 가지는 입자임을 밝혔으며 입자 (즉 전자)의 전하/질량비를 측정하였다. 현재 알려진 전자의 전하/질량 비 (e/m_e)는 1.7588196×10^{11} C/kg 이다.

전자의 질량과 전하는 1909년 밀리컨과 플레처에 의해 측정되었다. 그들은 현미경을 이용하여 전하를 띤 작은 기름방울의 운동을 관찰하였다. 기름방울들은 중력과 공기의 저항에 의하여 일정한 속도로 떨어진다. 이 때 수직방향으로 전기장을 걸어주면 기름방울이 공기 중에 떠있게 된다. 그들은 전기장이 있는 경우와 없는 경우의 기름방울의 낙하속도를 측정하여 중력가속도, 공기의 점도, 기름의 밀도에서 기름방울 하나의 전하량을 계산하였다. 계산된 전하는 항상 기본전하의 정수배를 나타내었으며 이 기본전하가 바로 전자 하나의 전하라고 생각하였다. 이 들이 구한 전하의 크기는 1.59×10^{-19}C 으로 현재 알려진 값과 매우 잘 일치한다.

$$e = 1.6021773 \times 10^{-19}\text{C}$$

e와 e/m_e값으로부터 전자의 질량이 얻어진다.

$$m_e = 9.109390 \times 10^{-31}\text{kg}$$

2.2.2 양성자와 핵

1900년대 초까지 원자는 전자를 포함하며 전기적으로 중성이라는 성질이 밝혀졌다. 전기적으로 중성을 유지하려면 원자에 있는 양전하와 음전하의 양이 같아야한다. 이 사실을 바탕으로 톰슨은 원자가 균일하며 내부에 전자를 품고 있는 양전기를 가진 공과 같은 입자로 생각하였으며 수년간 인정을 받아왔다. 캠브리지 대학에서 톰슨의 지도를 받았던 러더퍼드는 1910년에 α 입자를 이용하여 원자의 구조를 밝히려고 하였다. 그는 동료인 가이거와 학부생인 마스덴과 함께 방사능 원소에서 방출되는 α 입자를 매우 얇은 금박과 다른 금속박에 입사하여 일련의 실험을 진행하였다. 이 실험에서 그들은 대부분의 α 입자가 휘어지지 않거나 또는 단지 조금 휘어지면서 막을 통과하는 것을 관찰할 수 있었으며 때때로 α 입자가 큰 각도로 휘어지며 몇몇 예에서는 α 입자가 입사된 방향으로부터 다시 튀겨 되돌아오기도 하였는데 이는 매우 놀라운 발견이었다. 왜냐하면 톰슨의 모델에 의하면 원자의 양전하가 퍼져 있으므로 양전하를 가진 α 입자는 거의 휘어지지 않고 통과할 것으로 예측되었기 때문이었다. 그들은 이 실험결과를 설명하기 위해 원자의 대부분은 비어 있다고 제안함으로써 원자구조에 대한 새로운 모델을 제시하였다. 이 구조는 대부분의 α 입자가 거의 또는 전혀 휘어지지 않고 금박을 통과한다는 사실과 잘 부합하였다. 또한 원자의 양전하는 원자의 중심부분에 모여 있는 **핵**에 모두 집중되어 있다고 제안되었다. 산란실험에서 α 입자가 핵에 가까이 가면 큰 반발력이 생기므로 크게 휘어지고 핵을 향해 정면으로 움직이는 α 입자는 입자의 운동 방향을 완전히 반대로 바꿀 수 있을 정도의 큰 반발력을 받게 될 것이다. 핵에는 양전하를 가지는 입자 즉 양성자가 있으며 양성자의 양전자와 전자의 음전하는 서로 같은 반면 양성자의 질량은 1.67252 × 10^{-27}kg으로 전자 질량의 약 1840배이다. 원자 중심부분에 있는 핵은 원자 전체 질량의 거의 대부분을 차지하며 부피는 단지 원자 부피의 약 1/1013만을 차지한다. 원자의 반지름은 약 1 × 10^{-10}m인 반면 원자핵의 반지름은 약 5 × 10^{-15}m이다. 양성자는 원자의 핵에 밀집해 있으며 전자는 핵의 주위에 퍼져있다.

2.2.3 중성자

러더포드의 원자 모델에 의하면 수소원자는 양성자를 하나만 가지고 있으며 헬륨원자는 2개의 양성자를 가지고 있으므로 질량비는 2:1이어야 하지만 실제 비율은 4:1이다. 따라서 원자핵 내에 다른 형태의 입자가 존재하는 것으로 생각되었으며 이 입자는 1932년에 채드윅에 의해 발견되었다. 그는 α입자를 얇은 베릴륨 막에 충돌시켰을 때 γ선과 유사한 매우 높은 에너지를 가지고 있는 방사선이 금속에 의해 방출되는 것을 관찰했다. 후에 실험을 통해서 그 방사선은 양성자보다 약간 더 큰 질량을 가지며 중성인 입자로 되어 있음이 밝혀졌으므로 이 입자는 중성자라고 불리게 되었다. 헬륨의 핵에는 2개의 양성자와 2개의 중성자가 있으며 수소의 핵에는 양성자 하나만 있으므로 질량비는 4:1이 된다.

표 2.1 아원자입자의 질량과 전하

입자	질량(g)	전하	
		쿨롱(C)	단위전하
전자	9.1095×10^{-28}	-1.6022×10^{-19}	−1
양성자	1.67252×10^{-24}	$+1.6022\times10^{-19}$	+1
중성자	1.67495×10^{-24}	0	0

2.2.4 원자번호, 질량수 및 동위원소

원자번호 (atomic number, Z)는 그 원자의 핵 속에 있는 양성자의 수이다. 중성원자에서 양성자의 수는 전자의 수와 같으므로 원자번호는 원자에 있는 전자의 수이기도 한다. 원자의 화학적 성질은 거의 원자번호에 의해 결정된다. 질량수 (mass number, A)는 한 원자의 핵 속에 있는 양성자와 중성자를 합한 수이다, 수소를 제외한 모든 원자의 핵은 양성자와 중성자를 포함하고 있으며 질량수는 다음과 같이 주어진다.

$$\begin{aligned} \text{질량수} &= \text{양성자 수} + \text{중성자수} \\ &= \text{원자번호} + \text{중성자 수} \end{aligned}$$

원자에 있는 중성자의 수는 질량수와 원자번호의 차이와 같다(A−Z). 예를 들면, 플루오린의 질량수는 19이며 원자번호는 9이다. 따라서 중성자의 수는 19−9=10이다.

대부분의 경우에 원소의 원자가 모두 같은 질량수를 가지고 있는 것은 아니다. 원자번호는 같지만 질량수가 다른 원자를 동위원소라고 한다. 예를 들면 수소에는 3개의 동위원소가 있다. 양성자 하나만을 가지고 있는 수소가 있으며 중수소는 양성자 하나와 중성자 하나를 가지고 있고, 삼중수소는 양성자 하나에 중성자가 둘이다. 원소 X의 원자번호와 질량수는 다음과 같이 나타낸다.

$${}^{A}_{Z}\mathrm{X}$$

따라서 수소의 동위원소는 다음과 같이 나타낼 수 있다.

$${}^{1}_{1}\mathrm{H},\ {}^{2}_{1}\mathrm{H},\ {}^{3}_{1}\mathrm{H}$$

다른 예로서 질량수 235와 238인 두개의 우라늄 동위원소를 조사해보기로 하자.

첫 번째 동위원소는 원자로와 원자폭탄에 이용되지만 두 번째 동위원소는 이러한 응용에 부적합하다. 대부분의 원소의 동위원소는 질량수에 의해 알 수 있다. 그러므로 위의 두 동위원소를 각각 우라늄−235와 우라늄−238로 부른다. 원소의 화학적 성질은 주로 양성자와 전자에 의해 결정되며 중성자는 보통의 조건에서 화학변화에 영향을 미치지 않는다. 그러므로 한 원소의 동위원소들은 유사한 화학적 성질을 가진다.

2.3 분자와 이온

6개의 영족 기체 (He, Ne, Ar, Kr, Xe, 그리고 Rn)만이 일원자분자로 존재하며 대부분의 물질은 원자에 의해 만들어진 분자 또는 이온으로 되어 있다.

2.3.1 분자

분자는 물질의 성질을 가지고 있는 최소의 단위로 여러 개의 원자가 화학결합 (공유결합)으로 연결된 입자이다. 분자는 같은 원소의 원자로 이루어질 수도 있고 일정한 비율로 결합된 둘 이상의 원소의 원자로 이루어질 수 도 있다. 예를 들면 수소기체 (H_2)는 두 개의 수소원자 (H)로 되어 있는 분자이고 물 (H_2O)은 수소원자 (H) 둘과 산소원자 (O) 하나의 비율로 수소와 산소로 이루어져 있는 분자이다. 분자도 원자처럼 전기적으로 중성이다. 두 개의 원자로 이루어진 분자를 이원자분자라고 하며 수소분자 (H_2), 산소분자 (O_2), 질소분자 (N_2), 염화수소 (HCl) 및 일산화탄소 (CO) 등이 속한다. 셋 이상의 원자로 이루어진 분자를 다원자분자라고 하며 오존 (O_3), 물 (H_2O) 그리고 암모니아 (NH_3) 등이 있다.

2.3.2 이온

이온은 전하를 가진 원자, 원자단 또는 분자. 즉 원자, 원자단, 분자가 전자를 얻거나 잃을 때 만들어지는 하전체이다. 하나 또는 그 이상의 전자를 잃으면 알짜 양전하를 가지는 이온이 생성되는데 이를 양이온이라고 한다. 소듐 원자 (Na)가 전자 하나를 잃으면 소듐 양이온 (Na^+)이 된다.

Na 원자	Na^+ 이온
양성자 11개	양성자 11개
전자 11개	전자 10개

전자의 수가 증가하면 알짜 음이온을 가지는 이온이 생기는데 이를 음이온이라 한다. 염소원자 (Cl)는 염화이온 (Cl^-)이 되면서 전자 하나를 얻는다.

Cl 원자	Cl^- 이온
양성자 17개	양성자 17개
전자 17개	전자 18개

하나의 원자로 이루어진 이온을 일원자 이온이라고 하며 Na^+, Cl^-, Mg^{2+}, Fe^{3+}, S^{2-}, N^{3-} 등이 속한다. 다원자 이온은 둘 이상의 원자가 결합하여 생긴 이온이다. 예를 들면, OH^- (수산화이온), CN^- (시안화이온), NH_4^+ (암모늄이온) 등이 속한다.

2.4 화학식

분자와 이온을 화학기호로 나타낸 식이며 존재하는 원소의 종류와 결합 비율을 알 수 있다. 화학식에는 분자식, 실험식, 시성식 및 구조식이 있다.

2.4.1 분자식

분자를 이루는 성분 원자들의 종류를 원소 기호로 적고 그 수를 표시한 화학식을 분자식이라고 한다. 분자식에는 수소 (H_2), 산소 (O_2), 염소 (CI_2)등과 같이 두 원자로 이루어진 분자식과 이산화탄소 (CO_2)나 물 (H_2O)과 같이 세원자로 이루어진 분자식이 있고, 암모니아 (NH_3), 프로페인 (C_3H_8), 벤젠 (C_6H_6), 설탕 ($C_{12}H_{22}O_{11}$) 등과 같이 다원자로 된 분자식도 있다. 산소 (O_2)와 오존 (O_3)은 모두 산소의 기본적인 형태이다. 이와 같이 같은 원소로 이루어져 있지만 형태가 서로 다른 것을 동소체라고 한다. 탄소의 두 동소체인 다이아몬드와 흑연은 성질뿐만 아니라 가치에서도 아주 다르다. 분자량은 탄소 12 (^{12}C)원자 1개의 질량을 정확히 12로 하고, 이것을 기준으로 한 단위로 분자의 질량을 나타낸 값이다. 이전에는 산소분자의 분자량을 32.0000으로 하는 기준이 사용되었으나, 1961년 원자량 개정에 따라 ^{12}C가 기준이 되었다. 분자량은 분자를 구성하고 있는 원자의 원자량총합과 같다. 분자의 측정된 무게를 분자량으로 나눈 값을 몰수라고 한다.

2.4.2 실험식

실험식에서는 분자를 이루고 있는 원자들의 가장 간단한 정수비로 나타낸 화학식이다. 과산화수소의 분자식은 H_2O_2이며 수소와 산소의 비는 1:1이다. 따라서 과산화수소의 실험식은 HO가 된다. 에테인, 에텐 및 에틴의 분자식은 C_2H_6, C_2H_4, C_2H_2이며 실험식은 CH_3, CH_2, CH로 표시된다. 실험식은 원소분석에 의해 구해지며 분자식은 실험식에 분자량을 실험식량으로 나눈 값을 곱하여 얻는다. 예를 들어 에테인은 탄소와 수소원자로 이루어져 있고 비는 1:3이다. 따라서 실험식은 CH_3이며 실험식량은 15이다. 에테인의 분자량은 30이므로 실험식에 2(30 ÷ 15 = 2)를 곱하여 분자식 C_2H_6이 얻어진다.

2.4.3 시성식

분자 내에 화학적 성질을 결정하는 작용기가 있을 때, 이것을 중심으로 나타낸 화학식을 시성식이라고 한다. 원자들이 결합하여 한 단위가 된 것을 원자단이라고 하며 이 원자단이 어떤 특징을 가지면 작용기라고 한다. 유기 화합물은 작용기에 의해 성질이 결정되므로 시성식은 유기화합물을 표시하는 데 사용된다. 메탄올의 분자식은 CH_4O이지만 알코올의 특징을 나타내는 -OH를 표시하기 위하여 CH_3OH로 적고, 초산의 분자식은 $C_2H_4O_2$이지만 CH_3COOH로 적어 -COOH를 가지고 있는 것을 나타낸다.

2.4.4 구조식

분자를 이루는 원자들의 결합 모양이나 배열 상태를 결합 선을 사용하여 나타낸 화학식을 구조식이라고 한다. 분자를 구성하는 원자들은 원자가만큼의 결합 선을 가진다. 결합 선은 원자 사이의 결합을 표시하므로 원자와 원자 사이에 있어야 한다. 수소, 산소, 탄소의 원자가는 각각 1, 2 그리고 4이다.

CHAPTER 02

2.5 용액

용액이란 하나 이상의 물질이 다른 물질 속에 균일하게 섞여 있는 계이다. 용액은 용질들과 용매로 이루어지며 용질은 양이 작은 성분이며 용매는 양이 가장 많은 성분이다. 용매와 용질은 기체, 액체, 또는 고체로 되어 있지만 좁은 뜻의 용액은 용매가 액체인 것이다.

2.5.1 농도

용액의 농도는 일정한 양의 용액 또는 용매에 녹아 있는 용질의 양으로 표시한다. 많이 사용되고 있는 몰농도, 몰랄농도, 질량 백분율에 대해 알아보자. 몰농도 (M)는 용액 1L에 녹아 있는 용질의 몰수이다.

$$용질\ A의\ 몰농도\ (m) = A의\ 몰수/용액의\ 리터\ 수$$

1몰 황산용액 1L에 있는 황산의 몰수는 1이며 질량은 황산의 분자량 즉 98g이다. 몰랄농도 (m)는 용매 1kg에 녹아 있는 용질의 몰수이다.

$$용질\ A의\ 몰랄농도\ (M) = A의\ 몰수/용매의\ 킬로그램\ 수$$

질량백분률은 다음 식으로 표시된다.

$$용질\ A의\ 질량백분률 = (용질\ A의\ 질량\ /용액의\ 질량\ ) \times 100$$

2.5.2 용액의 묽힘

어떤 용액에 용매를 가하면 부피는 증가하지만 용질의 몰수는 변하지 않는다. 용액의 농도를 감소시키는 과정을 묽힘이라고 한다.

$$묽히기\ 전의\ 용질의\ 몰\ 수 = 묽힌\ 후의\ 용질의\ 몰\ 수$$

몰농도는 용액 1L 속의 용질의 몰수이므로 용질의 몰수는 다음 식으로 주어진다.

$$(\text{용질의 몰 수}/\text{용액의 리터 수}) \times \text{용액의 부피} = \text{용질의 몰 수}$$
$$\qquad M \qquad\qquad\qquad V$$

즉,

$$MV = \text{용질의 몰 수}$$

식이 얻어진다.

용액을 묽힐 경우에 용질의 몰수는 동일하므로 다음의 관계가 성립한다.

$$M_iV_i = M_fV_f$$

M_i와 M_f은 몰농도로 표시된 초기와 나중 농도이며 V_i 와 V_f는 초기와 나중 부피이다. 부피의 단위는 동일해야 한다.

2.5.3 용해도

■ 온도에 따른 용해도의 변화

대부분의 용질은 일정한 온도에서 특정용매에 대하여 제한된 용해도를 증가한다. 재결정법은 온도에 따른 용질의 용해도의 차이를 이용하여 정제하는 방법이다. 그러나 일부 고체의 용해도는 온도 증가에 따라 아주 조금씩 증가하며, 어떤 고체는 온도가 증가하면 오히려 용해도가 감소한다. 용질이 기체일 경우에는 온도가 내려가면 일반적으로 용해도가 증가한다.

표 2.2 물에 대한 할로젠화 알칼리 금속들의 용해도

염	용해도(g염/100g H_2O)	
	0℃	100℃
LiF	0.12	0.14(35℃에서)
LiCl	67	127.5
LiBr	143	266
LiI	151	481
NaF	4	5
NaCl	35.7	39.8
NaBr	79.5	121
NaI	158.7	302
KF	93.2 (18℃에서)	매우 잘 녹음
KCl	27.6	57.6
KBr	53.5	1004
KI	127.5	208

2.5.4 압력에 따른 용해도의 변화

용매가 액체인 경우 용질이 고체이거나 액체이면 압력이 변화해도 용해도에는 영향이 거의 없지만 기체가 녹아 있는 경우에는 용해도가 압력에 따라 크게 변화한다. 기체의 용해도와 압력은 Henry의 법칙을 따른다. 즉 용액에서 기체의 용해도는 기체의 압력에 비례한다. 예를 들면 탄산음료는 대기압보다 더 큰 기압에서는 용해된 이산화탄소를 함유하지만 캔을 따면 압력이 대기압으로 감소하므로 과량으로 용해된 이산화탄소가 거품이 되어 빠져나간다.

2.5.5 포화, 불포화 및 과포화 용액

특정한 온도에서 일정한 양의 용매에 녹는 용질의 양은 한계가 있다. 특정 온도에서 주어진 용매에 최대한의 용질이 녹아 있는 용액을 포화 용액이라고 한다. 포화 상태보다 더 작은 양의 용질이 녹아 있으면 불포화 용액이라고 하며 용질의 양이 포화용액보다 더 많으면 과포화 용액이라고 한다. 과포화 용액은 아주 불안정하여 자극을 주거나 시간이 경과하면 용질의 일부가 석출된다.

2.5.6 수용액에서의 반응

많은 화학반응들과 생명체 내의 반응들은 수용액에서 일어난다. 따라서 수용액에서의 물질들의 성질을 이해하는 것이 필요하다. 물에 액체나 고체가 녹아 있는 수용액을 알아보자.

1) 전해질과 비전해질

물에 녹는 모든 물질들은 전해질과 비전해질로 나눌 수 있다. 물에 녹아 전기가 흐르게 하는 물질들이 전해질이며 전기가 통하지 않으면 비전해질이다. 순수한 물에는 이온이 거의 없으므로 전기를 통하지 않지만 소량의 염화소듐 (NaCl)을 넣으면 양이온과 음이온이 생성되므로 전기가 흐른다. 한 편 설탕은 물에 녹지만 설탕 수용액은 전기를 통하지 않는다. 따라서 염화나트륨은 전해질이고 설탕은 비전해질이다. 수용액에서 거의 100% 이온으로 해리하는 전해질을 강전해질이라고 하며 강산, 강염기 그리고 그들의 염 등이 속한다. 반면에 이온화가 불완전하게 일어나는 약산, 약염기 등을 약전해질이라고 한다. 강전해질의 예로는 염산 (HCl), 수산화소듐 (NaOH) 수용액 등이 있고 약 전해질에는 초산, 암모니아 수용액 등이 속한다. 비전해질에는 에탄올, 요소, 포도당 등이 속한다.

표 2.3 수용액에서의 용질의 분류

강전해질	약전해질	비전해질
HCl (염산) HNO_3 (질산) $HClO_4$ (과염소산) H_2SO_4 (황산) $NaOH$ (수산화소듐) $Ba(OH)_2$ (수산화바륨) 이온성 화합물	CH_3COOH (초산) HF (플루오린화수소산) HNO_2 (아질산) NH_3 (암모니아) H_3PO_4 (인산)	$(NH_2)_2CO$ (요소) CH_3OH (메탄올) C_2H_5OH (에탄올) $C_6H_{12}O_6$ (포도당) $C_{12}H_{22}O_{11}$ (설탕)

2) 침전반응

수용액에서 이온성 물질들이 서로 반응하여 물에 녹지 않는 물질이 생성되는 반응을 침전반응이라고 하며 이온의 정성분석에 이용된다. 예를 들면 염화소듐 (NaCl) 수용액에 질산은 ($AgNO_3$) 수용액을 가하면 백색의 염화은 (AgCl) 침전이 생성된다.

$$Na(aq)^+ + Cl(aq)^- + Ag(aq)^+ + NO_3(aq)^- \rightarrow Na(aq)^+ + NO_3(aq)^- + AgCl(s)$$

실제로 반응에 참가하는 화학종들만 표시한 알짜반응식은 다음과 같다.

$$Ag(aq)^+ + Cl(aq)^- \rightarrow AgCl(s)$$

2.6 총괄성

용액에서 입자의 성질이 아닌 양에만 의존하여 집합적으로 나타나는 특성을 총괄성이라고 하며 증기압 내림, 끓는점 오름. 어는점 내림, 삼투압 현상이 속한다. 총괄성을 이용하여 분자량을 정확하게 측정할 수 있다.

2.6.1 증기압의 변화

용액에는 용질의 이온이나 분자가 존재하므로 순수한 용매보다 표면에서 탈출할 수 있는 용매분자의 수가 적기 때문에 주어진 온도에서 증기압이 순수한 용매일 때 보다 낮아진다. 표면에서의 용매의 증기압은 용매의 몰 분율에 비례한다 (라울의 법칙). 용액의 용매 분압 $P_{용매}$는 순수한 용매의 증기압 $P^{o}_{용매}$에 용매의 몰분율 $X_{용매}$를 곱하여 얻는다. $X_{용매}$는 용매의 몰수를 용매와 용질 모두의 몰수로 나눈 값이다.

$$X_{용매} = 용매의\ 몰\ 수/(용매의\ 몰\ 수 + 용질의\ 몰\ 수)$$

$$P_{용매} = X_{용매}\ P^{o}_{용매}$$

용질이 하나인 용액에서 X_1이 용질의 몰분율이면 $X_{용매} = 1 - X_1$이다. 그러므로 $P_{용매}$는 다음 식으로 표시된다.

$$P_{용매} = (1-X_1)P^{o}_{용매}$$

$$P^{o}_{용매} - P_{용매} = \Delta P = X_1 P^{o}_{용매}$$

따라서 증기압의 감소량 ΔP는 용질의 몰분율에 비례함을 알 수 있다.

2.6.2 끓는 점 오름

용액의 증기압과 대기압이 같아지면 용액이 끓게 된다. 용질이 비휘발성 물질이면용매의 증기압은 라울의 법칙에 의해 순수한 용매의 증기압보다 낮아지므로 끓는점이 올라가게 된다. 용액의 끓는 온도와 순수한 용매의 끓는 온도의 차이를 끓는점 오름 ΔT_b는 증기압 감소와 농도에 비례한다.

$$\Delta T_b = K_b \times m_{용질}$$

위 식에서 K_b는 끓는점 오름 상수 (단위:℃/m)이고 m은 용질의 몰랄농도이다.

2.6.3 어는점 내림

겨울철에 도로에 얼음이 얼면 염화소듐 (NaCl)이나 염화칼슘 ($CaCl_2$)을 뿌리면 얼음이 녹는다. 이 현상은 용질이 용매에 녹으면 용액의 어는점이 순수한 용매의 어는점보다 낮아지는 것을 이용한 해동법이다. 어는점 내림 ΔT_f는 용액의 농도에 비례하므로 다음 식으로 표시된다.

$$\Delta T_f = K_f \times m_{용질}$$

위 식에서 K_f는 어는점 내림 상수 (단위:℃/m)이고 m은 용질의 몰랄농도이다.

2.6.4 삼투현상

용매원자들이 반투막을 통해서 순수한 용매나 묽은 용액에서 진한 용액으로 이동하는 현상을 삼투라고 한다. 순수한 물이 들어 있는 비커에 농도가 진한 설탕물이 들어 있는 관 달린 주머니 (반투막)를 넣으면 물 분자만이 반투막을 통과한다. 실험이 시작되었을 때 비커와 관 속 용액의 높이는 같지만 시간이 지날수록 순수한 물이 이동하므로 관 속의 설탕 용액은 높아지고 물은 낮아진다. 시간이 더 지나면 높이 변화가 없어지고 평형에 도달한다. 설탕 용액이 증가하여 늘어난 압력이 물의 이동으로 인한 압력과 같아지면 물이 이동하지 않는 평형상태에 도달하게 된다. 이때의 설탕용액 기둥에 의한 압력을 삼투압 π라고 하며 관 속에 있는 설탕 용액의 높이와 순수한 물의 높이 사이의 차이로 측정된다. 삼투압과 초기 농도와의 관계는 다음 식으로 표시될 수 있다.

$$\pi = cRT$$

여기서 c는 용액의 초기 몰농도 (mol/L)이고 R은 기체상수 (0.082・atm・K・mol)이며 T는 절대온도이다.

2.7 물리, 화학적 성질의 주기적 변화

원소들의 전자배치는 원자번호가 증가함에 따라 주기적으로 변화한다. 따라서 원소들의 물리적, 화학적 성질도 주기적 변화를 보인다. 1869년에 마이어와 멘델레예프가 원자량의 증가 순서로 원소를 배열하면 여러 성질의 주기성이 나타난다고 발표하여 원자량 순으로 원소들을 배열한 주기율표가 만들어졌으며 1913년에 모즐리에 의해 보완되어 원자번호 순으로 배열한 주기율표가 오늘날까지 사용되고 있다. 원자 반경, 이온화 에너지 및 전자친화도가 주기율표상에서 어떤 관계가 있는지 알아보자.

2.7.1 원자 반경

주기율표에서 원자 반경의 주기적 변화는 다음과 같다.

- 같은 주기에서 왼쪽에서 오른쪽으로 갈수록 반지름이 감소한다.
- 같은 족에서 아래쪽으로 갈수록 반지름이 증가한다.

같은 주기에서의 이러한 변화는 최외각 전자들이 받는 유효핵전하와 관계가 있다. 유효핵전하가 증가하면 최외각 전자들은 더 강한 인력을 가지게 되며 따라서 반지름이 감소한다. 예를 들어 리튬 (Li)에서 플루오린 (F)까지의 두 번째 주기를 고찰하자. 왼쪽에서 오른쪽으로 가면 안 껍질 ($1s^2$)에 있는 전자 수는 두 개로 일정하게 유지되지만 핵의 전하는 증가한다. 핵전하가 증가하면 전자수도 증가하는데 전자들은 서로를 효과적으로 가려 막을 수 없게 된다. 따라서 전자들에게 영향을 주는 유효핵전하가 리튬에서 플루오린에 이르기까지 지속적으로 증가하여 원자 반지름이 감소한다. 같은 족에서 아래로 내려가면 원자 반지름은 원자번호가 증가함에 따라 커진다. ⅠA족 원소 (알칼리금속원소)들의 경우 최외각 전자는 ns궤도함수에 존재한다. 궤도함수는 주양자수 n이 증가함에 따라 커지므로 금속원자의 크기는 리튬 (Li)에서 세슘 (Cs)으로 감에 따라 증가한다.

다른 족에 있는 원소들도 같은 원리에 의하여 아래로 갈수록 반지름이 증가한다.

2.7.2 이온화 에너지

원자의 화학적 성질은 최외각 전자의 안정도와 밀접한 관계가 있다. 원자의 이온화 에너지는 바닥상태에 있는 기체상의 원자에서 전자 하나를 제거하는 데 필요한 에너지이며 최외각 전자의 안정도에 큰 영향을 받는다. 이온화 에너지가 크면 전자를 제거하가가 어려워진다. 1차 이온화 에너지(I_1)는 바탕상태에 있는 기체원자에서 첫 번째 전자를 제거할 때 필요한 에너지이다.

$$X(g) + I_1 \rightarrow X^+(g) + e^- \qquad \text{1차 이온화}$$

위 식에서 X는 기체원자 그리고 e는 전자이다. 2차와 3차 이온화 에너지(I_2), (I_3)는 다음 식으로 표시된다.

$$X^+(g) + I_2 \rightarrow X^{2+}(g) + e^- \qquad \text{2차 이온화}$$
$$X^{2+}(g) + I_3 \rightarrow X^{3+}(g) + e^- \qquad \text{3차 이온화}$$

4차, 5차 이온화 에너지 등도 비슷한 패턴으로 일어난다. 전자가 중성원자에서 제거되면 남아 있는 전자들 사이의 반발력은 감소한다. 그러나 핵전하는 동일하므로 생성된 양이온에서 또 다른 전자를 제거하려면 더 많은 에너지가 필요하다. 따라서 같은 원소에 대하여 이온화 에너지는 항상 다음의 순서로 증가한다.

$$I_1 \langle I_2 \langle I_3 \ \cdots$$

원자번호에 따른 1차 이온화 에너지 변화는 다음과 같다.

- 같은 주기에서 왼쪽에서 오른쪽으로 갈수록 이온화 에너지는 증가한다.
- 같은 족에서 위에서 아래로 갈수록 이온화 에너지는 감소한다.

한 주기 내에서는 유효핵전하가 왼쪽에서 오른쪽으로 가면서 증가하므로 원자는 작아지고 E라서 최외각전자가 더 큰 인력을 가지므로 1차 이온화 에너지가 증가한다. 그리고 대부분의 영족 기체들은 큰 이온화 에너지를 가진다. 영족 기체 중에서 가장 위에 있는 따라서 가장 작은 헬륨의 1차 이온화 에너지가 가장 크다. ⅠA족 원소(알칼리금속원소)는 이온화 에너지는 가장 낮다. 이들 금속은 각각 완전히 채워진 내부껍질에 의하여 효과적으로 가려져 있는 최외각 전자를 하나만 가지고 있으므로 1가 양이온을 만드는데 필요한 에너지가 적다. ⅡA 족 원소 (알칼리 토금속원소)는 알칼리금속원소보다 1차 이온화 에너지가 더 크다. 알칼리 토금속들은 두 개 ⅘A 족 원소들을 가지고 있고 (족 원소 배치:ns^2) 서로를 효과적으로 가릴 수 없으므로 이들⅘A유효 핵전하는 알칼리 금속

$\frac{4}{5}$A유효 핵전하보다 더 크다. 이온화 에너지의 첫 번째 불규칙성은 IIA족과 IIIA족 (예를 들면 베릴륨 (Be)과 붕소(B) 그리고 마그네슘 (Mg)과 알루미늄 (Al)) 사이에서 보인다. IIIA족 원소는 최외각 p 부껍질에 하나의 전자 (ns^2np^1)를 가지고 있으며 이 전자는 내부 전자와 ns^2전자에 의해 효과적으로 가려지므로 p전자 하나를 제거하는 것이 같은 주양자수를 가지며 쌍으로 채워진 s전자 중 하나를 제거하는 것보다 더 적은 에너지를 필요로 한다. 이것은 같은 주기에서 IIIA족에 속하는 원소의 이온화 에너지가 IIA족에 속하는 원소의 이온화 에너지보다 더 낮은 것을 설명해 준다. 두 번째 불규칙성은 VA족과 VI족 (예를 들면 질소(N)에서 산소(O), 인(P)에서 황(S)) 사이에서 일어난다. VA족 원소 (ns^2np^3)에서 p전자는 훈트규칙에 따라 세 개의 서로 다른 궤도함수에 일어난다. VIA족 원소 (ns^2np^4)에서 추가된 하나의 p전자는 세 개의 p전자들 중의 하나와 반드시 쌍을 이루어 정전기적 반발력을 증가시켜 이온화가 더 잘 되게 한다. 따라서 VIA족 원소의 이온화 에너지는 같은 주기에 있는 VA족 원소보다 더 낮은 값을 가진다.

2.7.3 전자친화도

주기율표에서의 원소의 위치에 따라 변하는 또 다른 성질은 원자가 하나 또는 그 이상의 전자를 받아들일 수 있는 능력이다. 이 능력은 전자친화도로 측정되는데 이 값은 기체상태의 중성원자 또는 이온이 전자 하나를 받아들일 때 방출하는 에너지이다. 이 과정은 다음 식으로 표시될 수 있다.

$$X(g) + e^- \rightarrow X^-(g)$$

위 식에서 X는 특정한 원소의 원자이다. 전자친화도가 음으로 더 크면 전자를 더 잘 받아들여서 더 쉽게 음이온을 만든다. 같은 주기에서 왼쪽에서 오른쪽으로 갈수록 전자친화도가 음으로 더 커진다. VIIA족 원소 (할로젠 원소)는 가장 큰 음의 전자친화도 값을 가진다. 이것은 할로겐 원자는 전자 하나를 받아들여 안정한 영족 기체의 전자배치를 가지는 것으로 설명할 수 있다. 산소원자의 전자친화도는 음의 값을 가지는데 이는 다음 과정이 유리하게 일어난다는 것을 의미한다.

$$O(g) + e^- \rightarrow O^-(g)$$

그러나 O^-이온의 전자친화도는 O^{2-}이온이 영족 기체인 네온 (Ne)과 서로 등전자임에도 불구하고 양의 값 (780kJ/mol)을 가진다.

$$O^-(g) + e^- \rightarrow O^{2-}(g)$$

위 과정은 전자간의 반발력이 증가하므로 영족 기체의 전자배치를 가짐으로써 얻어지는 안정성이 크게 감소하여 기체 상태에서는 불리하게 된다. 그러나 M_2O, MO같은 이온성 산화물에서 O^{2-} 와 같은 이온은 인접해 있는 양이온에 의해 안정화된다.

2.7.4 전기음성도

원소의 전기음성도는 분자 내에 있는 공유전자쌍에 대한 원자의 인력의 척도이다. 주기율표에서 오른쪽의 원소들은 왼쪽의 원소들보다 전기음성도가 더 크며 아래쪽으로 내려갈수록 감소한다. 따라서 플루오린 (F)의 전기음성도가 가장 크고 세슘 (Cs)이 가장 작다. 오른쪽에 있는 할로젠 원소들이나 산소족 원소들은 전자를 얻어 음이온이 되려는 경향이 크며 왼쪽의 알칼리 및 알칼리 토금속 원소들은 전자를 잃어 양이온이 되려는 경향이 크다. 결합하는 원소들의 전기음성도의 차이가 크지 않으면 공유결합을 이루는데 전기음성도가 더 큰 원자 쪽으로 공유전자쌍이 끌린다. 염소는 수소보다 전기음성도가 더 크므로 염화수소 분자의 공유전자쌍은 염소 원자에 의해 더 세게 이끌리고 염소가 전기적으로 더 음성이다. 이런 경우 공유결합에 극성이 있다고 말한다.

2.7.5 각 족의 화학적 성질

같은 족에 속하는 원소들은 유사한 바깥껍질 전자배치로 인하여 서로 비슷한 화학적 성질을 가진다. 예를 들어 ⅠA족에 있는 원소들은 수소를 제외하고는 연하며 반응성이 아주 큰 알칼리 금속들이다. 아래로 내려 갈수록 더 연해지며 반응성 또한 커진다. ⅡA족 원소들은 알칼리 토 금속 원소이며 연하며 반응성이 크다. ⅠA족과 ⅡA족 원소들은 주로 전자를 잃고 양이온을 만드는 경향이 있다. ⅦA 족 원소들은 할로젠이라 불리며 반응성이 높고 주로 음이온을 만든다. 할로젠 원소들은 알칼리 금속과 반응하여 이온성 고체를 만든다. 주기율표의 가장 오른쪽에는 반응성이 거의 없고 일원자분자이며 기체인 불활성 원소들이 존재한다. 무거운 원소 (제논과 크립톤은 최근에 약간화합물들이 만들어 졌다)

그러나 각 족의 첫 번째 원소들 (리튬부터 플루오르까지의 2주기 원소들)은 같은 족의 다른 원소들과는 다르다는 것이 알려졌다. 한 예로 리튬은 알칼리금속의 많은 특성을 가지고 있지만 ⅠA 족 금속 중 유일하게 산소와 하나만의 화합물 (Li_2O)을 만드는 원소이다. 다른 원소들은 M_2O뿐만 아니라 M_2O_2, MO_2 (Na_2O_2, KO_2 등) 도 만드는 것으로 알려져 있다. 일반적으로 이러한 차이는 각 족의 첫 번째 원소가 다른 원소들보다 비정상적으로 작기 때문인 것으로 설명되고 있다. 대각선 관계 또한 관찰되고 있다. 한 원소와 대각선 위치에 있는 원소 사이에 유사성이 있다는 것이 알려졌다 예를 들면 리튬, 베릴륨 및 붕소는 각각 대각선 위치에 있는 마그네슘, 알루미늄, 규소와 유사한 화학적 성질을 가진다. 마지막으로 같은 족에서 아래로 내려가면 산화수가 2만큼 감소한다는 것이 보고되었다. 이것을 inert pair effect라 부른다. ⅢA족 원소들 중 알루미늄, 갈륨, 인듐은 주로 3가 화합물로 존재하지만 탈륨은 1가 화합물로 주로 존재한다. 유사한 현상이 ⅣA, ⅤA족에서도 일어나고 있다.

2.7.6 금속, 비금속, 준금속

원소들을 크게 분류하면 왼쪽에 있는 금속들과 오른쪽에 있는 비금속들 그리고 가운데 있는 준금속들로 나누어진다. 금속은 회백색 광택 (예외, 구리:적색, 금:황색)을 가지며 열과 전기를 전도한다. 수은을 제외하고는 실온에서 금속이며 전성과 연성을 가지므로 얇은 판으로 늘릴 수 있고 가는 실 모양으로 할 수 도 있다.

비금속은 금속의 특징을 가지고 있지 않다. 기체로 존재하기도 하고 (수소, 질소, 플루오린, 염소) 고체로 존재하기도 한다 (탄소, 황, 인, 아이오딘). 브로민은 실온에서 유일한 비금속 액체이다. 같은 족에서 아래로 갈수록 녹는점이 높아진다 (할로젠원소의 경우, 플루오린와 염소는 기체, 브로민은 액체, 그리고 아이오딘은 고체이다).

준금속은 경계에 있으며 중간적인 성질을 가진다. 예를 들면 폴로늄, 안티모니, 비스무트, 주석 등이 속한다.

2.7.7 Lewis 구조

분자나 이온의 구조를 최외각 전자 (또는 원자가 전자)를 점으로 표시하는 Lewis 구조로 표시할 수 있다. 메테인 (CH_4), 암모니아 (NH_3), 물 (H_2O) 그리고 플루오르화수소 (HF)의 Lewis 구조는 다음 그림에 보인다.

Lewis 구조의 기본 법칙은 팔 전자 규칙 (octet rule)이다. 즉, 원자가 전자들은 수소 (두 개의 전자만 필요)를 제외한 모든 원소에 대해 각각 여덟 개의 전자들로 둘러싸이도록 배치한다. 하나의 공유전자쌍은 하나의 짧은 선 (—)으로 표시하며 비공유 전자쌍은 점들로 표시한다.

2.8 화학결합

2.8.1 이온결합

원자의 전자들이 한 원소에서 완전히 다른 원소로 이동하여 만들어진 양이온과 음이온 사이의 결합이 이온결합이며 주로 Ⅰ족, Ⅱ족 금속 원소들과 Ⅵ족, Ⅶ족 비금속 원소가 만드는 화합물들의 결합이다. 이온결합에서 양이온과 음이온들은 서로 정전기 인력으로 결합하고 있다. 일반적으로 이온화합물들은 고체이며 결합력이 매우 강하고 끓는점, 녹는점이 높으며 물 등의 극성용매에 용해된다. 고체일 때는 전도성이 매우 낮으나 극성 용매에 용해되거나 용융상태에서는 양이온과 음이온으로 해리되어 전류를 흐르게 한다.

이온화합물들의 예로는 염화소듐 (NaCl), 염화칼슘 ($CaCl_2$), 황산소듐 (Na_2SO_4) 및 브로민화포타슘 (KBr) 등이 있다.

2.8.2 공유결합

전기음성도가 유사하거나 차이가 크지 않는 원소들 (주로 비금속 원소들)사이에는 각 원자의 원자가 전자들이 서로 공유되어 결합이 만들어진다. 이때의 결합을 공유결합이라고 한다. 공유결합을 만드는 원자들은 전자쌍을 공유함으로써 각각 최외각 전자가 여덟 개 (수소는 두 개)의 전자구조를 형성한다. 공유결합을 이루고 있는 두 원자가 동일하면 (즉, 전기음성도가 같으면) 비극성 공유결합을 만들며 서로 다른 원자들 (즉, 전기음성도가 다르면) 극성 공유결합을 만든다. 비극성결합을 가지는 분자는 당연히 비극성 분자이지만 (예, 수소분자(H_2), 산소분자(O_2) 등)), 극성결합을 가지는 분자에 대칭점이 존재하면 비극성분자가 된다 (예, 메테인 (CH_4), 오플루오린화인 (PF_5), 육플루오린화황 (SF_6) 등). 일반적으로 공유결합화합물들은 전기를 통하지 않으며, 끓는점과 녹는점이 비교적 낮고 물 등의 극성용매에는 잘 용해되지 않고 대신에 벤젠 등의 비극성용매에 잘 녹는다.

2.8.3 배위공유결합

결합원자들 중 한 원자가 결합전자들을 제공하는 공유결합을 배위공유결합이라고 한다. 이 결합에서 전자쌍을 제공하는 물질을 주개 (donor)이라 하고 전자쌍을 받아들이는 물질을 받개 (acceptor)라고 한다. 예를 들면 암모늄이온 (NH_4^+)은 암모니아 (NH_3) 분자와 수소이온 (H^+)이 결합하여 만들어지는 데 암모니아분자는 전자쌍을 제공하므로 주개, 수소이온은 전자쌍을 받으므로 받개이다.

2.9 분자간 힘

분자간 힘은 물질의 성질들을 결정하는 중요한 요소이다. 끓는 점, 녹는 점 및 용해도 등은 분자간 힘의 영향을 받는다. 분자간 힘에는 쌍극자–쌍극자 힘, 쌍극자–유도쌍극자 힘 그리고 유도쌍극자–유도쌍극자 힘 (분산력 또는 반 데르 왈스 힘(van der Waals 힘))이 있다. 수소결합은 강한 쌍극자–쌍극자 힘의 한 형태이다.

2.9.1 쌍극자–쌍극자 힘

쌍극자모멘트를 가지는 극성분자들 사이에 작용하는 힘이다. 이 힘은 정전기인력이며 쿨롱의 법칙에 따른다. 쌍극자모멘트가 클수록 힘이 증가한다. 액체 상태에서는 분자들이 고체 상태에서처럼 강하게 서로 끌리지는 않지만 인력이 최대가 되도록 배열하는 경향이 있다.

2.9.2 이온-쌍극자 힘

양이온 또는 음이온과 극성분자 사이의 인력이며 역시 쿨롱의 법칙을 따른다. 이 힘의 세기는 이온과 전하의 크기, 쌍극자의 크기 및 분자와 이온 사이의 거리에 좌우된다. 양이온은 음이온보다 대체로 작으므로 양이온의 전하가 더 집중되어 있고 따라서 같은 크기의 이온들에서는 양이온이 음이온보다 더 강하게 쌍극자와 결합된다. 염화소듐(NaCl)의 수용액에서 Na^+와 Cl^-이온은 큰 쌍극자모멘트 (1.87D)를 가지고 있는 물 분자들로 둘러싸여 있다. 염화소듐 등의 이온화합물이 물에 녹으면 물 분자들은 이온들을 서로 떨어지게 한다. 양이온과 음이온들은 이온-쌍극자 힘에 의해 이웃한 물 분자들에게로 이끌러 간다. 양이온은 전기음성도가 큰 산소 쪽으로 그리고 음이온은 수소 쪽으로 배향된다. 그러나 사염화탄소는 비극성분자이므로 이온-쌍극자 힘에 참여할 수 없다. 사염화탄소는 대부분의 비극성용매처럼 이온화합물에 대해 불량한 용매이다.

2.9.3 분산력

비극성분자들 사이에 작용하는 힘이 무엇일까? 비극성분자 주위에 이온이나 극성분자가 있으면 이온이나 극성분자의 인력에 의해 비극성분자의 전하 배치 편재가 일어나 그 결과로 생기는 비극성분자 안의 쌍극자를 유도 쌍극자라고 한다. 이온에 의한 인력이 이온-유도쌍극자 힘이며 쌍극자에 의하면 쌍극자-유도쌍극자 인력이라고 한다. 유도쌍극자의 세기는 전하나 쌍극자의 세기뿐만 아니라 비극성분자의 편극도 (분자 안의 전하들이 편재되기 쉬운 정도)에도 영향을 받는다. 분자 안에 전자의 수가 많고 전자구름이 흩어져 있으면 편극도가 크다. 편극도에 의하여 헬륨 (He)이나 질소 (N_2) 같은 원자 또는 비극성분자 기체의 응결을 가능하게 한다. 헬륨원자 내에서 전자들은 원자핵에서 어느 정도 떨어져서 움직이고 있다. 어느 순간에 전자들이 특정한 위치에 치우치게 되면 원자가 쌍극자모멘트를 가지게 된다. 이 쌍극자모멘트는 아주 짧은 순간 동안에만 존재하므로 순간쌍극자라 한다. 다음 순간에는 전자들의 위치가 바뀌고 원자는 새로운 순간쌍극자를 가지게 되며 이런 일들이 반복된다. 그러나 긴 시간에 대해 평균하면 원자는 쌍극자를 가지지 않는데 이것은 순간쌍극자들이 서로 상쇄되기 때문이다.

헬륨원자들이 무리를 이루고 있을 때 한 헬륨원자의 순간쌍극자는 이웃원자들에게 쌍극자를 유도할 수 있다. 이러한 과정의 결과로 헬륨원자들 사이에 작기는 하지만 인력(분산력)이 생긴다. 분산력은 일반적으로 분자량에 비례하여 커지며 그 이유로는 분자량이 큰 분자는 전자가 많고 분산력의 세기는 전자의 수에 비례하여 증가하기 때문이다.

또한 분자량이 큰 원자들은 더 많은 바깥껍질전자들을 가지고 있고 이들 전자들은 핵의 인력을 덜 받으므로 원자가 커지면 전자분포가 주위의 영향을 더 쉽게 받는다. 할로젠 원소의 분자들의 상태 변화는 분산력의 차이로 설명할 수 있다. 분자량이 비교적 작은 플루오린 (F_2)와 염소분자 (Cl_2)들은 상온에서 기체이지만 분자량이 커지면 녹는점이 증가하여 브로민분자 (Br_2)는 액체로 존재하며 아이오딘분자 (I_2)는 고체이다.

2.9.4 수소결합

수소결합은 F-H, O-H 또는 N-H의 극성공유결합을 하고 있는 수소원자가 다른 분자에서 F, O 또는 N과 결합하고 있는 수소원자와 분자간 결합을 하는 것이며 쌍극자-쌍극자 힘에 의해 결합한다.

$$A—H\cdots B \text{ 또는 } A—H\cdots A$$

위 식에서 A와 B는 O, N, F를 표시하고 A—H는 수소원자를 가지고 있는 한 분자 또는 일부분 그리고 B는 다른 분자 혹은 일부분을 뜻한다. 점선은 수소결합을 표시한다. 대체로 세 원자들은 직선을 이루고 있으나 AHB 또는 AHA의 각도는 180°에서 150°까지 변할 수도 있다. 수소결합의 평균에너지는 상당히 크다 (40kJ/mol에 이를 수도 있다). 따라서 수소결합은 많은 화합물들의 구조와 성질을 결정하는 데 큰 영향을 미친다.

초창기에는 수소결합의 증거를 화합물들의 끓는점을 연구하여 얻었다. 보통 같은 족에 속하는 원소의 원자들을 가지고 있는 유사한 화합물들의 끓는점은 분자량이 증가하면 높아지는 경향을 보인다. 그러나 ⅤA, ⅥA, ⅦA 족 원소들의 수소화합물들은 이런 경향을 따르지 않는다. 각 족에서 분자량에 근거한 예상과는 달리 가장 가벼운 수소화합물 (NH_3, H_2O, HF)의 끓는점이 가장 높다. 그 이유는 이들 화합물의 분자들 사이에 수소결합이 존재하기 때문이다. 예를 들의 고체 HF의 경우 분자들은 따로따로 달리 준 않고 수소결합에 의하여 연결된 지기재기모양을 이루고 있다. 액체 상태에서는 연속된 지그재그 모양은 깨어은 만 분자들은 여전히 수소결합을 하고 있다. 따라서 HF의 끓는점이 HCl, HBr 및 HI보다 높다. 비슷한 이유로 H_2O와 NH_3가 각각의 족 원소의 수소화물에서 가장 높은 끓는점을 가지고 있다.

2.10 산과 염기

2.10.1 산과 염기의 정의

아레니우스 (Arrhenius)에 의하면 수용액에서 산은 수소이온 (H^+)의 양을 증가시키는 물질이며 염기는 수산화이온(OH^-)의 양을 증가시키는 물질이다. 예를 들면,

$$HCl(g) \rightarrow H^+(aq) + Cl^-(aq)$$

염화수소 (HCl)는 물에서 해리하여 수소이온을 만들므로 산이다. 수용액 중에서 수소이온 (H^+)은 물 분자에 배위되어 수화된 H_3O^+ 이온으로 존재한다.

$$NaOH(s) \rightarrow Na^+(aq) + OH^-(aq)$$

수산화소듐 (NaOH)은 물에서 해리하여 수산화이온 (OH^-)을 만들므로 염기이다. 아레니우스의 정의는 물에서 유래되는 수소이온 (H^+) 및 수산화이온 (OH^-)을 중심으로 제안되었으나 물이 아닌 용매에서는 문제점이 있었다.

브뢴스테드 (Brønstead)와 로우리 (Lowry)는 더 넓은 의미의 산과 염기를 제안하였다. 브뢴스테드와 로우리에 의하면 산은 다른 물질에게 양성자를 내주는 물질 (양성자 주개)이고 염기는 양성자를 받아들이는 물질 (양성자 받개)이다. 산은 양성자를 내 놓으면서 짝염기가 되고 염기는 양성자를 받아서 짝산이 된다.

$$\underset{\text{염기}_1}{NH_3(aq)} + \underset{\text{산}_2}{HCl(aq)} \rightleftarrows \underset{\text{산}_1}{NH_4^+(aq)} + \underset{\text{염기}_2}{Cl^-(aq)}$$

암모니아는 양성자를 받아들여 암모늄이온을 만들므로 염기이고 염화수소는 양성자를 내줄 수 있기 때문에 산이다.

$$\underset{\text{산}_1}{CH_3COOH(aq)} + \underset{\text{염기}_2}{H_2O(l)} \rightleftarrows \underset{\text{염기}_1}{CH_3COO^-(aq)} + \underset{\text{산}_2}{H_3O^+(aq)}$$

초산과 초산이온은 H_2O와 H_3O^+처럼 H^+를 잃거나 얻음으로 서로 변환된다. 이러한 분자-이온쌍을 짝산-짝염기 쌍이라 한다. 모든 브뢴스테드산은 짝염기를 가지고 있고 모든 브뢴스테드 염기 역시 짝산을 가진다. 브뢴스테드의 산, 염기 정의에 의하면 물은 질산 등의 산에 대하여는 양성자 받개 (염기), 암모니아 등의 염기에 대하여는 양성자 주개(산)로 행동한다. 물은 환경에 따라 산과 염기 두 가지의 성질을 나타내는데 이러한 성질을 가진 물질을 양쪽 양성자성 (amphiprotic) 물질이라고 한다. 예를 들어 물은 HCl에서 양성자를 받아 염기로 작용한다.

$$\underset{\text{산}}{HCl(aq)} + \underset{\text{염기}}{H_2O(l)} \rightleftarrows H_3O^+(aq) + Cl^-(aq)$$

그러나 물이 암모니아에 양성자를 줄 때에는 산으로 작용한다.

$$\underset{\text{염기}}{NH_3(aq)} + \underset{\text{산}}{H_2O(l)} \rightleftarrows NH_4^+(aq) + OH^-(aq)$$

흔히 볼 수 있는 중요한 양쪽 양성자성 물질 으로는 HCO_3^- (탄산수소이온), $H_2PO_4^-$ (인산이수소이온) 및 HS^- (황화수소이온) 등이 있다.

$$HCO_3^-(aq) + H_2O(l) \rightleftarrows CO_3^{2-}(aq) + H_3O^+(aq)$$

산　　　염기

$$HCO_3^-(aq) + H_2O(l) \rightleftarrows H_2CO_3(aq) + OH^-(aq)$$

염기　　　산

루이스 (Lewis)는 전자쌍 주개를 염기, 전자쌍 받개를 산이라고 정의하여 물을 포함한 모든 용매 계에 적용할 수 있는 개념을 정의하였다. 산은 전자쌍을 받는 물질이며, 염기는 전자쌍을 주는 물질이다. 예를 들면 암모니아 NH_3과 삼플루오린화 붕소 BF_3 와의 반응($NH_3 + BF_3 \rightarrow H_3N{:}BF_3$, :은 고립전자쌍)에 의하여 첨가생성물이 생성되는데 암모니아는 염기, 삼플루오린화 붕소는 산이다. 이렇게 정의된 산, 염기를 루이스 산, 루이스 염기라고 한다. 루이스 염기인 암모니아는 루이스 산인 BF_3에 고립 전자쌍을 제공한다. 루이스 염기가 가지고 있는 고립 전자쌍이 제공되는 결합을 배위공유결합이라고 한다.

2.10.2 산화물의 성질

일반적으로 금속과 산소는 쉽게 반응하여 산화물, 과산화물, 초과산화물을 생성하므로 금속 산화물은 종류가 대단히 많다. 금속 종류에 따라 산화물의 물리화학적 성질이 크게 다르다. 금속과 산소의 결합이 이온결합이면 대체로 산화물은 물이나 산에 녹는 염기성을 가진다. 알칼리 금속과 베릴륨을 제외한 2족원소 및 탈륨 (Ⅰ)의 산화물이 염기성 산화물이다. 베릴륨과 그룹 13 금속 원소들의 산화물은 산에도 녹고 염기에도 녹는 양쪽성을 가진다. 전이금속의 산화물의 성질은 산화수와 밀접한 관계가 있다. 일반적으로 산화수가 낮으면(Ⅱ, Ⅲ) 염기성, 높으면 산성 산화물을 만든다. 예를 들면 크로뮴 산화물의 경우, 산화수가 Ⅱ, Ⅲ인 CrO 및 Cr_2O_3는 염기성 산화물이며 산화수가 Ⅵ인 CrO_3는 산성 산화물이다. 망가니즈의 경우에도 유사하여 MnO, Mn_2O_3는 염기성, MnO_2는 중성, MnO_3와 Mn_2O_7는 산성이다. 한편 실리카 (SiO_2)나 지르코니아 (ZrO_2)처럼 반응성이 없고 고온에서도 아주 안정하므로 내화제로 사용되는 산화물도 있다. 비금속의 산화물은 일반적으로 산성을 가진다. 다음 식에 표시되듯이 CO_2, P_4O_{10}, SO_3, N_2O_5, Cl_2O_7들은 물에 녹아 산을 만든다.

$$CO_2 + H_2O \rightarrow H_2CO_3$$

$$P_4O_{10} + 6H_2O \rightarrow 4H_3PO_4$$

$$SO_3 + H_2O \rightarrow H_2SO_4$$

$$N_2O_5 + H_2O \rightarrow 2HNO_3$$

$$Cl_2O_7 + H_2O \rightarrow 2HClO_4$$

2.10.3 다양성자 산과 염기

하나의 양성자를 줄 수 있는 산을 일양성자산이라고 하며, 한 개의 양성자를 받을 수 있는 염기를 일양자성 염기라고 한다. 그리고 하나 이상의 양성자를 줄 수 있는 산을 다양자성 산이라고 하며 황산 (H_2SO_4), 옥살산 ($H_2C_2O_4$), 탄산 (H_2CO_3), 인산 (H_3PO_4) 등이 속한다. 다양자성 산들은 수용액에서 단계적으로 해리되어 양성자를 제공한다. 황산을 예로 들어 조사해보자. 첫째 단계에서는 황산수소이온이 생성된다.

$$H_2SO_4(aq) + H_2O(l) \rightarrow HSO_4^-(aq) + H_3O^+(aq)$$

만들어진 황산수소이온이 다음 단계에서 물과 반응하여 황산이온을 만든다.

$$HSO_4^-(aq) + H_2O(l) \rightleftarrows SO_4^{2-}(aq) + H_3O^+(aq)$$

황산수소이온이 일양자성 산으로 작용을 하므로 황산수소이온염들은 산성이다. 다양자성 염기의 해리도 다양자성 산과 유사하다. 예로는 인산이온 (PO_4^{3-}), 탄산이온 (CO_3^{2-}), 옥살산이온 ($C_2O_4^{2-}$), 황화이온 (S^{2-}) 등이 있다. 황화이온의 반응을 조사해보자.

첫째 단계 $S^{2-}(aq) + H_2O(l) \rightarrow HS^-(aq) + OH^-(aq)$

두 번째 단계 $HS^-(aq) + H_2O(l) \rightarrow H_2S(aq) + OH^-(aq)$

표 2.4 여러가지 산 (산성이온), 양쪽양성자 이온 및 염기성 이온

산 또는 산성 이온	양쪽양성자 이온	염기성 이온
H_2CO_3(탄산)	HCO_3^-(중탄산이온)	CO_3^{2-}(탄산이온)
$H_2C_2O_4$(옥살산)	$HC_2O_4^-$(옥살산수소이온)	$C_2O_4^{2-}$(옥살산이온)
H_3PO_4(인산)	H_2PO4^-(인산이수소이온)	HPO_4^{2-}(인산일수소이온)
$H_2PO_4^-$(인산이수소이온)	HPO_4^{2-}(인산일수소이온)	PO_4^{3-}(인산이온)
H_2S(황화수소산)	HS^-(황화수소이온)	S^{2-}(황화이온)

2.10.4 물의 자체 이온화

물은 해리되어 H_3O^+ 이온과 OH^- 이온을 만든다. 그러나 이 과정의 평형은 크게 왼쪽으로 치우쳐 있어 생성되는 이온들의 수는 아주 작다.

$$2H_2O_{(l)} \rightleftarrows H_3O^+_{(aq)} + OH^-_{(aq)}$$

위 반응의 평형상수는 다음 식으로 표시한다.

$$K = [H_3O^+][OH^-]/[H_2O]^2$$

순수한 물 또는 묽은 용액에서는 용매인 물의 농도가 일정 (55.5M)하다고 생각할 수 있으므로 평형상수 K에 $[H_2O]^2$를 포함시키면 평형상수는 다음과 같이 나타낼 수 있다.

$$K_w = K[H_2O]^2 = [H_3O^+][OH^-]$$

순수한 물에서 $[H_3O^+]$는 $[OH^-]$와 같다. 온도가 25℃일 때의 측정된 전기전도도 값에서 $[H_3O^+] = [OH^-] = 1.0 \times 10^{-7}$M을 얻었다. 따라서 물의 이온화적 $K_w = 1.0 \times 10^{-14}$ 이다, 산성용액에서는 $[H_3O^+]$는 1.0×10^{-7}M보다 크고 $[OH^-]$는 1.0×10^{-7}M보다 작으며 염기성용액에서는 $[H_3O^+]$는 1.0×10^{-7}M보다 작고 $[OH^-]$는 1.0×10^{-7}M보다 크다.

2.10.5 pH척도

수용액에서 $[H_3O^+]$이온의 농도는 10M에서 1×10^{-15}M까지 변할 수 있다. 이런 넓은 범위를 더 쉽게 알아보기 위하여 도입한 것이 pH척도이며 $pH = -\log[H_3O^+]$로 정의된다. 예를 들어, 25℃에서 순수한 물의 H_3O^+이온의 농도는 1.0×10^{-7}M 이므로 pH는 다음과 같다.

$$pH = -\log[1.0 \times 10^{-7}] = -(-7.00) = 7.00$$

$K_w = [H_3O^+][OH^-] = 1.0 \times 10^{-14}$ 의 양변을 모두 대수로 취하면 또 다른 유용한 식을 얻을 수 있다.

$$K_w = [H_3O^+][OH^-] = 1.0 \times 10^{-14}$$
$$-\log([H_3O^+][OH^-]) = -\log(1.0 \times 10^{-14})$$
$$-\log([H_3O^+]) + (-\log[OH^-]) = 14.00$$
$$pH + pOH = 14.00$$

수용액의 pH와 pOH의 합은 14.00이 된다. 산과 염기에 대한 pH값을 구해보자. 먼저 0.10M의 염산 (HCl)용액의 경우,

$$pH = -\log(0.10) = -\log(1.0 \times 10^{-1}) = -(-1.00) = 1.00$$

0.1M의 NaOH용액의 경우,

$$pH = -\log(1.0 \times 10^{-14}/0.10) = -\log(1.0 \times 10^{-13}) = 13.00$$

위 식들에서 25℃에서 중성용액은 pH가 7, 산성용액의 pH는 7보다 작고, 염기성용액에서는 7보다 크다는 것을 알 수 있다. 또한 pH가 1만큼 변화하면 H_3O^+이온과 OH^-이온

의 농도가 10배 변한다는 것을 알 수 있다.

2.10.6 산과 염기의 세기

산과 염기는 강산, 약산, 강염기, 약염기로 구분한다. 강산, 강염기는 수용액에서 완전히 해리되어 H_3O^+이온 또는 OH^-이온을 만들며 약산과 약염기는 부분적으로만 해리되어 생성되는 H_3O^+이온 또는 OH^-이온의 농도가 작다. 0.100M 강산 용액의 H_3O^+이온의 농도는 0.100M이고 OH^-이온의 농도는 1.0×10^{-13}M이다.

$$[OH^-] = K_w/[H_3O^+] = 1.0 \times 10^{-14}/0.100 = 1.0 \times 10^{-13}M$$

초산 등의 약산의 H_3O^+이온의 농도는 $K_a \cdot C_a$의 제곱근로 표시할 수 있다. 위식에서 K_a는 약산의 해리상수이며, C_a는 산의 농도이다. 0.100M 초산의 pH는 2.88이다.

표 2.5 약산과 약염기의 해리상수(25℃)

산의 이름	분자식	K_a	pK_a
아황산	H_2SO_3	1.7×10^{-2}	1.77
플루오린화수소산	HF	6.9×10^{-4}	3.16
아질산	HNO_2	6.0×10^{-4}	3.22
포름산	HCOOH	1.9×10^{-4}	3.72
벤조산	C_6H_5COOH	6.6×10^{-5}	4.18
초산	CH_3COOH	1.8×10^{-5}	4.74
하이포염소산	HClO	2.8×10^{-8}	7.55
시안수소산	HCN	5.8×10^{-10}	9.24
염기의 이름	분자식	K_b	pK_b
메틸아민	CH_3NH_2	4.2×10^{-4}	3.38
암모니아	NH_3	1.8×10^{-5}	4.74
아닐린	$C_6H_5NH_2$	3.8×10^{-10}	9.25

1) 수소산

수소산은 수소와 다른 원소를 가진 이성분 산이며 강산인 HCl, HBr, HI와 약산인 H_2S, HF 등이 속한다. 산의 세기의 경향은 다음과 같다.

① 같은 족에서 아래로 갈수록 산도는 증가한다. 예를 들면 할로젠화수소산들의 산도는 HF ≪ HCl < HBr < HI 순으로 증가한다. 이들 네 원소 중에서 플루오린의 전기음성도가 가장 크지만 산도는 가장 작다. HF의 산도가 가장 작은 이유로 플루오린과 수소 간의 결합이 너무 강하여 해리하기 어렵다는 것이 받아들여지고 있다. 또한 음이온들 즉, F^-, Cl^-, Br^-, I^-들의 수소 이온에 대한 친화력이 이온이 커질수록 감소하기 때문이라고 설명하기도 한다.

② 같은 주기에서는 오른쪽에 위치한 원소의 수소산이 가장 강하다. 2주기 수소 화합

물들의 산도는 NH_3 〈 H_2O 〈 HF 순으로 증가한다. 이 경향에 대한 이유로 음전하가 비공유전자쌍들에 고르게 분배되기 때문이라고 설명된다. 아미드 이온 NH_2^-는 −1 전하가 비공유전자쌍 둘에 분배되므로 각각은 −1/2씩 영향을 받는다. 그리고 OH^-는 −1/3씩, F^-는 −1/4씩 영향을 받는다. 따라서 아미드 이온의 수소 이온에 대한 친화력이 가장 크므로 가장 강한 짝염기이며 암모니아는 (NH_3) 가장 약한 산이다.

수용액에서의 산도의 경향도 위의 논의와 유사하다. 강산 염산 (HCl), 브로민화수소산 (HBr) 및 아이오딘화수소산 (HI) 수용액은 물의 leveling effect (평준화 효과)에 의하여 산도는 동일하다. 다른 수소산들은 모두 약산이며 산도의 순서는 위의 경우와 동일하다.

2) 산소산

산소산은 수소, 중심원소 그리고 산소를 가지고 있는 산이며 산도를 결정하는 요소는 다음의 두 가지이다.

①. 중심원소의 전기음성도

중심원소의 전기음성도가 증가하면 음전하가 안정화되므로 산도가 증가한다. 예를 들면 중심원소인 탄소, 인, 황, 질소, 염소의 전기음성도는 각각 2.5, 2.1, 2.5, 3.0, 3.0이므로 산도의 순서는 H_2CO_3 〈 H_3PO_4 〈 H_2SO_4 〈 HNO_3 〈 $HClO_4$이다. 탄산 (H_2CO_3)이 가장 약한 이유는 이산화탄소 (CO_2)가 물에 녹을 때 $CO_2 \cdot H_2O$와 H_2CO_3가 평형을 이루기 때문이다.

② $X(OH)_mO_n$에서 n의 값

산소산을 $X(OH)_mO_n$으로 표시하여 n의 값에 따라 산도를 추정하는 방법이 고안되어 사용되고 있다. 산의 pK_a를 n의 일차식으로 나타내며 두 가지 식이 있다.

㉠ $pK_a \fallingdotseq 9 - 7n$

㉡ $pK_a \fallingdotseq 8 - 5n$

이 두 식을 이용하여 계산한 pK_a와 실험에서 얻은 pK_a를 비교하여 보자.

표 2.6 염소를 포함하고 있는 산소산의 pKa에 대한 계산치와 실험치

산	가장강함 $HClO_4$	$HClO_3$	$HClO_2$	가장 약함 HClO
n	3	2	1	0
pK_a (9 − 7n 에 따른 계산치	−12	−5	2	9
pK_a (8 − 5n에 따른 계산치	−7	−2	3	8
pK_a (실험치)	(−10)	−1	2	7.2

위 결과에 의하면 산도를 추정하는 방법이 상당히 유용하다는 것을 알 수 있다. n의 값이 증가하면 산소원자가 전자밀도를 중심원소에서 끌어당기는 경향이 강해지므로 중심원소가 양전하를 가지게 된다. 이 양전하가 수소와 결합한 산소의 전자들을 다시 끌어당기게 되므로 O−H 결합이 약해지게 된다. 따라서 산이 H^+ 이온을 쉽게 잃을 수 있으므로 산도가 증가하는 것이다.

2.10.7 지시약

pH의 변화에 따라 색깔이 달라지는 약한 유기산이 지시약이며 산−염기 적정의 종말점을 색의 변화로서 쉽게 확인할 수 있게 도와준다. 지시약의 농도는 매우 작으므로 적정 용액의 pH에는 영향을 미치지 않는다. 지시약은 HIn으로 표시하며 산−염기 평형은 다음 식과 같이 표시된다.

$$HIn(aq) + H_2O(l) \rightleftarrows H_3O^+(aq) + In^-(aq) \qquad K_a = [H_3O^+]]In^-]/[HIn]$$

$$[H_3O^+] = K_a[HIn]/\{In^-]$$

$[HIn]/\{In^-]$의 비가 10보다 크면 HIn이 주된 화학종이므로 HIn의 색이 나타나며 비가 0.1이하이면 In^-의 색이 나타난다. 또한 비가 10과 0.1 사이이면 중간색이 나타난다. 예를 들면 페놀프탈레인은 pH가 10보다 크면 핑크색이며 티몰블루는 pH가 3과 8 사이이면 노란색을 가지며 pH가 9보다 크면 자주색을 나타낸다.

표 2.7 지시약의 색과 종말점

지시약	HIn의 색	In^-의 색	K_a	종말점의 pH
메틸레드	빨강	노랑	1×10^{-5}	5
브로민티몰블루	노랑	파랑	1×10^{-7}	7
페놀프탈레인	무색	핑크	1×10^{-9}	9

2.11 산화와 환원

산화란 한 물질이 ① 산소을 얻는 반응, ② 수소를 잃는 반응, ③ 산화수가 증가하는 반응, ④ 전자를 잃는 반응에 의한 것이며 환원은 ① 산소를 잃는 반응, ② 수소를 얻는 반응, ③ 산화수가 감소하는 반응, ④ 전자를 얻는 반응에 의한 것이다.

2.11.1 산화수

화합물의 전자들이 원자들에 일정한 규칙에 따라 분배되었을 때 , 그 원자가 가진 전하량을 산화수라고 한다. 산화수를 결정하는 기준은 다음과 같다.

1. 단체에 속하는 각 원자의 산화수는 0이다. 따라서 H_2, Br_2, Na, Be, K, O_2에서 각 원자는 모두 산화수 0을 가진다.
2. 원소가 하나인 이온의 산화수는 그 이온의 전하량이다. Li^+는 +1의 산화수를 가지고 Ba^{2+}는 +2, Fe^{3+}는 +3, I^-는 −1, O^{2-}는 −2의 산화수를 가진다.
3. 대부분의 화합물에서 H의 산화수는 +1이고 O의 산화수는 −2이다. 예외적으로 H가 금속과 이온성 hydride를 만들 경우에는 (LiH, NaH, CaH_2 등) 산화수가 −1이다. 그리고 과산화물 (H_2O_2, Na_2O_2 등)에서 O의 산화수는 −1이다.
4. 중성화합물의 산화수의 합은 0이어야하며 다원자이온의 산화수의 합은 그 이온의 전하량이다.

2.11.2 산화제와 환원제

산화와 환원은 서로 동반하여 일어나며 다른 반응 없이 한 반응만 일어나지 않는다. 한 물질이 산화될 때 다른 물질은 환원된다. 예로서 다음 반응에서 산화구리는 환원되고 수소는 산화된다.

$$CuO(s) + H_2(g) \rightarrow Cu(s) + H_2O(l)$$

CuO는 H_2가 산화되도록 하므로 CuO를 산화제라 하며 H_2는 CuO가 환원되게 하므로 환원제라고 한다. 환원제는 산화되는 물질이며 산화제는 환원되는 물질이다. 산화제로는 과망가니즈산이온 (MnO_4^-), 중크로뮴산이온 ($Cr_2O_7^{2-}$) 및 오존 (O_3) 등이 많이 사용된다.

$$5Fe^{2+}(aq) + MnO_4^-(aq) + 8H^+(aq) \rightarrow 5Fe^{3+}(aq) + Mn^{2+}(aq) + 4H_2O(l)$$
$$C_6H_5OH(aq) + 14O_3(g) \rightarrow 6CO_2(g) + 3H_2O(l) + 4O_2(g)$$

산화제는 방부제, 소독약, 및 표백제로 사용되고 있으며 또한 생체계, 즉 태양에너지를 저장하기 위한 광합성, 포도당을 산화하는 대사, 산소의 수송 등에서도 중요한 역할을 한다. 환원제는 금속의 제련, 불포화지방의 경화 및 사진현상 등에 사용되고 있다.

2.11.3 전지

전지는 산화 환원 반응에서 나오는 화학에너지를 전기에너지로 변화시킬 수 있는 장치이며 실생활에서 편리하게 이용되고 있다. 황산구리 (Ⅱ) 수용액에 아연을 넣으면 아연이 산화되어 2가 이온이 되어 용액에 녹고 구리이온은 환원되어 구리로 석출된다.

$$Zn(s) + Cu^{2+}(aq) \rightarrow Zn^{2+}(aq) + Cu(s)$$

아연과 구리 이온을 분리된 두 개의 칸에 각각 넣고 전선으로 연결하면 전선을 따라 전류가 흘러 전등을 켜거나 전동기를 돌리는데 사용한다. 양극 (anode)에서는 아연의 산화가 일어나고 구리 이온의 환원은 음극 (cathode)에서 일어나며 만들어진 전자들은 전선을 따라 양극에서 음극에서 흐른다. 용액에서는 황산이온 (SO_4^{2-})은 양극 쪽으로 그리고 아연 이온 (Zn^{2+})은 음극 쪽으로 이동한다.

1) 갈바니 전지

구리와 은으로 이루어진 갈바니 전지에서 구리는 양극이며 은은 음극이다. 이 전지를 간략하게 표시하면 다음과 같다.

$$Cu(s) \mid Cu^{2+}(aq) \parallel Ag^{+}(aq) \mid Ag(s)$$

양극은 왼쪽에 음극은 오른쪽에 표시되며 | 는 고체 전극과 용액의 접촉면이며 ‖ 은 양극과 음극을 연결하는 염다리이다.

전지에서 전류가 흐르려면 전기회로의 두 점 사이에 전위차 ΔE가 있어야 한다. 전위차는 외부회로에 전압계를 연결하여 측정하며 회로를 흐르는 전류의 양과 관련이 있으며 전류가 너무 크면 전압은 떨어진다. 알짜 전위차는 다음과 같다.

$$\Delta E_{알짜} = \Delta E - \Delta E_{외부}$$

ΔE는 $\Delta E_{알짜}$가 0이 될 때까지 $\Delta E_{외부}$를 조절하여 측정할 수 있으며 전류는 0이 된다. $\Delta E_{외부}$를 ΔE보다 약간 작게 하면 알짜 전위차가 작아지며 반응이 전극에서 서서히 일어나므로 전지는 거의 가역적으로 된다.

2) 1차전지

1차전지는 전지에서 전력이 생기는 동안 양극 또는 음극이 화학반응으로 인해 소모되는 전지이며 건전지, 알칼리 전지, 수은 전지, 리튬 전지 등이 있다. 건전지는 가장 오래된 소형전지로서 회중전등, 휴대용 라디오와 장난감 등에 사용되고 있다.

양 극: $Zn(s) \rightarrow Zn^{2+}(aq) + 2e^{-}$

음 극: $2NH_4^{+}(aq) + 2e- \rightarrow 2NH_3(g) + H_2(g)$

$2MnO_2(s) + H_2(g) \rightarrow Mn_2O_3(s) + H_2O(l)$

$Zn^{2+}(aq) + 2NH_3(g) + 2Cl^{-}(aq) \rightarrow Zn(NH_3)_2Cl_2(s)$

전체반응: $Zn(s) + 2MnO_2(s) + 2NH_4Cl(s) \rightarrow Zn(NH_3)_2Cl_2(s) + H_2O(l) + Mn_2O_3(s)$

전류가 빨리 흐르면 생성되는 기체가 빨리 소모되기 어려우므로 전압이 떨어지는 단점이 있다. 최대 전위차는 1.5V이다. 아연은 식물과 인간에게 해로운 금속이므로 사용후 주의 깊게 폐기해야 한다.

알칼리 전지의 전해질은 강염기인 KOH이며 수명이 건전지보다 길다. 고율 방전이 가능하고 용량이 크며 저온에서도 사용할 수 있지만 강염기를 사용하므로 분해할 때 조심해야 한다.

양　극: $Zn(s) + 2OH^- \rightarrow ZnO(s) + H_2O(l) + 2e^-$

음　극: $2MnO_2(s) + H_2O(l) + 2e^- \rightarrow Mn_2O_3(s) + 2OH^-(aq)$

전체반응: $Zn(s) + 2MnO_2(s) + 2H_2O(l) \rightarrow Zn(OH)_2(s) + Mn_2O_3(s)$

사용 시 기체가 발생하지 않으며 전류가 많이 흘러도 전압이 감소하지 않으며 표준전압은 1.54V이다.

수은 전지의 양극은 아연이고 음극은 산화수은(HgO)이다. 양극과 음극이 고체이므로 칸막이로 분리하지 않아도 되며 수명이 길다. 아연은 수은과 합금을 만들거나 아말감화하여 사용된다.. 전압은 1.34V이고 안정하므로 통신 설비나 과학 기기에 많이 사용되고 있다. 수은은 독성이 강한 중금속이므로 (미나마타병) 사용 후 처리에 주의해야한다.

양　극: $Zn(s) + 2OH^- \rightarrow ZnO(s) + H_2O(l) + 2e^-$

음　극: $HgO(s) + H_2O(l) + 2e^- \rightarrow Hg(l) + 2OH^-(aq)$

전체반응: $Zn(s) + HgO(s) + H_2O(l) \rightarrow Zn(OH)_2(s) + Hg(l)$

리튬전지는 고성능의 전자제품에 필요한 높은 에너지 밀도와 높은 출력밀도를 가지고 있으며 전압은 3V이다. 가장 가벼운 금소이고 산화전위가 높으므로 단위 무게당의 전기화학적 용량이 아연전지의 4배 이상이므로 음극물질로 가장 우수하지만 수분에 민감하기 때문에 수분을 제거한 유기용매 개발에 오랜 시간이 걸렸다. 리튬전지는 전해액이나 양극물질에 따라 고체양극, 액체양극, 고체전해질 전지로 나누어진다. 고체양극형의 이산화망간 리튬전지는 계산기, 시계, 완구 등에 많이 사용되고 있으며, 리튬 액체 양극전지는 군용무전기 등의 특수한 분야에 사용되고 있다. 고체전해질 리튬전지는 전지에서 누출이 없지만 추력이 상대적으로 약하므로 인공심장박동기 등의 낮은 출력으로 오랜 저장수명이 필요한 곳에 사용된다.

3) 2차전지

외부에서 전압을 주어 방전과 반대방향으로 전류를 흐르도록 하여 다시 충전할 수 있는 전지를 2차전지라고 하며 납축전지, 니켈-카드뮴 전지 등이 속한다. 재충전시 외부 전합은 정지전압보다 커야 하며 극성은 반대여야 한다.

납축전지의 양극은 다공성의 납 (Pb)이며 음극은 압축된 PbO_2이다. 교대로 배열되어 진한 황산에 담겨 있으며 얇은 섬유 유리판으로 분리되어 있다.

양　　극: $Pb(s) + SO_4^{2-}(aq) \rightarrow PbSO_4(s) + 2e^-$

음　　극: $PbO_2(s) + 4H^+(aq) + SO_4^{2-}(aq) \rightarrow PbSO_4(aq) + 2H_2O(l)$

전체반응: $Pb(s) + PbO_2(s) + 2H_2SO_4(aq) \rightarrow 2PbSO_4(s) + 2H_2O(l)$

납축전지의 기전력은 약 2V이지만 사용하는 동안 서서히 저하하여 1.8V 정도가 되면 다시 충전해야한다. 축전지의 기전력은 크기와는 관련없지만 극판면적을 크게 하면 용량이 증가하여 많은 전류를 흐르게 할 수 있다. 충전은 전지의 양 단자에 전원의 양 단자를 연결하고 규정된 전류값을 유지하면서 계속한다. 충전이 진행되면 양극판은 다갈색으로 음극판은 납색으로 변화하며 전압이 2.7~2.8V로 높아지고 전해액의 비중이 서서히 증가하여 1.26 정도가 되면 종료한다.

니켈-카드뮴 전지는 계산기, 면도기, 캠코더, 휴대용 라디오 등에 사용된다. 충전하여 계속 사용할 수 있으므로 수명이 길다.

양　　극: $Cd(s) + 2OH^-(aq) \rightarrow Cd(OH)_2(s) + 2e^-$

음　　극: $NiOOH(s) + H_2O(l) + 2e- \rightarrow Ni(OH)_2(s) + OH-(aq)$

전체반응: $Cd(s) + 2NiOOH(s) + 2H_2O(l) \rightarrow Cd(OH)_2(s) + 2Ni(OH)_2(s)$

전압은 1.4V이다. 카드뮴도 유독한 중금속 (이타이이타이병)이므로 사용 후 잘 처리해야만 한다.

2.12 태양전지

태양은 핵융합에 의해 에너지를 만들며 빛과 열의 형태로 지구를 위시한 태양계로 방출한다. 태양에너지는 무한정하며 깨끗한 에너지이지만 계절, 기후에 따라 이용할 수 있는 양이 변하는 점 등의 약점도 가지고 있다. 태양빛을 전기로 변환하여 사용하는 장치가 태양전지이다. 태양전지에는 반도체(semiconductor)가 사용되므로 먼저 반도체에 대하여 알아보기로 하자.

2.12.1 반도체

전자 또는 정공(홀, hole)이 이동하면 전기가 흐르게 되는데 이 때 분자, 원자 및 전자들에 의하여 방해를 받게 되며 이것을 전기저항이라고 한다. 물질에 따라 저항의 크기는 달라지며 전기저항의 역수인 전기 전도도의 크기에 의해 물질을 도체, 반도체 그리고 절연체로 구분한다. 전기전도도가 10^3에서 10^7S/m이면 도체이고 10^{-3}에서 10^4S/m이면 반도체라고 한다. 전도도가 10^{-3}S/m보다 작은 물질이 절연체이며 전기가 거의 흐르지 않는다. 도체에서는 전자가 각 분자나 원자에 구속되어 있지 않고 자유로이 움직일 수 있으며 금속이나 전도성 고분자들이 이에 속한다. 반면에 절연체에서는 모든 전자들이 분자에 구속되어 있다.

이들 현상이 띠이론 (band theory)으로 쉽게 설명될 수 있다. 띠이론을 간단히 설명하면 다음과 같다. 전자들은 두 개의 띠를 만들며 에너지가 낮은 것을 원자가 전자대 (valence band), 높은 것을 전도대 (conduction band)라고 한다. 원자가 전자대의 전자들은 분자에 구속되어 있으므로 전기를 통하지 못하며 전도대에 있는 전자들은 자유로이 이동할 수 있으므로 전기를 통할 수 있다. 도체의 경우에는 원자가 전자대와 전도대 사이의 에너지 차이가 0, 즉 이 두 띠가 서로 붙어있고 절연체에서는 이 두 띠 사이의 에너지 차이가 아주 커서 높은 온도에서도 전자가 원자가 전자대에서 전도대로 에너지를 얻어 이동할 수 없다. 반도체 역시 두 띠가 떨어져 있지만 에너지 차이가 비교적 작아 온도를 올리면 전자가 에너지를 얻어 원자가 전자대에서 전도대로 이동할 수 있어 전기가 흐르게 된다.

도체에서는 온도가 올라가면 전자의 열운동이 활발해져 전도도가 감소하지만 반도체에서는 위에서 설명한 이유로 인하여 온도가 높아질수록 전도도가 증가한다. 반도체는 원소 자체의 성질에 의한 진성반도체 (intrinsic semiconductor)와 불순물이 조금 첨가된 (이것을 doping이라고 함) 외래 반도체 (extrinsic semiconductor) 및 물질을 구성하고 있는 성분 원소의 비가 일정하지 않고 변할 수 있는 비양론적 반도체 (nonstoichiometric semiconductor) 등으로 나누어진다.

주기율표에서 중간에 위치한 4족 원소들 중 가장 가벼운 원소인 탄소 (절연체)와 가장 무거운 원소인 납 (금속 즉 도체)을 제외한 세 원소, 규소 (Si), 저마늄 (Ge), 주석 (Sn)은 단체로 존재할 경우에 전자들이 하나의 원소에 구속되어 있지 않고 10개 내외의 원소들에 퍼져있어 작기는 하지만 무시할 수 없는 전도도를 가지므로 진성반도체로 분류된다. 화학적 성질에 있어서도 이 세 원소들은 비금속과 금속의 중간 성질을 가지고 있으므로 준금속이라고 불리고 있다. 진성반도체의 25℃에서 측정된 전도도는 다음과 같다.

진성반도체	전도도(S/m)
실리콘	0.002
저마늄	2
주석	100

외래 반도체는 실리콘이나 저마늄에 가전자가 하나 적은 갈륨, 인듐이나 가전자가 하나 많은 비소 또는 안티몬이 doping된 반도체이다. 갈륨, 인듐이 doping된 것을 p형 반도체, 비소, 안티몬이 doping된 것을 n형 반도체라고 한다. p형 반도체에서는 전자가 부족하므로 정공이 이동하며 n형 반도체에서는 여분의 전자가 이동한다. 외래 반도체는

온도가 상승하여도 전도도는 크게 변하지 않지만 어느 온도이상에서는 진성반도체가 되며 온도가 상승하면 전도도가 증가하기 시작한다.

1948년에 미국의 벨연구소에서 개발한 트랜지스터가 반도체를 처음으로 상용화한 제품이라고 한다. 그전까지의 라디오에서는 진공관을 사용하였는데 반도체가 등장하면서 라디오의 크기가 작아졌다. 그 뒤 반도체 기술은 눈부시게 달하여 지금은 컴퓨터의 메모리 칩, 캠코더와 디지털카메라의 촬영소자인 CCD (charge-coupled device) 등에 이용되며 특히 최근에는 초LSI (large scale integrated circuit)라고 하는 초고밀도전기화로가 완성되었다. 초LSI를 이용하면 $1cm^2$에 회로소자를 100만개 이상 넣는 것이 가능하다. 이것의 완성으로 라디오, TV의 소형화는 물론이고 트랜지스터를 사용한 거의 모든 전기회로를 소형화할 수 있게 되었다. 또한 컴퓨터, 계측분야 그리고 사회생활의 전 분야에 응용될 것이고 전자기기의 소형화, 고밀도화가 활발하게 진행될 것이다.

2.12.2 태양전지의 원리

다시 태양전지로 돌아와서 논의를 계속하자. 반도체에 빛을 쪼여 주면 광전효과에 의하여 전자가 튀어 나가며 반도체에는 정공이 생긴다. 이런 작용에 의하여 생성된 전자와 정공이 전류를 흐르게 한다. 고체표면에 입사된 빛은 고체에 구속되어 있는 전자에게 에너지를 전달하며 이 에너지가 전자의 구속에너지 (문턱에너지라고 함)보다 더 큰 경우에 전자가 탈출하게 한다. 문턱에너지는 고체의 종류에 따라 달라지며 문턱에너지보다 작은 에너지를 가진 빛은 전자를 튀어나가게 할 수 없다. 또한 빛의 에너지가 커지면 탈출하는 전자의 운동에너지는 증가하며 빛의 강도는 탈출하는 전자의 수를 결정한다.

이 현상은 아인슈타인 (1879 ~ 1955)에 의한 광량자설에 의해 잘 설명되며 이 연구로 아인슈타인이 1921년에 노벨물리학상을 받았다. 광전효과로 인하여 반도체는 전자가 풍부한 n형 반도체와 전자가 부족한 즉 정공이 생성되는 p형 반도체로 바뀌게 되며 이 두 개를 접합한 것이 태양전지이다. p형 반도체는 양극이 되고 n형 반도체는 음극이 되므로 두 전극을 연결하면 전기가 흐른다. 즉 도선으로 연결된 반도체에 태양빛을 쪼여주면 계속해서 전기가 발생한다. 반도체에 도달한 빛에 의해 +와 −의 전하가 생성되므로 전류가 만들어지며 이때 생성된 전기에너지를 이용하여 모터를 회전시키거나 전등에 불이 켜지게 하는 등의 일을 한다.

반도체에 태양빛을 쪼였을 때 전기로 바뀌는 비율을 변환효율이라고 하며 빛의 세기와는 거의 무관하지만 빛의 에너지가 강해지면 출력되어 나오는 전기에너지는 증가한다. 참고로 아래 표에 기후에 따른 태양빛의 세기를 표시했다.

표 2.8 기후에 따른 태양빛의 강도

기후	조도(럭스)
밝게 갠 날	120,000~100,000
갠 날	100,000~50,000
구름이 많은 날	50,000~10,000
비 오는 날	20,000~5,000

광도가 1칸델라 (cd)인 점광원에서 빛이 방출될 때 1m 떨어져 있으며 빛과 수직이고 면적이 $1m^2$인 면이 받는 조명도를 1럭스 (lx)라고 하며 파장이 556nm인 단색광을 방출하는 점광원의 복사도가 임의의 방향으로 1/663 (와트/스테라디안)일 때 이 방향에 대한 광도를 1칸델라라고 한다.

2.12.3 태양전지의 재료

태양전지의 재료로는 실리콘으로 만들어진 진성반도체와 4족 원소에 3족 원소 또는 5족 원소가 doping되어 만들어진 p형과 n형 반도체가 주로 사용된다. 또한 3족 원소와 5족 원소의 화합물인 InN, GaN, GaAs등도 많이 사용되고 있다. 실리콘은 지각에 산소 다음으로 많은 원소이지만 공업적으로 가치 있는 제품을 만들려면 순도가 99.99999999 (텐나인) 또는 99.999999999 (일레븐나인)이어야 한다. 이 정도로 순수한 실리콘을 만들려면 시약, 용기, 용매 등등이 순수해야 하며 마지막 단계에는 zone refining을 거쳐 만들어진다. 순수한 단결정을 제조하는 공정은 복잡하고 비용이 많이 소용되므로 다결정 및 비정질 반도체들이 개발되고 있다.

태양전지는 단결정. 다결정 및 비정질 태양전지로 분류되며 변환효율은 단결정 태양전지가 가장 높지만 공정이 복잡하고 가격이 비싸므로 공정이 보다 간단하고 제조원가가 저렴한 다결정, 비정질 태양전지가 개발되고 있다. 고순도의 실리콘을 1500℃에서

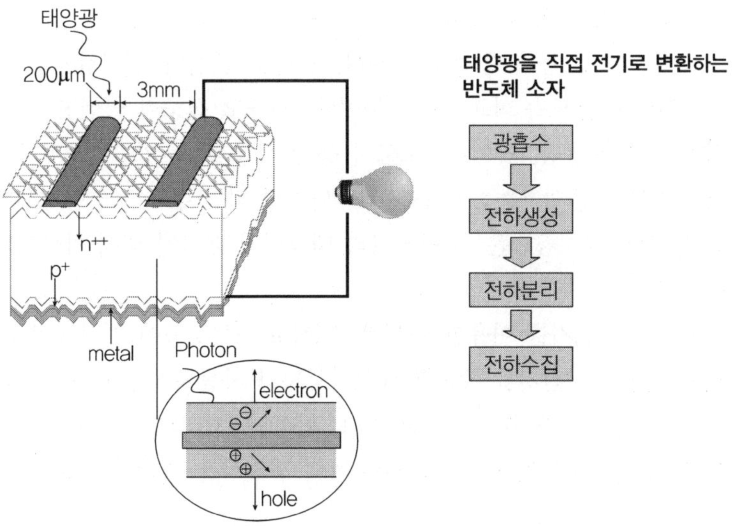

처리하여 단결정을 만든 후 dopant를 첨가하여 p-n접합체를 만든다. 빛의 반사를 최소화하기 위한 방지 막을 만들어 부착하여 단결정 태양전지를 제조하는 데 공정이 복잡하고 고온이 요구되므로 제조가격이 높다. 따라서 보다 간단하게 만들 수 있는 다결정 태양전지나 비정질 태양전지가 최근에 개발되었다.

다음 표에 태양전지의 종류와 재료가 비교 설명되고 있다.

표 2.9 태양전지의 종류와 재료

태양전지의 종류		반도체 재료	셀의 변환효율	모듈의 변환효율
실리콘 태양전지	결정계	단결정 Si 다결정 Si	15~24% 10~17%	10~14% 9~12%
	비정질계	비정질Si 비정질 SiC 비정질 SiGe	8~13%	6~9%
화합물 반도체 태양전지	2원계	GaAs, InP CdS, CdSe	18~30% (GaAs) 10~12% (기타)	- -
	3원계	CuInSe2	10~12%	-
유기반도체 태양전지		멜로시아닌 프탈로시아닌	1% 이하	-

이 표에서 셀 (cell)은 태양전지를 구성하는 가장 작은 단위이며 셀 하나의 전압은 0.5볼트 정도에 불과하므로 보통 셀 여러 개가 모아 모듈 (module)을 만들며 여러 개의 모듈을 받침대에 설치한 앨리 (alley)가 사용되고 있다.

2.12.4 태양전지의 이용

태양전지는 크기에 따라 소규모 분산형 발전장치, 중규모 분산형 발전장치 및 대규모 집중형 발전장치로 나눌 수 있다. 소규모 분산형 발전장치의 용량은 100W ~ 수10kW이며 주로 가정, 등대 등에 사용된다. 중규모 분산형 발전장치의 용량은 수10kW ~ 수100kW이고 용도는 학교, 병원 등이다. 대규모 집중형 발전장치는 수100kW 이상의 용량을 가지며 공장, 농어촌, 소도시 등에 사용될 수 있다. 달이나 태양계의 행성, 위성 특히 생명의 존재가능성이 높은 타이탄으로 떠난 우주선의 동력원으로 태양전지가 사용되고 있다. 우주공간은 지표와 달리 태양빛이 대기에 의해 차단되지 않으므로 변환효율이 우수하다.

지금 태양전지를 이용한 에어컨, 냉장고, 보트 등이 개발되어 사용되고 있으며 화석연료 대신 태양전지를 장착한 태양자동차가 자동차경주에 등장하여 스위스에서는 벌써 200대 이상이 운행되고 있다고 한다. 화석연료에 의한 지구온난화, 스모그 및 오존층파괴 등의 환경오염이 없는 태양자동차의 필요성을 절감하고 많은 나라에서 연구 개발에 박차를 가하고 있다. 우리나라에서도 삼성SDI, LG화학, LG셀트론, 현대중공업, 삼포에너지, 경동 솔라 등의 기업과 태양전지연구센터(KIER), 서울대학교, KAIST, 광주과기원, KIST등의 연구기관과 학교에서 태양전지에 관련된 연구가 진행되고 있다. 석탄은 비교적 풍부하지만 석유와 천연가스가 전혀 산출되지 않은 우리나라에서는 태양전지의 실용화가 시급하다. 다행히도 태양빛이 강하고 온도가 높은 여름이 3개월 정도 계속되므로 태양전지에는 유리한 조건을 가지고 있다. 우리나라에서 태양자동차가 실용화될 날을 손꼽아 기다린다.

2.12.5 염료감응 태양전지

염료감응 태양전지는 크게 보아서 다음 소재들로 이루어져 있다: 투명전도성 필름, 나노결정 산화물 즉 반도체, 전극, 염료, 및 산화–환원 전해질. 염료감응태양전지는 n–형 나노입자 반도체 산화물 표면에 화학 흡착된 염료분자가 태양빛 즉, 가시광선을 흡수하면 전자–홀 (hole) 쌍이 만들어진다. 생성된 전자는 반도체 산화물의 전도대로 들어가 나노입자 사이의 계면을 통하여 투명한 전도성 막으로 전달되며 이때 전류가 발생하게 된다. 한편 홀은 산화–환원 전해질에서 전자를 받아 다시 환원되며 이 과정에 의해 작동과정이 완성된다. 사용되는 염료는 광전자 발생에 직접 참여하는 소재로서 가시광선의 모든 영역에서 흡수가 일어나고 흡광계수가 클수록 유리하다. 염료감응 태양전지를 위한 염료로는 유기금속화합물, 유기화합물 그리고 InP, CdSe 등의 양자점 무기화합물들이 알려져 있다. 이 중에서 루테늄계 유기금속화합물이 가장 우수한 염료로 평가되고 있다. 빛을 흡수한 루테늄계 유기금속화합물은 바닥상태 (ground state)에서 들뜬상태 (excited state)로 전이 [MLCT, metal to ligand charge transfer: t_{2g} (루테늄)오비탈 $\rightarrow \pi^*$ (리간드)오비탈]한 후 두 가지 과정을 거쳐 전자가 반도체 전도대로 이동한다. 첫 번째 과정은 비열화 단일항 들뜬상태 (nonthermalized singlet excited state S_1)에서 반도체 전도대로 전자가 이동하는 과정이며 둘째 과정에서는 계간전이 (intersystem crossing) 과정을 거쳐 삼중항 들뜬상태 (triplet excited state, T_1)로 이동한 열화전자(가 반도체 전도대로 이동한다. 전자는 펨토초 (femto second, 10^{-15} second) 내지 피코초 (pico second, 10^{-12} second)의 매우 빠른 속도로 이동하며 산화된 염료는 수 나노초 (nano second, 10^{-9} second)내에 재생된다.

반면 전자가 반도체의 표면에서 전해질로 이동하는 재결합 (recombination)속도는 밀리(milli, 10^{-3}) 내지 마이크로 (micro,10^{-6})로 다소 느리므로 대부분의 광전자는 반도체 전도대로 주입된다. 따라서 광–전기 에너지 변환효율이 우수하며 또한 장기적인 안정성도 우수하다는 것이 실험에 의하여 밝혀졌다. 광전자 이동과 염료 재생은 매우 빠르게 진행되지만 전자가 반도체 표면으로 전달되는 과정은 확산에 의하여 일어나기 때문에 밀리초 정도로 느리게 일어나므로 7재결합 반응과 경쟁관계에 있다. 그러므로 염료감응 태양전지의 광–전기 변환 특성은 전자전달 속도와 재결합속도를 제어하는 기술

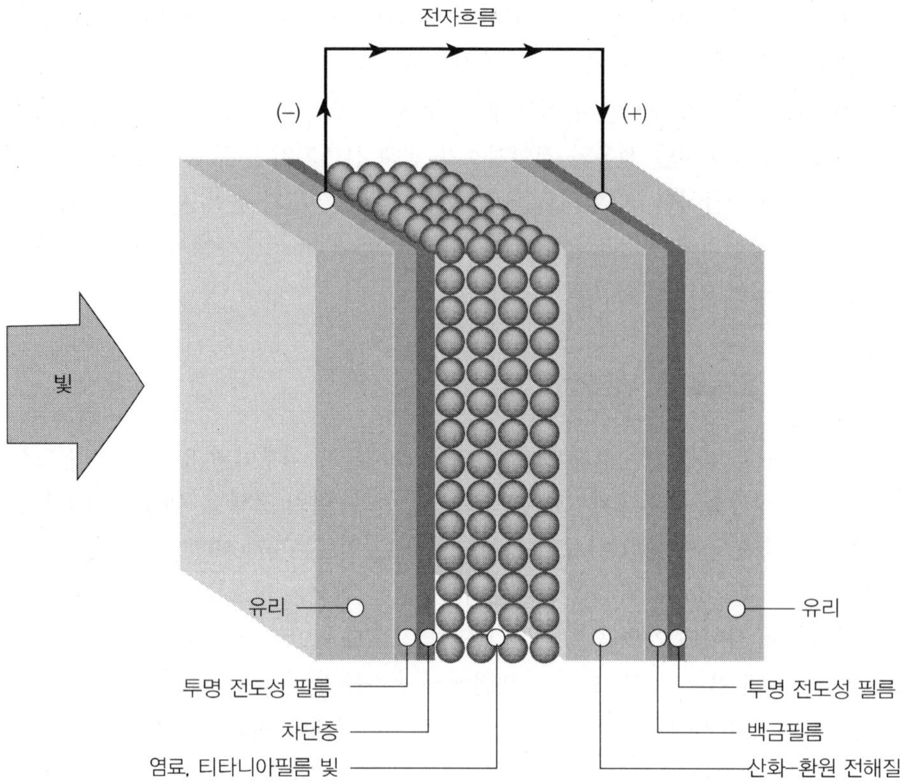

연료감응형 태양전지

에 의하여 영향을 받을 수 있다. 염료를 흡착할 수 있는 n−형 산화물로는 전도대와 원자가 전자대 사이의 에너지 간격이 큰 반도체 나노결정 (직경: $15\sim20\times10^{-9}$ m) 산화물이 사용된다. 나노 크기의 물질을 사용하는 이유는 입자 크기 감소에 따른 비표면적 증가로 보다 많은 양의 광감응 염료분자들을 흡착시킬 수 있기 때문이다. 입자의 크기가 수 나노미터 이하이면 염료흡착량은 증가하지만 흡착점의 수도 증가하여 재결합 자리를 제공하게 되는 단점도 가지게 된다. 따라서 입자크기, 형상, 결정성 및 표면상태를 조절하는 기술이 염료감응 태양전지에서 중요한 연구 테마 중의 하나이다.

반도체의 에너지 간격은 사용하는 염료의 LUMO (lowest unoccupied molecule orbital, 즉 π^* 오비탈)의 에너지보다 낮아야한다. 루테늄계 염료의 LUMO 에너지보다 약 0.2 eV 낮은 곳에 전도대 에너지가 위치하고 있는 이산화티타늄 (TiO_2)가 가장 많이 사용되고 있다. 이산화티타늄은 산과 알칼리에 부식되지 않고 인체에 무해하고 절연체이다. 그리고 다 채워진 원자가 전자대와 비어있는 전도대를 가지고 있으며 에너지 차이는 3.2eV (309kJ/mol)이다.

현재 우리나라의 경우에는 한국과학기술연구소(KIST)의 태양전지연구단과 고려대학교 이과대학 화학과 김 강진 교수 연구팀에서 연구개발 중이므로 조만간에 좋은 결과가 기대된다.

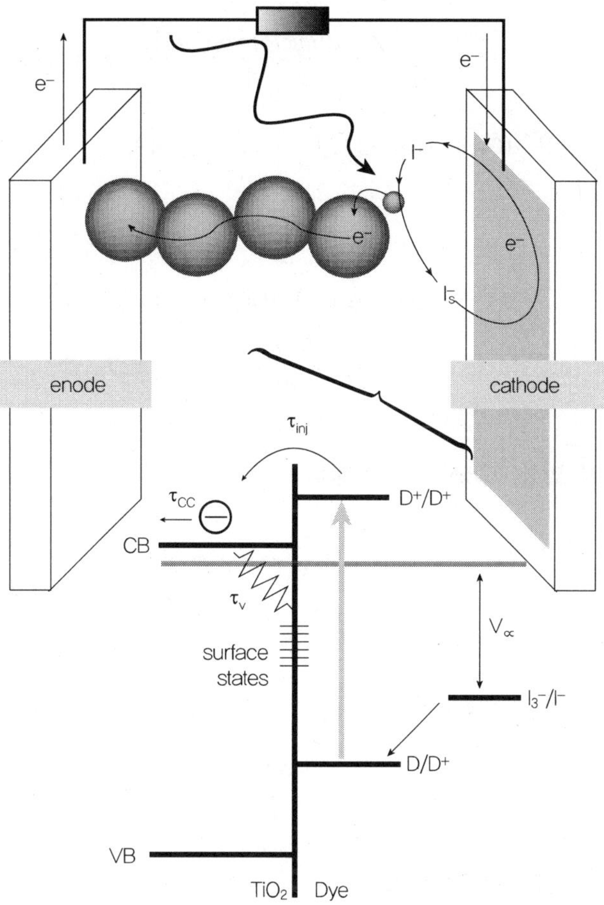

2.313 반응의 속도와 광화학 반응

2.13.1 화학반응의 속도

반응속도는 반응물이나 생성물의 농도 변화로 정의된다. 반응 A + B → C + D에서 A나 B의 속도가 감소하는 속도는 C나 D의 농도가 증가하는 속도와 같다. 수식으로는 다음과 같이 나타낼 수 있다.

$$v = -\frac{d[A]}{dt} = -\frac{d[B]}{dt} = \frac{d[C]}{dt} = \frac{d[D]}{dt} = k[A][B]^n$$

k는 반응속도상수이며 온도, 활성화 에너지, 충돌수와 분자의 배향에 의존한다. m과 n은 실험적으로 결정되며 각각 A와 B의 반응차수이다. $m+n$은 전체반응차수이며 0, 1, 2 등의 정수값과 $\frac{1}{2}$, $\frac{3}{2}$ 등의 분수값을 가진다. 반응에 대한 몇 가지 예를 들어 보겠다.

1차 반응: C_3H_6 (cyclopropane) → C_3H_6 (propene)

$$v = -\frac{d[cyclopropane]}{dt} = k_1[cyclopropane]$$

2차 반응: $(C_2H_5)_3N$ + C_2H_5Br → $(C_2H_5)_4NBr$

$$v = -\frac{d[C_2H_5Br]}{dt} = k_2[C_2H_5Br][(C_2H_5)_3N]$$

$2NO_2(g)$ → $2NO(g)$ + $O_2(g)$

$$v = -\frac{d[NO_{2(g)}]}{dt} = k_2[NO_{2(g)}]^2$$

$\frac{3}{2}$차 반응: CH_3CHO → CH_4 + CO

$$v = -\frac{d[CH_3CHO]}{dt} = k'[CH_3CHO]^{\frac{3}{2}}$$

$\frac{1}{2}$차 반응: $2SO_2(g) + O_2(g) \xrightarrow{Pt} 2SO_3(g)$

$$v = -\frac{d[SO_{2(g)}]}{dt} = k'[SO_{2(g)}][SO_{3(g)}]^{-\frac{1}{2}}$$

2.13.2 1차 반응속도식

반응 A → B + C 가 1차 반응이면 반응속도 v는 반응물 A의 농도에 비례한다.

$$v = \frac{dx}{dt} = k_1(a-x)$$

여기서 a는 반응물 A의 초기농도 ($t=0$), x는 $t=t$일 때의 A의 농도이다. 윗식을 정리하고 $t=0$에서 $t=t$까지 적분하면

$$\ln a - \ln(a-x) = k_1 t$$

$$\text{또는 } \ln\frac{a}{a-x} = k_1 t$$

$$x = a(1-e^{-k_1 t})$$

가 된다. 1차 반응에서는 $\ln(a-x)$와 t 사이에 1차 함수 관계가 있다. A의 농도가 초기농도의 반이 되는데 필요한 시간을 반감기 ($t_{\frac{1}{2}}$) 라 하며 $t_{\frac{1}{2}}$를 구해보면

$$\ln\left(\frac{a}{a-\frac{1}{2}a}\right)=k_1 t_{\frac{1}{2}}$$

$$t_{\frac{1}{2}}=\frac{\ln 2}{k_1}=\frac{0.693}{k_1}$$

따라서 1차 반응의 반감기는 반응물의 농도에 무관하다. 1차 반응의 예로는 N2O5(g)의 열분해 반응이 있다.

$$2\ N_2O_5(g) \rightarrow 4NO_2(g) + O_2(g)$$

2.13.3 2차 반응속도식

반응 A + B → C + D 가 2차 반응이면 반응속도 v는 반응물 A, B 농도의 곱에 비례한다.

$$v=\frac{dx}{dt}=k_2(a-x)(b-x)$$

여기서 a는 A의 초기농도 ($t=0$), b는 B의 초기농도 ($t=0$) 그리고 x는 A와 B가 $t=t$ 일때의 농도이다. 윗식을 정리하면

$$\frac{dx}{(a-x)(b-x)}=k_2 dt$$

가 되며 이 식을 분리하면

$$\frac{1}{(a-b)}\left(-\frac{1}{a-x}+\frac{1}{b-x}\right)dx=k_2 dt$$

가 된다. 윗식을 $t=0$에서 $t=t$까지 적분하면 다음 식이 유도된다.

$$\frac{1}{(a-b)}\ln\frac{b(a-x)}{a(b-x)}=k_2 t$$

이차 반응의 예로는 이브로민화에텐 ($C_2H_4Br_2$)과 아이오딘화포타슘 (KI) 사이의 반응 (용매: 99% 메탄올)이 있다.

$$C_2H_4Br_2 + 3KI \rightarrow C_2H_4 + 2KBr + KI_3$$

$$\frac{d[KI_3]}{dt}=\frac{dx}{dt}=k_2[C_2H_4Br_2][KI]=k(a-x)(b-3x)$$

적분식은 다음과 같다.

$$\frac{1}{3a-b}\ln\frac{b(a-x)}{a(b-3x)}=k_2t$$

이차반응의 특수한 예로 반응물의 초기 농도 a, b가 같은 경우가 있다 $(a=b)$. 이 경우에 반응물질은 하나이다.

$$2HI(g) \rightarrow H_2(g) + I_2(g)$$

$$-\frac{d[HI]}{dt}=k_2[HI]^2$$

$$\frac{dx}{dt}=k_2(a-x)^2$$

$t=0$에서 $t=t$까지 적분하면 다음 식이 유도된다.

$$\frac{1}{a(a-x)}=k_2t$$

2차 반응의 반감기를 구하는 식은

$$t_{\frac{1}{2}}=\frac{1}{k_2a}$$

이다.

2.13.4 광화학반응

광화학반응은 원자나 분자, 자유기 혹은 이온들이 빛을 흡수하여 개시된다. 광화학반응의 제 1차 단계는 다음과 같이 나타내어진다.

$$A + h\nu \rightarrow A^*$$

윗 식에서 A^*는 A가 빛의 에너지를 흡수하여 들뜬 상태이며 hν는 광량자 (빛의 에너지)를 뜻한다. 들뜬 분자 A^*는 다음 단계의 반응을 하게 된다.

해리반응 (Dissociation): $A^* \rightarrow B_1 + B2 + \cdots$
직접반응 (Direct Reaction): $A^* + B \rightarrow C_1 + C_2 + \cdots$
형광방출 (Fluorescence): $A^* \rightarrow A + h\nu$
충돌비활성화반응 (Collisional Deactivation): $A^* + M \rightarrow A + M$

위의 반응식 중 처음 둘은 화학적 변화를 나타내며 나머지 둘은 들뜬 물질이 바닥 상태로 되돌아가는 과정이다.

양자 수율 φ은 (quantum yield) A^* 가 관여된 모든 반응에서 흡수된 광량자 수에 대한 어떤 특정 반응에 참여한 A^* 분자 수의 비를 말한다. 생성된 A^* 의 총 분자 수는 흡수된 광량자의 총수와 같으므로 어떤 특정반응의 양자 수율은 그 특정반응에 참여한 A^* 분자의 분율이 된다. 예를 들어 위에 표시된 네 반응과정 모두에 A* 가 참여한다면 네 반응의 양자 수율의 합은 1이 되어야한다.

$$\sum_{i=1}^{4} \phi_i = 1$$

A^*의 생성속도는 A가 광량자를 흡수하는 속도와 같으므로 다음과 같이 쓸 수 있다.

$$\frac{d[A^*]}{dt} = k[A]$$

[A]는 A의 농도이고 k는 1차 속도상수이며 [A]와 무관하다고 가정한다. 직접반응에서 C_1의 생성속도는 다음 식으로 표시된다.

$$\frac{d[C_1]}{dt} = \phi_2 k[A]$$

여기서 ϕ_2는 직접반응의 양자 수율이다. 만약 A^*가 위의 네 반응 중 한 반응에 즉시 한다면 A^*의 총반응률은 A^*의 총 생성속도 즉 광량자의 흡수속도와 같아야 한다.

2.14 금속의 성질

금속은 최외각 전자들의 일부 또는 전부가 하나의 금속 원자핵에 구속되어 있지 않고 금속 결정 전체에 퍼져 있는 구조를 가지며 이 전자들은 결정 내에서 자유로이 운동할 수 있다. 이 전자들이 보여주는 결정 내에서의 행동이 전하를 가진 기체와 유사하다는 이론이 1900년경 P. K. L. 드루데 (1863~1906)와 H. A. 로렌츠 (1853~1928)에 의하여 제안된 금속전자론이다. 이 이론은 A. J. W. 조머펠트 (1868~1951) 등에 의하여 양자역학적 이론을 받아들여 더욱 발전하였으며, 금속의 저온에서의 비열, 전기전도도, 열전도도, 자기적 성질 등의 여러 분야를 설명할 수 있다.

금속은 자유전자의 이동에 의하여 다음 성질들을 가진다.

1. 높은 전기전도도: 일반적으로 금속은 비금속보다 수백 배 더 큰 전기전도도를 가진다. 전기전도도는 띠이론으로 설명될 수 있다. 은의 전도도가 가장 크지만 너무 비싸므로 일반적으로는 사용되지 않는다. 일반적인 전기 도선으로는 전도도가 은과 비슷하고 가격이 저렴한 구리가 많이 사용된다.

2. 높은 열전도도: 금속의 한 쪽 끝에 열을 가하면 자유전자의 운동이 활발하게 되므로 다른 쪽 끝으로도 열이 전달될 수 있다. 주방에서 사용되는 자루가 붙어 있는 냄비에 알루미늄, 구리, 스테인리스강들이 함유되어 있으며 손잡이는 비금속으로 만들어져 열을 차단한다.
3. 연성과 전성: 금속의 자유전자는 금속 원자핵을 아교처럼 지탱하므로 가는 실처럼 길게 뽑을 수 있고 (연성) 망치로 두들겨 얇은 판으로 만들 수 있다 (전성). 즉 금속은 부수지 않고도 변형시킬 수 있다.
4. 광택: 대부분의 금속은 모든 파장의 가시광선을 반사하므로 은백색 금속광택을 가진다. 자유전자들은 비편재되어 있으므로 넓은 범위의 빛을 흡수하고 다시 방출한다. 예외적으로 금과 구리는 파랑 지역의 빛을 흡수하므로 금은 노랗게 보이고 구리는 빨갛게 보인다.
5. 물이나 다른 용매와 반응을 일으키지 않은 그대로의 금속은 물과 다른 용매에 용해되지 않는다: 즉 자유 전자가 용액에 들어 갈 수 없고 자유전자가 없는 금속 양이온 또한 용액에 들어가지 못한다. 유일한 액체 금속인 수은만이 많은 금속을 녹여 아말감을 만든다. 은-주석-수은 아말감은 치아 충진제로 사용된다.

금속의 융점은 수은의 -39℃ (수은은 유일한 액체 금속)에서 텅스텐의 3410℃까지 차이가 크며 밀도 또한 가장 작은 리튬 (0.534)에서부터 가장 큰 오스뮴 (22.1)까지의 분포를 보인다. 알칼리금속들의 융점은 낮고, 밀도가 작다 (소듐: 융점 = 98℃, 밀도 = 0.971; 포타슘: 융점 = 64℃, 밀도 = 0.862).

연습문제

1. 네온사인에 대하여 설명하라.

2. 정수기의 원리는 무엇인가?

3. 컬러 사진에 대하여 설명하라.

4. 완충작용을 설명하라.

5. 염다리의 역할은 무엇인가?

6. 폐전지는 어떻게 처리하여야 할까?

SECTION 02

생활속의 화학

화장품

CHAPTER 03

3.1 화장 및 화장품의 개념

화장은 인류 역사와 더불어 발달되어온 문화적 소산이라고 볼 수 있다. 고대사회에서는 의식이나 축제 등의 경우에 사용됐으나 인식의 발전과 더불어 점차적으로 신체를 보호하고 아름답게 가꾸기 위한 용도에서 사용되어져 왔다. 약사법에서 말하는 화장품이란 "인체를 청결·미화하여 매력을 더하고, 용모를 밝게 변화시키거나, 피부·모발의 건강을 유지 또는 증진하기 위하여 인체에 사용되는 물품으로서 인체에 대한 작용이 경미한 것"으로 정의한다. 화장품의 정의에 있어서 한국은 피부청결 및 미화, 일본은 인체를 청결·미화하여 매력을 더하여 용모를 변화시키거나 모발을 건강하게, 미국은 인체의 구조나 기능에 변화 없이 인체를 청결·미화하여 매력촉진의 외모변형을 나타내고 있으며, 유럽은 구강 점막 청결·향취부여·용모변화·체취억제 등의 인체의 외적인 부분에 중점을 두고 정의내리고 있다.

화장품의 분류는 여러 방법으로 나누고 있으나, 일반적으로 표 3.1과 같이 피부용, 모발용, 구강용과 기타의 화장품으로 분류한다.

화장품을 의약외품과 혼동되게 사용하고 있으나, 화장품이란 앞서 정의한 바와 같으며, 의약외품은 예전에는 "의약부외품"이라 부르던 것으로 사람 또는 동물의 질병의 치료, 경감, 처치 또는 예방의 목적으로 사용되는 섬유, 고무제품 또는 이와 유사한 품목, 인체에 대한 작용이 경미하거나 인체에 직접 작용하지 아니하며 기구 또는 기계가 아닌 것, 또는 이와 유사한 품목, 위생상의 용도로 사용되는 면제류 또는 이와 유사한 품목을 말한다. 두피·모발화장품에서는 모발의 양모, 염색, 제모 등을 위한 제제가 이에 속할 것이다.

표 3.1 화장품의 분류

분류		사용 목적	주요 제품
피부용	기초화장품	세정	세안, 크림, 폼
		정돈	화장수, 팩, 마사지크림
		보호	유액, 모이스처 크림
	메이크업 화장품	베이스 메이크업	파운데이션, 백반
		포인트 메이크업	입술연지, 볼연지, 아이섀도우, 아이라이너
		손톱	네일 에나멜, 광택제거액
	바디 화장품	목욕용	비누, 액체세정용, 입욕제
		선 케어, 선 텐	선 스크린 크림, 선 오일
		제한, 방취	방취 스프레이
		탈색, 제모	탈색, 제모크림
		방충	방충로션. 스프레이
모발, 두발, 두피용	두발용 화장품	세정	샴푸
		트리트먼트	린스, 헤어트리트먼트
		정발	헤어무스, 헤어 리퀴드, 포마드
		퍼머넌트 웨이브	퍼머넌트, 웨이브 로션1제, 2제
		염모, 탈색	헤어칼라, 헤어블리치, 칼라린스
	두피용 화장품	육모, 양모	육모제, 헤어토닉
		트리트먼트	스캘프 트리트먼트
구강용	구강용 화장품	치마제	치약
		구강 청량제	마우스 워셔
기타	방향 화장품	방향	향수, 오데코롱

3.1.1. 피부와 머리칼에 대한 화학

1) 피부

피부는 체내의 근육들과 기관을 보호하는 다수의 상피 조직으로 이뤄진, 외피 체계에서 가장 큰 조직이다. 피부 색소 형성은 (사람의 피부색 혹은 색상) 인종에 따라 다양하고, 피부 타입은 건성 피부에서 지성 피부까지 분포해 있다.

외부 환경을 접할 때에, 피부는 병원균으로부터 신체를 보호하는 매우 중요한 역할을 수행한다. 피부의 다른 주요 기능들은 단열과 체온 조절 기능, 감각 기능, 그리고 비타민 D의 합성과 비타민 B 엽산염의 보호 기능 등이다.

얼굴 외양을 개선하기 위한 자연 혹은 합성 화장품의 사용(모공 관리와 블랙 헤드 세정)은 많은 문명에서 흔하다. 지성 피부는 몸 안의 호르몬 변동에 의해 DHT 민감성이 야기되면서 생긴다. 이 민감성으로 인해 피부는 수분과 필수 지방산 (특히 리놀레산)을 잃기 시작하고, 수천개의 피부 세포가 죽도록 만들어, 피부가 더 많은 양의 피지를 만들어 이러한 수분 부족을 대신 메우게 된다. 지성 피부는 순수한 목욕 비누에 실패했을 때는, 약한 세제를 사용함으로써 신속하게 씻을 수 있다. 그 후에, 바디 로션을 사용하여 씻긴 피부의 컨디션을 재조정하는 데 사용될 수 있고, 이는 건성 피부를 치료하기 위해서도 사용될 수 있는 방법이다.

① 피부 구성 요소

피부는 멜라닌 세포가 활동하면서 색소 형성, 혹은 멜라닌이 생긴다. 이 멜라닌 세포는 햇볕 안의 위험할 수 있는 자외선 중 일부를 흡수한다. 이는 또한 DNA 수리 효소들을 가지고 있어 UV 피해를 회복하도록 돕고, 이러한 효소들을 만드는 유전자가 결핍된 사람들은 피부암에 걸릴 확률이 높다. 사람 피부의 색소 형성은 인종에 따라 현저하게 차이가 난다. 이는 사람들을 피부색에 따라 분류하도록 만들었다.

포유류의 피부는 주로 체모를 담고 있고, 체모가 충분한 밀도로 나 있을 경우 털이라고 부른다. 체모는 주로 피부의 단열 기능을 증대시키는 역할을 하지만, 또한 제2차 성징이나 위장의 역할을 하기도 한다. 몇몇 동물은, 피부가 매우 단단하고 두꺼워서 가죽을 만들 수도 있다. 파충류와 어류는 단단한 보호용 비늘을, 그리고 조류는 단단한 깃털을 가지고 있는데, 이들은 모두 질긴 베타-케라틴으로 만들어져 있다. 양서류의 피부는 화학 물질들의 통과를 크게 막지 못하고, 삼투 현상에 취약하다. 이로 인해, 마취 용액 위에 앉아 있는 개구리는 금방 잠이 드는 것을 볼 수 있다.

피부는 인체의 가장 큰 기관으로 알려져 있다. 표면에서는, 피부는 몸을 덮음으로써, 모든 기관 중 가장 큰 표면을 차지한다. 더욱이, 중량에서도, 피부는 체내의 어떤 기관 하나보다도 더 많은 무게를 차지하는데, 이는 전체 체중의 15% 가량이 된다. 평균적인 성인 인간에게는, 피부의 표면적은 1.5-2.0 제곱 미터이고, 대부분 두께가 2-3 mm 정도이다. 평균적으로 6.5 cm^2(1 제곱 인치)의 피부는 650개의 땀샘과, 20개의 혈관과, 60,000개의 멜라닌 세포와, 1000개가 넘는 신경 말단을 가지고 있다.

② 피부의 기능

피부는 다양한 역할을 수행한다. 보호 기능으로서 신체 방어에서 내부와 외부 환경 사이의 해부학적 장벽 기능이 있다. 감각 기능인 많은 수의 신경 말단을 지니고 있어서 더위와 추위, 접촉, 압력, 진동, 그리고 조직 부상에 반응한다. 피부는 필요한 것보다 훨씬 많은 혈액 공급이 가능해서, 복사, 대류, 전도 등에 의한 에너지 손실을 정밀하게 조정할 수 있게 한다. 팽창된 혈관들은 관류와 열 손실을 증가시키는 반면, 수축된 혈관들은 피부의 혈액 공급을 크게 줄이고 열을 보존시킨다. 피부는 수분 손실에서 상대적으로 마르고 불투과성의 장벽을 제공한다. 이 기능의 손실 때문에 화상을 입었을 때 막대한 수분 손실이 생긴다. 미적, 사회적 기능으로서 다른 사람들은 우리의 피부를 보고 우리의 기분, 건강 상태, 매력도 등을 평가할 수 있다. 지질과 수분의 저장고로서의 기능을 하는 동시에, 피부 특정 부분에서는 UV 작용을 통한 비타민 D의 합성의 기능도 수

행한다. 땀에는 요소가 들어있으나, 그 농도는 소변(urine)의 1/130에 불과하여, 땀을 통한 배설은 잘해봐야 땀을 통해 수행하는 보조기능 정도이다. 산소, 질소와 이산화탄소는 표피에 약간 흡수될 수 있어, 몇몇 동물은 피부를 유일한 호흡 기관으로 사용한다. 더구나, 약품은 피부를 통해서도 처방될 수 있어, 연고나 니코틴 패치나 전리 요법과 같은 접착성의 패치가 사용되기도 한다. 피부는 다른 많은 생명체에게도 중요한 물질 운송 기관이다

③ 피부의 구조

피부는 아래의 그림과 같이 대별하여 표피, 진피, 피하조직의 3부문으로 나누어진다.

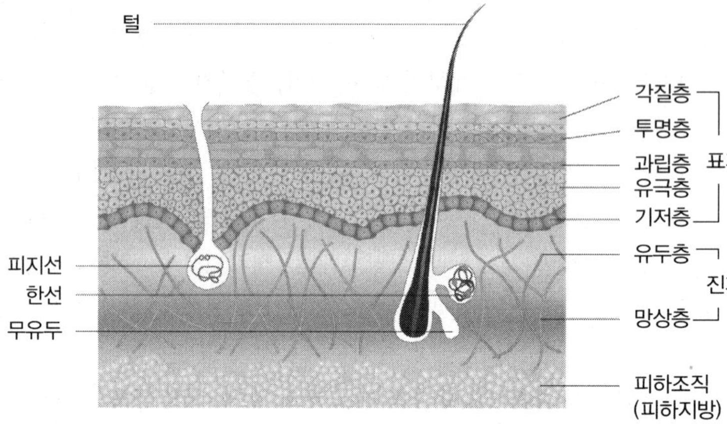

㉠ 표피

표피는 피부의 가장 바깥쪽 층이다. 표피는 신체의 표면을 덮는 방수, 보호 막을 만들며, 층상의 비늘 상피세포과 그 밑의 기저 층으로 되어 있다.

진피와 접해 있는 심층부의 세포는 끊임없이 세포 분열을 반복하고 있으며, 배아층이라고도 한다. 신생 세포는 잇달아 위로 밀려올라가며 그 사이에 변형해 간다. 먼저 유극세포층에서는 많은 돌기로 세포끼리 결합되어 있고, 다음 입자층에서는 세포는 점차 편평하게 되어간다. 피부 부위에 따라서는 연이어 세포 경계가 명확하지 않은 담명층이 출현하는 경우가 있다. 그리고 표층으로 이동하면 세포는 점점 편평해짐과 동시에 각질화를 일으켜 표층으로 갈수록 핵을 잃고 결국에는 표면에서 떨어져나간다. 이 물질에 땀이나 먼지가 섞인 것이 바로 때이다. 표피의 심층은 알칼리성(pH 7.0–7.4)인데, 표층은 지선에서의 분비물 등으로 인해 산성(pH 4.0–5.0)이 되어 미생물의 번식을 저지한다.

㉡ 진피

진피는 연결 조직으로 이루어진 표피 밑의 피부 층으로, 완충작용을 하여 신체를 압력과 장력(stress and strain)으로부터 보호한다. 진피는 기저막을 통해 표피와 단단히 연결되어 있다. 이것은 또한 접촉과 열을 감지하는 많은 수의 신경 말단을 담고 있다. 이것

은 모낭, 땀샘, 피지선, 아포크린샘, 림프관, 혈관 등을 담고 있다. 진피 안의 혈관은 표피의 지층 기저핵과 마찬가지로 세포에 영양분을 공급해주고 노폐물을 제거해준다.

표피에 접하는 결합 조직층에서는 교원 섬유가 촘촘한 그물 모양으로 나 있어 매우 튼튼하다. 진피의 일부는 곳곳에서 표피 내부로 들어가 있는데, 이를 진피 유두라고 한다. 여기에는 혈관망이나 감각기(마이스넬 소체)가 있다. 표피 심층부의 세포는 많지만 멜라닌 색소를 갖고 있는데, 진피 중에서 여기에 접하는 부분의 세포에도 멜라닌 색소를 함유하는 것이 있다. 털은 피부 부속 기관의 하나인데, 표피의 세포가 진피 속에 깊숙이 침입하여 피하 조직과의 경계에서 결합 조직과 함께 모근을 형성하여 이곳에서 털이 만들어져 위로 보내어진다. 그 도중에는 입모근(立毛筋)이 붙어 지선이 입모근 안쪽에서 털을 에워싸고 있다.

㉢ 피하 조직

교원 섬유가 느슨하게 배열된 층이 있는데 섬유는 장소마다 일정한 방향성을 갖고 있다. 여기에는 조직액이 있으며, 식작용을 가진 세포도 있고 미분화된 결합 조직 세포도 볼 수 있다. 그 일부는 세포질내에 지방을 축적하여 지방 세포가 되며, 이것이 모여서 피하 지방을 형성한다.

2) 머리칼

머리칼은 주로 각질로 구성되어 있는데 머리칼의 각질과 그 외 다른 단백질과의 차이점은 시스틴의 함량 차이이다. 시스틴 양이 다른 단백질이 2.3~3.8%인 반면, 머리칼에 있는 단백질 중의 약 16~18%로 많다는 점이다.

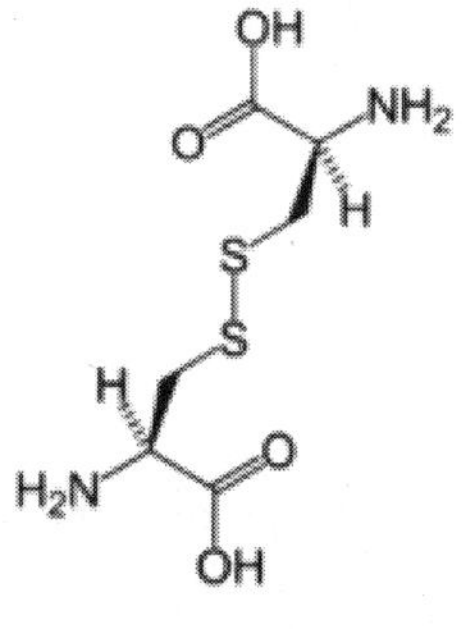

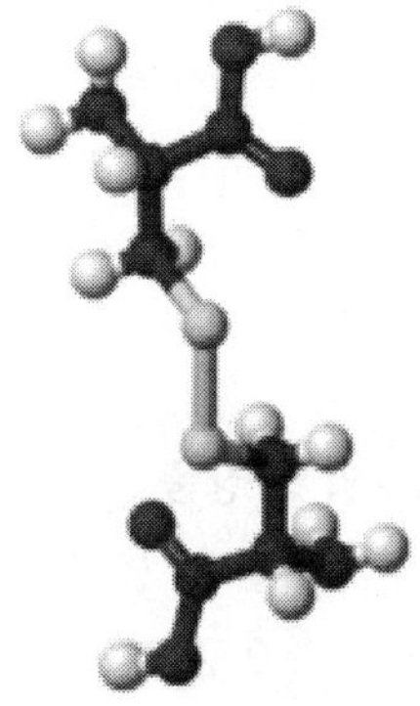

시스틴(Cystine)

피부 및 머리칼이 딱딱한 것은 서로 다른 단백질 사이의 다리 결합과 이황화 결합이라 부르는 -S-S- 결합 때문이다.

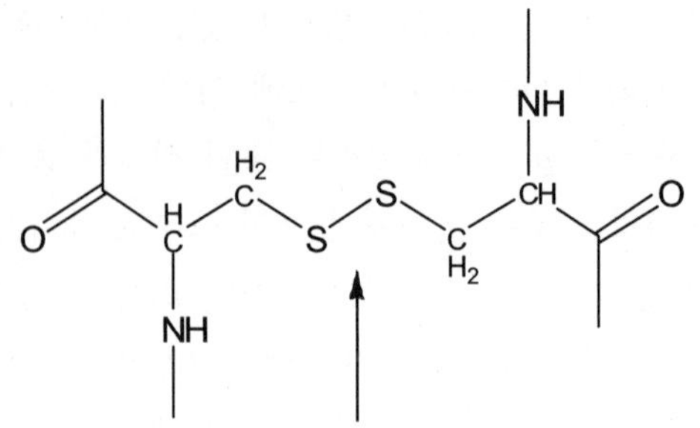

아황화결합

3.1.2 화장품의 종류

1) 피부용 화장품

① 기초 화장품

기초 화장품은 기본적으로 피부를 청결히 하고, 각질층을 보습시키는 것을 주목적으로 하고 있다. 각질층의 보습은 표피의 각질층과 진피의 두 가지로 나누어 생각할 수 있다. 각질층에는 아미노산을 주성분으로 하는 천연 보습 인자와 세라마이드 등의 세포간 지질이 존재하며, 진피에는 히아루론산 등의 고분자 점액질이 기질로 존재하고 있다. 유분과 수분의 균형을 피부 건조를 방지하고 유연성을 부여하며, 매끄럽고 촉촉한 건강한 피부를 유지할 수 있도록 한다. 기초 화장품의 사용목적 1)세안: 피부 표면의 더러움이나 메이크업 찌꺼기 및 노폐물을 제거하여 피부를 청결하게 해준다. 2)피부 정돈: 비누 세안에 의해 상승된 피부의 pH를 정상적인 상태로 빨리 돌아오게 하고, 유분과 수분을 공급하여 피부결을 정돈해 준다. 3) 피부 표면의 건조를 방지해 줌과 동시에 피부를 매끄럽게 하고, 추위로부터 피부를 보호하거나 공기 중의 세균이 침입하는 것을 막아준다. 특정 피부의 관리와 예방을 위해 특정 기능을 강조해 만든 기초 화장품이 바로 기능성 화장품이다.

② 메이크업 화장품

메이크업 화장품은 용모를 아름답게 변화시켜 피부를 아름답게 보이게 할 목적으로 사용하는 화장품으로 흔히 색조 화장품이라고 하며, 넓은 의미로는 메이크업은 화장 자체를 뜻하기도 한다. 다시 말하면 메이크업 화장품은 기초 화장품을 사용한 후 얼굴이나 손톱 등 신체에 도포하여 색채감을 부여함으로써 피부색을 아름답게 표현하고, 기초 화장품으로 커버할 수 없는 피부의 결점을 보완하여 건강하고 매력적인 상태로 보일 수 있도록 하는 것이다. 또한 피부를 아름답게 표현하는 미적효과, 태양 관선의 자외선으로부터 피부를 보호하는 보호적 효과, 화장 행위에 의한 심리적인 만족감과 자신감을 생기게 하는 심리적 효과를 부여해 준다.

이러한 메이크업 화장품은 얼굴 전체의 피부색을 균일하게 정돈하거나 기미, 주근깨 등 피부 결점을 커버하여 아름답게 보이도록 하기 위한 베이스 메이크업 화장품과 입술, 눈, 볼이나 손톱 등에 부분적으로 사용하여 혈색을 좋게 하고 입체감을 부여하여 아름답고 매력적인 용모로 보이도록 하는 포인트 메이크업 화장품으로 분류할 수 있다.

③ 바디 화장품

피부의 특징은 피지 분비량이 적고 피부색을 결정짓는 멜라노사이트의 수가 적으며, 자외선 노출 빈도가 거의 없다. 또한 내복 등 옷에 의한 마찰의 영향을 받으며 면적이 넓고 피부 건조가 쉽게 일어나 가려움증이 발생한다. 각종 환경 오염과 피부 노폐물로 손상되고 더러워진 피부를 깨끗하게 씻어주어 탄력 있고 촉촉한 피부로 가꾸어 주는 높은 보습 제품을 사용해야 한다.

2) 모발 화장품

모발은 케라틴 단백질로 되어 있으므로 pH에따라 전기적인 성질이 달라진다. 모발은 PH4 부근에서 전기적으로 중성이 되며, pH4이상과 이하에서는 전기적인 음이온성 또는 양이온성을 나타내게 된다. 이러한 이유 때문에 pH에 따라 팽윤되는 성질을 갖는다. 또한 모발의 가장 바깥층인 모소피층은 친유성인데 반하여, 모피질은 친수성을 나타낸다. 따라서 모발은 물을 흡수하는 성질과 오일을 흡수하는 성질을 함께 갖고 있다. 모발 화장품에는 두피, 모발에 존재하는 피지, 땀, 각질, 먼지, 화장품 찌꺼기 등을 세정하는 기능과 모발의 보호와 영양 공급 등의 트리트먼트 기능이 있다.

3) 방향 화장품

향료는 천연 향료, 합성 향료, 향장품 향료, 식품 향료 등 크게 4가지로 대변할 수 있다. 천연 향료와 합성 향료 등을 원료로 선택하여 적절히 조합하여 소위 '향기의 예술'이라는 많은 향료를 만들어 낸다. 여기서 향장품 향료는 향수, 화장품, 비누, 세제, 방향제 등에 사용되는 향료를 말한다. 화장품에 향료를 넣는 목적은 좋은 향기를 내도록 하여 소비자의 기호에 맞추면서 제품의 특성에 알맞은 향취를 주어 관심을 끌도록 하는데 있다. 또한 화장품에는 동•식물성 오일이나 왁스류 등이 많이 사용되는데, 이러한 원료 성분의 냄새를 커버하는 역할도 하고 있다.

4) 기능성 화장품

기능성 화장품은 '피부의 미백에 도움을 주는 제품, 피부의 주름 개선에 도움을 주는 제품, 피부를 곱게 태워주기나 자외선으로부터 피부를 보호하는데 도움을 주는 제품 등이다. 또한 기능성 화장품은 특정 피부의 관리와 예방을 위해 특정 기능을 강조해 만든 기초 화장품이며, 유전적, 환경적 요인에 의한 각종 피부 질환의 예방과 적당한 관리를 위한 화장품이다. 기능성 화장품이란 일반 화장품과는 달리 생리 활성적인 효능•효과가 강조된 전문적인 기능성을 갖는 제품을 말한다. 즉, 인간의 용모를 아름답게 해준다는 단순한 차원에서 벗어나 피부 상태의 개선이라는 보다 높은 효능•효과의 제품이라 볼 수 있다.

① 기능성 화장품의 종류

기능성 화장품은 미백화장품, 주름개선 화장품, 자외선 차단 화장품, 여드름 화장품, 각질 제거용 화장품, 선탠 화장품 등이 있다.

㉠ 미백 화장품

피부가 자외선에 노출되면 멜라닌 색소가 증가하여 기미, 주근깨가 생기거나 색소 침착이 발생한다. 최근 대기오염으로 인해 오존층의 파괴와 이에 따른 자외선의 유해성은 날로 증가하고 있다. 피부 미백을 위해서는 타로신의 산화를 촉매하는 티로시나아제의 작용을 억제하는 물질, 도파의 산화를 억제하는 물질 (비타민C), 각질 세포를 벗겨내어 색소를 제거하는 물질, 멜라닌 세포 자체를 사멸시키는 물질, 자외선을 차단하는 물질 등이 사용된다.

㉡ 주름 개선 화장품

최근의 화장품기술은 1970년 이후 사용성→안전성과 유효성→유효성과 기능성 중시에서 2000년 이후에는 IT/BT의 기술발전 등으로 인하여 피부에서 생리적인 활성을 조절할 수 있는 기능을 중요시하게 되었다.

신체의 근육 운동이나 관절 운동이 자주 일어나는 부위에는 주름이 있어 자유롭게 움직일 수 있도록 해준다. 그러나 자연 노화나 광 노화에 의해서 눈 밑 피부가 처지고 정상적인 피부에 심한 주름이 발생하는 것은 미용적으로 좋은 인상을 주지 못한다. 콜라겐이 감소하고 엘라스틴의 가교 결합이 증가할 뿐만 아니라 기질의 저하에 의해 피부의 탄력이 저하되고 주름이 생성되는 것이다. 주름 개선 화장품에 필수적인 주름 개선제로는 진피의 결합조직 형성을 촉진하는 섬유아세포의 성장을 촉진하는 물질, 활성 산소와 프리라디칼을 제거하는 물질 등이 있다. 이중 주름 개선을 위해 사용되는 대표적인 것이 레티노이드이다. 주름과 관련된 피부의 생리적 변화 가운데 하나가 섬유아세포의 증식 감소이다. 섬유아세포의 증식이 감소되면 콜라겐 합성이 적어지고, 이것은 외부 인자에 대한 방어력의 약화로 이어져 주름 생성을 촉진하게 된다. 주름 개선제를 위한 성분으로 알려진 레티놀, 레틴알데히드 및 레틴산은 세포 분화 촉진을 비롯하여 단백질 생합성에 중요한 역할을 한다. 리포좀의 제조에 사용되는 대표적인 인지질은 계란에 함유된 레시친이다. 레시친은 여러 가지 영양 물질을 안정하게 담아 둘 수 있고, 또한 영양 물질의 피부 흡수를 촉진시킬 수 있는 특성이 있다.

㉢ 자외선 차단 화장품

유해한 자외선의 침투를 막아 피부를 보호하는 것으로 선스크린 EH는 선블럭이라고도 하며, 로션이나 크림 타입이 주종이다. 자외선 차단제는 이산화티탄과 같은 무기 물질을 이용하여 물리적인 산란작용으로 자외선을 차단하는 자외선 산란제와 옥틸 디메틸파바와 같은 유기 물질을 이용하여 화학적인 방법으로 자외선을 흡수시켜 소멸시키는 자외선 흡수제가 있다.

㉣ 여드름 화장품

여드름 피부는 클렌징을 통해 피부 깊숙한 곳의 노폐물과 메이크업 찌꺼기를 완벽하게 제거해 주어야 한다. 여드름이 생겼을 때에는 자극이 약한 화장 비누나 약산성 세안제로 자주 씻도록 한다. 여드름이 있는 피부에는 유성 성분이 많은 화장품은 피하는 것이 좋으며 유성 파운데이션의 경우 모공을 막을 수 있으므로 짙은 화장을 하는 것을 삼가야 한다.

㉤ 각질 제거용 화장품

죽은 각질을 제거하는 클렌징제로서, 효소와 같이 수분과 온도를 적절히 작용시켜 자극 없이 제거하는 방법과 알파하이드로시산을 사용하는 방법이 있다. 일명 과일산이라 하며, 표피에 쌓인 죽은 각질을 떨어지게 하는 작용을 한다. 피부 표면에 쌓인 죽은 각질을 제거하면 거칠거칠한 피부 표면이 매끄럽게 되고 잔주름도 더 이상 깊이 자리 잡지 않는다. 또한 피지가 과잉으로 분비되는 지성 피부인 경우, 모공 속의 더러움이 제거되면서 피지 분비를 조절하여 지성 피부를 개선해 주는 효과도 있다.

㉥ 선탠 화장품

선탠 화장품은 피부 상태가 손상되지 않고 자외선에 의해 서서히 멜라닌 색소의 생성량이 늘어나 그을리게 하는 것을 말한다. 피부가 강한 자외선에 오랜 시간 노출되면 피부 조직이 손상되어 빨갛게 되고 화끈거리는 화상이 일어난다. 대부분의 선탠 화장품은 UV-B를 차단할 수 있는 자외선 차단제를 적절히 함유하고 있다. 셀프 태닝 제품의 주성분이 디히드록시아세톤으로 피부의 아미노산을 갈색의 색소로 만들어 준다. 셀프 태닝 제품은 자외선에 의한 피부 손상이 전혀 없고 디하드록시아세톤이 피부 각질층의 윗 부분에만 작용하기 때문에 멜라닌 색소를 만드는 기저층에는 영향을 전혀 주지 않아 색소 침착의 우려가 없다.

5) 자외선 차단 화장품

태양광선은 파장에 따라 가시광선, 적외선, 자외선으로 나뉘는데 그 중 피부에 가장 큰 영향을 미치는 것이 바로 자외선이다.

자외선의 종류로는 파장이 330nm보다 큰 UV-A, 파장 285nm과 330nm사이인 UV-B, 파장이 285nm 보다 짧은 UV-C 등이 있다. UV A의 작용은 피부 깊숙이(진피

까지) 침투하여 피부색을 검게 하고 주름을 발생시키며 노화를 촉진 한다. UV B는 피부 표면에서 산란, 반사되며 표피에만 작용하여 세포분열을 증진시켜 각질층이 더욱 두꺼워지게 만든다. 또 피부가 벌겋게 되고, 심할 경우 염증이 발생되며, 나중에는 피부가 딱딱해진다. 또한 UV C는 가장 강한 자외선이나 오존층에 의해 차단이 된다.

① 자외선 차단지수 (SPF)

자외선 차단지수 SPF (Sun Protection Factor)는 자외선 차단용 화장품의 자외선 차단효과를 표시하는데 다음과 같이 계산한다.

$$SPF = \frac{\text{자외선 차단제품을 바른 피부의 MED}}{\text{자외선 차단제품을 바르지 않는 피부의 MED}}$$

MED (Minimal Erythma Dosage) : 홍반을 일으키는 최소 자외선 량(시간)

예를 들어 SPF지수는,자외선에 15분간 노출되었을 때 홍반이 발생하는 사람(MED=15분)이 SPF 20인 제품을 사용하면 5시간 만에 홍반이 발생됨을 의미한다. 예) {SPF20X15분=300분(5시간)} 다만, 자외선에 노출되어 홍반이 발생되는 시간은 날씨, 인종 및 사람마다 다른데 우리나라 사람의 경우 여름철에 MED는 약 10~30분 정도인 것으로 알려져 있다.

또한 자외선 강도가 상대적으로 적은 겨울철의 야외 활동 및 여름철의 일상 생활에서는 SPF 15~30, 자외선 강도가 상대적으로 강한 여름철의 야외 활동 (해수욕, 등산, 스포츠, 레저 등)시에는 SPF 30~50 정도가 적당하다.

② 자외선이 피부에 미치는 영향

적절한 자연광의 노출은 체내에서 비타민 D 의 전구 물질을 만들어 비타민 D를 합성케 하며 건강에 도움을 주지만 심하게 노출될 경우 과색소 침착이나 주름살, 피부각화증 혹은 모세혈관의 확장으로 미용적인 문제가 발생하게 된다.

자외선으로 인한 피부질환으로는 일광화상, 기미, 주근깨 등이 있다. 일광화상은 햇빛에 장시간 노출되면 피부가 빨갛게 발적이 되고 따끔거리고 심하면 물집이 생기기도 한다. 기미가 생기는 원인은 여러 가지가 있는데 임신이나, 폐경기에 흔히 발생되며 경구 피임약을 먹는 경우에도 생길 수 있다. 하지만 가장 흔한 원인은 역시 햇빛에 노출되는 것으로 여름철에 햇빛이 강해지면서 기미도 증가하게 된다. 주근깨는 대개 다섯 살이 넘으면서 나타나는데 뺨이나 코, 손등, 앞가슴에 나타난다. 주근깨는 겨울철에는 연한 갈색을 띄지만 여름철에 햇빛을 많이 받으면 암갈색으로 뚜렷하게 보이게 된다. 썬 크림 등을 잘 바르면 어느 정도 예방이 된다.

자외선으로부터 피부를 보호하는 방법으로는 자외선을 막아주기 위해서는 자외선 차단지수 SPF15에서 30정도의 썬 크림 또는 색조 화장품(투윈케이크, 파운데이션)을 하루 2번(아침, 점심) 사용하도록 하도록 하는데, 이는 기미 및 잡티 없는 얼굴 및 피부 노화 방지의 2가지 효과를 거둘 수 있는 가장 좋은 최선의 방법이다.

③ 선텐 로션

피부에 손상을 입히는 것들 중의 하나는 햇빛에 포함된 자외선이다. 작은 에너지를 가지고 있는 긴 파장의 자외선이 피부에 투과되면 피부가 황갈색으로 변하게 된다. 선텐 로숀은 피부에 해로운 영향을 주거나 피부색을 변화시키는 자외선을 차단하기 위하여 사용되고 있다. 선텐 로숀은 여러 물질을 혼합시킨 혼합물로서, 자외선을 차단시키는 효과와 피부를 황갈색으로 만드는 효과가 있다. 각 제품에 공통적으로 포함되어 있는 것은 파라 아미노벤조산으로서 자외선B를 상당량 흡수하여 피부를 보호한다.

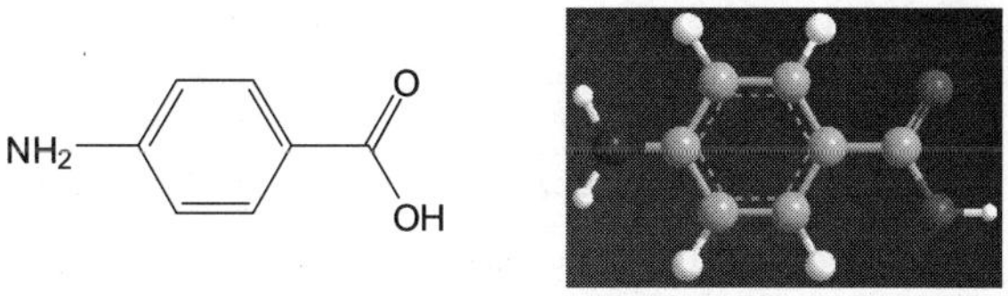

p-아미노벤조산 (p-aminobenzoic acid)

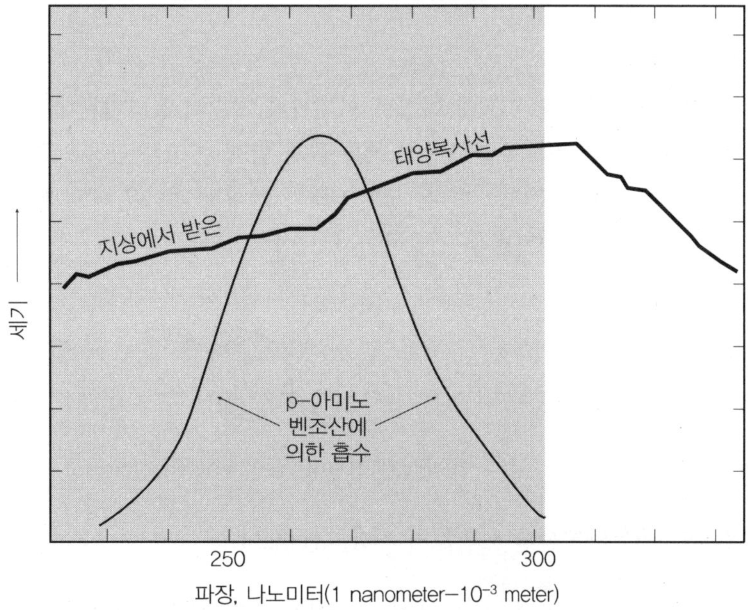

p-아미노벤조산의 흡수스펙트럼과 지상에서 받은 태양자외선과의 상호관계

6) 모발의 미용

일반 화장품은 세정을 위한 샴푸와 린스가 있으며, 두피탈모관리를 위한 기능성화장

품용 샴푸와 기능성 트리트먼트 및 토닉으로 구분되고, 탈모샴푸의 경우 성분에 따라 일반화장품과 의약외품으로 분류될 수 있다. Table 3에서 두피·A모발화장품을 세분화하여 분류하였는데, 주로 세발용이나 탈모용이나 양모용 등이 두피·모발관리에 많이 사용되어지고 있다. 헤어트리트먼트의 경우 손상 모발의 영양공급을 위해 사용되며 이미 대중시장에서 자리를 잡고 있다.

아래의 표와 같이 두피·모발관리 전용 화장품 중 두피 트리트먼트는 주로 탈모인들이 사용하는 영양 유액으로 전문점이나 병의원을 통해 판매되고 있다. 또한 전문가적 제품으로 두피 각질연화작용과 염증관리를 해주는 스캘링 제품이 있으며 주로 전문점이나 병의원을 통해 판매되고 있다. 스캘링의 경우 젤이나 크림 타입 등 다양하지만 액체타입이 선호되고 있다

표 3.2 두피모발관리 전용 화장품

제 품 군	기 능
스켈링	두피각질연화작용을 통한 노폐물제거, 모공이완, 염증관리
샴푸	두피 타입에 맞는 세정
린스	pH 발란스와 모발케어
모발트리트먼트	모발의 영양 공급
두피트리트먼트	두피의 문제점 해결을 위한 영양 유액, 육모, 영양, 항균, 항염, 모발성장 촉진

① 염색

모발염색의 역사는 고대 이집트 시대까지 거슬러 올라가는데 고대 이집트인 들은 "헤너"라는 식물염료를 추출하여 뜨거운 물과 함께 머리를 감음으로써 머리카락이 빨간 오렌지색을 띠게 하였다고 한다. 모발염색의 현대적 개념은 페닐렌디아민과 과산화수소를 이용 한 영구 염색기법을 개발하면서 시작되었다.

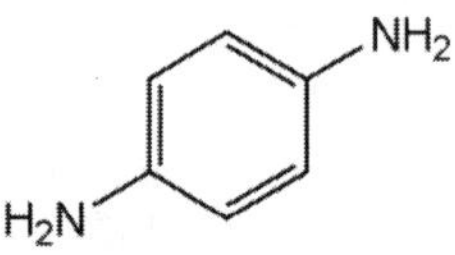

p–페닐렌다이아민(p–phenylenediamine)

염료는 과산화수소로 산화되어 색을 나타낸다.

$$-NH_2 + 3H_2O_2 \rightarrow -NO_2 + 4H_2O$$

염료는 염색이 지속되는 기간에 따라 일시적, 점진적, 반영구적, 영구적 염료로 분류되며 이중 영구 염료가 가장 널리 사용되고 있다. 일시적 염료는 리퀴드, 무쓰, 젤, 스프레이 등으로 이용되는데 염료의 입자가 너무 커서 모발 안으로 들어가지 못하므로 모발의 손상을 초래하지는 않으나 단 한 번의 샴푸로도 쉽게 제거된다. 점진적 염료는 수용

성 금속염으로 반복적으로 사용하면 모발에 축적되어 점차 모발이 검게 염색 되는데 가격이 저렴하고 사용이 간편하나 머릿결이 뻣뻣해지고 여성의 경우 파마약과 같이 사용할 경우 모발손상이 너무 심해 별로 추천되지 않고 있다. 반영구적 염료는 주로 샴푸제제가 많이 이용되고 있는데 염료는 중간크기의 입자로 쉽게 제거 되지는 않으나 보통 5-6번의 샴푸로 제거 가능하다. 이 염색제는 머리색을 완전히 바꾸기보다는 전체적인 머리색의 조화를 목적으로 이용되므로 흰머리가 전체머리의 30% 이상인 사람에게 적합하다. 최근에는 합성폴리머로 빨강, 파랑, 노랑, 자주색 등 머리색에 하이라이트를 주기 위한 제품 들이 많이 사용되고 있다. 일반적으로 모발염료라 하면 이 영구 염료를 말하는 것인데 염색효과는 영구적으로 뛰어나지만 다른 종류의 염료보다 심한 모발손상을 유발할 수도 있다.

시중에서 판매되는 염료를 살펴보면 거의 모두가 무색의 물약 2병으로 구성되어 있는데 한 병에는 염색제인 색소전구물질이, 또 다른 한 병에는 과산화수소 같은 산화제가 담거있어 이 둘을 섞은 후 머리에 바르면 염색이 되게끔 고안되어 있다. 즉 영구염료는 직접 색소를 함유하고 있는 것이 아니라 무색의 색소 전구물질을 갖고 있고 이것이 모발내로 침투되면 산화제와 화학반응을 일으켜 색소를 형성함으로써 색깔을 띠게 되는데 이 색소입자의 덩치가 너무 커서 모발 내에서 제거가 안되므로 영구적인 색상변화를 유발하게 된다.

영구염료는 산화반응이 발생하며 강한 알칼리성 용액으로 다른 종류의 모발 염료에 비해 모발 에 손상이 크므로 자주 염색하거나 부주의하게 사용하는 경우 심한 모발손상을 유발할 수 있다.

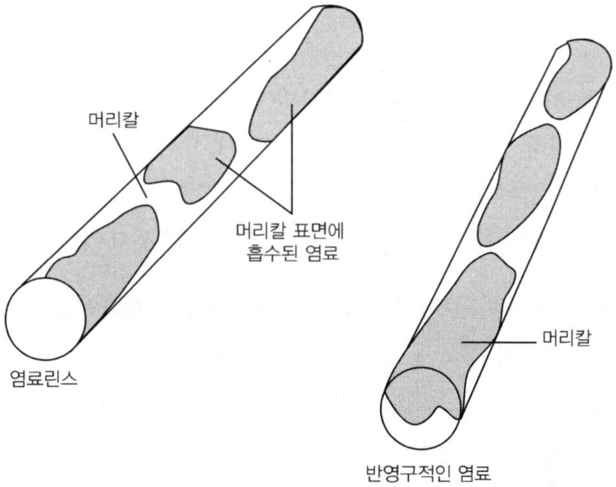

머리칼을 염색 시키는 방법

② **파마**

■ **파마의 원리**

머리는 대부분이 시스테인 (cycteine)이라는 아미노산으로 이루어진 단백질인 케라틴으로 이루어졌다.

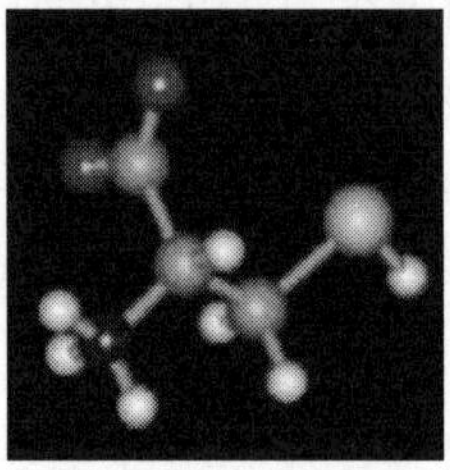

· 연녹색은 탄소
· 흰색은 수소
· 붉은색은 산소
· 파란색은 질소
· 노란색은 황을 나타낸다

시스테인 (Cystein)의 구조

단백질은 아미노산의 구조중 아미노기에 있는 질소와 카르복실산에 있는 산소 사이에서 이루어진 결합으로 만들어진 아미노산의 긴 사슬이다. 시스테인의 특징적인 사실은 단백질 사슬들을 이황화 결합으로 (disulfide bond) 연결하다는 것이다. 이황화 결합은 2개의 황 원자 사이의 결합이 다. (단백질-S-S-단백질). 이황화 결합은 한 머리칼내에 있는 두 개의 단백질 사슬을 연결하여 머리칼의 모양을 할수 있도록 잡아주고 있다.

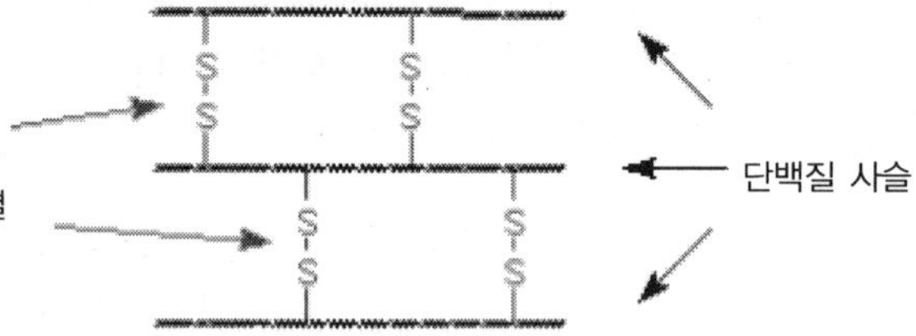

모발의 시스테인 결합을 파괴하면 알칼리에 대한 저항력이 감소되어 모발의 구조가 부드러워 진다. 이렇게 부드러워진 모발에 로드나 컬러를 이용해 모발의 물리적 구조를 변형시키는 것이 파마의 원리이다.

파마는 유화, 몰딩, 중화의 3가지 과정으로 이루어진다.

단계1: 유화(Softening) 환원제로 이황화 결합을 절단한다.

유화는 파마의 가장 중요한 단계로 모발에 PH9-9.5 정도의 강한 알칼리성의 파마액(제1액)을 바르는 것이다. 이 용액에는 암모늄 티오글리콜레이트 (Ammonium thioglycolate)라는 성분이 포함되어 있어 모발의 황 결합이 60-70% 정도 파괴된다. 산성 파마액은 PH4 정도의 글리세롤 티오글리콜레이트가 포함되어 있으나 실제로는 강한 산성을 적용시키는 것은 아니며 단지 암모늄 티오글리콜레이트보다 알칼리가 약할 뿐이다. 알칼리가 모표피를 들뜨게 하여 모피질까지 파마액이 침투되도록 하려면 모발에 도포하기 전 잘 혼합해 주어야 한다.

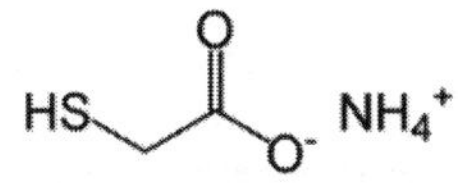

암모니움 사이오글라이코레이트 (ammonium thioglycolate)

산성 파마는 황결합이 10% 정도만 파괴되므로 모발에는 부드럽게 작용하지만 두피나 피부에 부작용이 나타날 확률이 20% 이상이므로 피부 질환이 생길 위험이 있다. 티오글리콜레이트가 아미노산 결합고리 역할을 하는 황 원소들과 수소에 달라붙어 연결되면 결합 고리가 끊어지게 되는데 이러한 결합 고리를 파괴하는 화학 과정을 환원작용이라 한다.

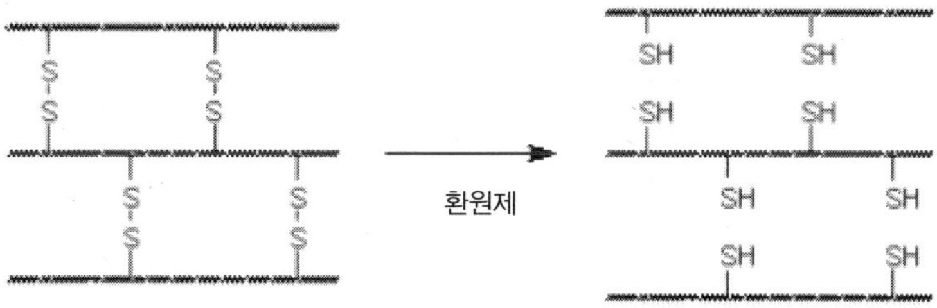

파마액을 바른 후 너무 오랫동안 방치하면 심각한 모발 손상을 초래한다.

단계2:몰딩(Moulding) 머리의 모양을 적당히 원하는 모양으로 감는다.

몰딩은 롤러에 머리를 돌려 말아 컬을 만드는 단계로 모발 단백질의 폴리펩타이드 결합을 다른 형태의 결합으로 만들어서 모발에 컬을 만들어 주는 것 이다. 롤러를 두피 가까이에서 지나치게 당겨서 말면 모발이 지나치게 늘어나서 두피와 모발을 손상시키므로 주의해야 한다. 머리를 마는 롤러의 크기에 따라 컬의 크기와 모양이 달라진다.

단계3: 중화(Neutralizing) 환원제로 처리하여 새로운 자리에 이황화 결합이 형성되게 한다.

몰딩 후 모발에 도포된 알칼리성 파마약을 약산성으로 중화시키는 마지막 단계로 산화제를 발라 모발의 변형을 정지시켜 컬을 고정시키는 과정이다. 폴리펩타이드 연결 고리는 황 결합이 멈추게 되면 수소가 떨어져 나가 새로운 형태로 연결되는데 이때 과산화수소나 과붕산나트륨이 포함된 산화제를 발라주어 중화를 해주는 것이다. 산화제 속의 산소는 물을 만들기 위해 수소와 결합하여 황 결합을 다시 만들어 모발을 새로운 구조로 고정시킨다.

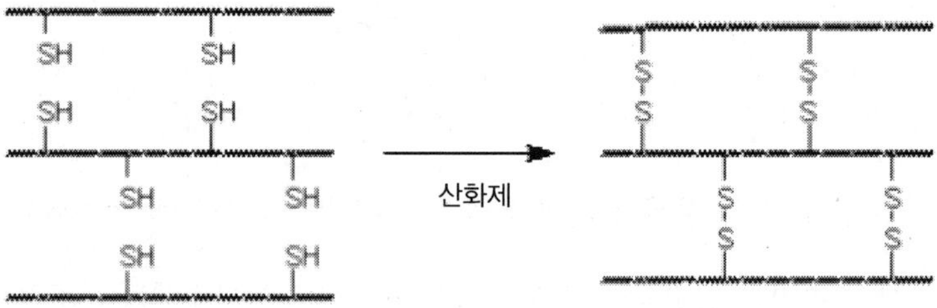

염색 모발에 파마를 할 때는 파마 전 반드시 모발의 다공성을 테스트해야 한다. 탈색이나 염색, 파마 등으로 인해 심각하게 손상된 모발에 자주 파마를 하면 파마를 유지시키는 강도가 약해져서 모발의 손상을 더욱 악화시킨다

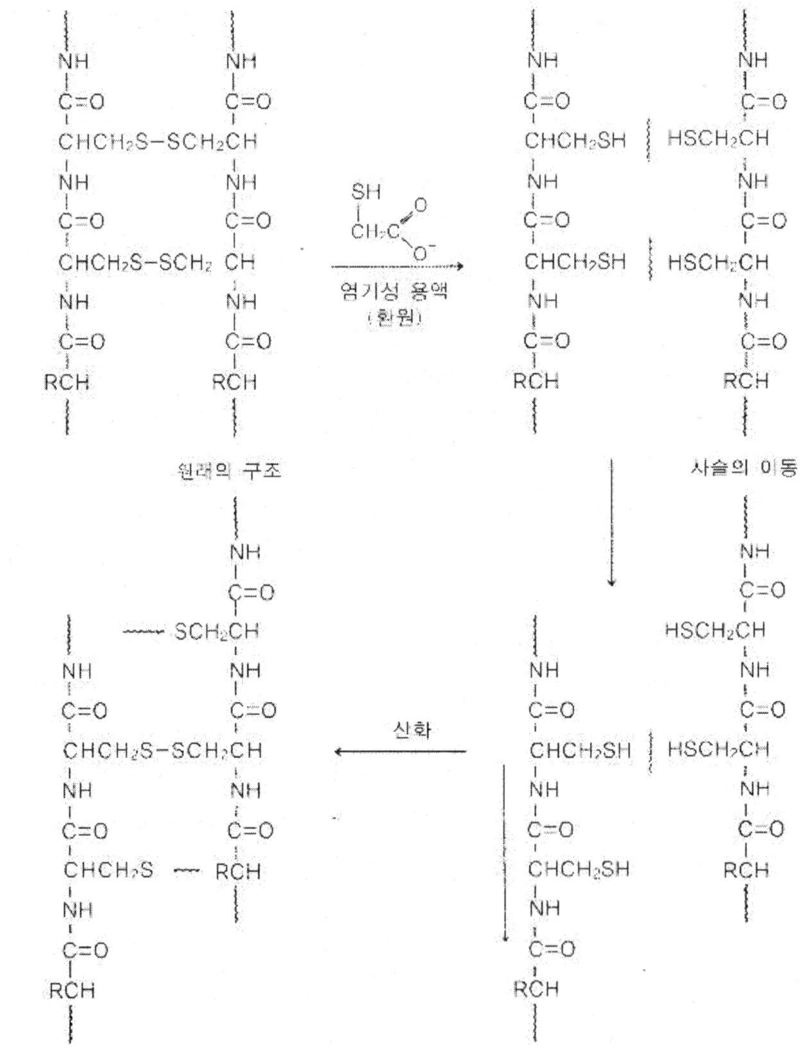

파마머리형이 동안의 구조의 변화

연습문제

1. 화장품을 정의하라.

2. 피부 관리는 어떻게 하는 것이 좋은가?

3. 야외에 나갈 때 선탠로션을 바르는 경우가 많은데 필요하다고 생각하는가?

4. 피부 노화를 방지하는 방법을 기술하라.

5. 찜질방이나 불가마에서 땀을 흘리는 것이 피부에 좋을까?

6. 곱슬머리가 우성인가? 열성인가?

CHAPTER 04

식품의 화학

4.1 식품

4.1.1 영양소

탄수화물, 단백질, 지방, 비타민, 무기염류를 5대 영양소라고 한다. 탄수화물, 지방, 단백질은 우리 몸을 구성하는 데 사용되며 또한 체내에서 에너지로 변환되기도 한다. 그리고 비타민과 무기염류는 물질대사나 생리작용을 조절한다. 이들 영양소는 녹색식물과 같이 스스로 양분을 합성할 수 있는 생물을 제외하고는 모두 외부로부터 섭취되어야 하고, 이들이 너무 많거나 적게 섭취되는 경우에는 비만 및 영양소의 불균형을 초래하고 질병에 걸리기 쉽게 된다. 적절한 영양을 위해서는 탄수화물, 지방, 단백질, 물, 비타민, 무기질, 섬유소 등의 균형 잡힌 섭취가 필요하다.

4.1.2 탄수화물

탄수화물은 생명체의 구성 성분으로 사용되며 또한 에너지원으로 사용될 수 있다. 식물의 세포벽을 만드는 셀루로스, 곤충의 외피를 만드는 키틴, 동물의 연골이나 힘줄의 성분인 황산콘드로이틴류 등이 구성 성분의 예들이다. 탄수화물은 4kcal/g의 에너지를 만든다. 녹색식물 등은 광합성에 의하여 포도당을 만들고 중합하여 녹말로서 저장한다. 동물은 자신이 탄수화물을 합성하지 못하므로 이것을 식물에서 섭취하여 글리코겐으로서 간에 저장한다.

1) 단당류

다당류를 산이나 효소로 가수분해했을 때 생기는 구성단위인 당류를 말한다. 탄소의 수에 따라 3탄당, 5탄당, 6탄당이 있으며 그 중에서 가장 식품에 많이 들어 있는 것은 6탄당이다. 중요한 것으로는 포도당, 과당, 갈락토오스 등이 있다. 일반적으로 단맛이 나는 무색 결정으로, 물에 녹는 성질을 가지고 있다. 비대칭 탄소원자를 가지며 광학활성을 가져 D, L의 2계열로 나눈다. 포도당은 빛을 오른쪽으로 굴절시키므로 우선성을 가지며 (D), 과당은 빛을 왼쪽으로 굴절시키므로 좌선성 (L)을 가진다. 모든 단당류는 대사과정 중에 포도당으로 바뀐다. 어떤 아기들은 갈락토오스를 포도당으로 변환시키는 효소가 결핍된 채 태어나는데 이런 것을 갈락토세미아(galactosemia)라고 하며 이런 아기들은 특별히 만들어진 우유대용식을 먹어야한다.

2) 올리고당

단당류 2개내지는 10개로 이루어지는 당류를 총칭한다. 식품 중에는 주로 이당류가 많이 존재한다. 중요한 이당류에는 설탕, 맥아당, 및 유당 등이 있으며 설탕은 포도당과 과당으로 가수분해 되며 맥아당은 포도당으로 가수 분해된다. 우유에 들어있는 유당을 가수분해하면 포도당과 갈락토오스가 생긴다. 유당을 가수분해하는 효소가 부족한 사람들은 우유를 마시면 소화불량에 걸린다. 이당류의 당도나 물에 녹는 정도가 각각 다르다. 나머지 올리고당류는 약간의 단맛을 가지고 있으나 식품 중에 많이 함유되어 있지는 않다.

3) 다당류

단당류 10개 이상, 보통 수천 개가 축중합 되어 만들어지는 탄수화물을 다당류이라고 한다. 주요 다당류에는 녹말, 셀루로스, 펙틴질 등이 있다 동물성 다당류이면서 포도당의 저장고 역할을 하는 글리코겐도 섭취되기는 하지만 그 양은 아주 소량이다.

4) 탄수화물의 기능

신체 활동에 필요한 에너지를 공급한다. 중추신경에는 포도당만이 에너지공급원으로 사용되므로 원활한 작용을 위하여 탄수화물이 꼭 있어야 한다. 지방이 에너지로 사용될 때 그 과정에서 나오는 케톤체가 많이 쌓여 일어나는 케톤뇨를 탄수화물이 예방해준다. 탄수화물의 다른 중요한 기능 중의 하나는 단백질 절약 작용이다. 단백질도 에너지를 낼 수 있으나 에너지를 내는 일 외에도 단백질 고유의 중요하고도 필수적인 기능이 있다. 그러나 식사 중에 탄수화물이나 지방이 부족하면 단백질은 이 기능을 못하고 에너지를 내는 데만 쓰이게 된다. 그러므로 탄수화물과 지방은 단백질이 에너지원이 되는 것 보다 단백질의 고유기능을 행하도록 단백질을 절약 시켜주는 작용이 있다고 볼 수 있다. 또한 탄수화물은 장의 운동을 돕는다. 식이섬유질에는 셀루로스, 헤미셀루로스, 리그닌, 펙틴질, 껌 등이 속하며 장에서 물을 흡수하여 부드러운 덩어리를 만들고 이것이 소화기관 근육이 수축하게 하여 소화물이 잘 이동하도록 연동운동을 돕는 역할을 한다.

4.1.3 단백질

20종의 α-아미노산들이 펩티드결합으로 연결되어 만들어진 중합체를 단백질이라고 한다. 단백질은 생물체의 몸의 구성성분으로서, 또 세포 내의 각종 화학반응의 촉매 역할을 담당하는 물질로서, 그리고 항체를 형성하여 면역을 담당하는 물질로서 대단히 중요하다. 단백질을 구성하는 20종의 α-아미노산들은 알라닌, 발린, 루신, 이소루신, 트레오닌, 세린, 시스테인, 메티오닌, 아스파트산, 아스파라긴, 글루탐산, 리신, 아르기닌, 히스티딘, 페닐알라닌, 티로신, 트립토판, 글리신, 글루타민, 플로린이다. 주요 아미노산 중 체내에서 합성이 안 되고 음식을 통해서 섭취해야 하는 필수아미노산은, 어른의 경우 발린, 루신, 이소류신, 메티오닌, 트레오닌, 리신, 페닐알라닌, 트립토판이고, 유아는 여기에다 히스티딘이 필수이다. 단백질은 끊임없이 분해되고 합성되므로 단백질을 합성하기 위한 아미노산이 공급되어야 하며 특히 성장기 때 많은 단백질이 필요하다.

4.1.4 지방

상온에서 고형을 이루는 것을 특히 지방이라 하여 액상인 기름과 구별하지만, 본질적인 차이는 없다. 천연으로 존재하는 것은 트리글리세리드이며 지방산 세 분자와 글리세롤 한 분자가 에스테르 결합을 하여 만들어진다. 흡수된 지방은 일단 간이나 피하의 결합조직, 장간막, 근육 사이 등에 축적되고, 그 후 필요에 따라 분해되어 에너지원이 된다. 상당량의 지방은 심장이나 콩팥, 지라 등의 주요 생리 기관 주변에 저장되어 보호완충 작용을 하여 기관의 손상을 방지한다. 또한 피하에도 저장되어 급격한 체온저하를 막아주는 작용도 한다. 발생 에너지는 9.45 kcal/g 정도로 높으며, 탄수화물의 2배의 열량을 공급한다. 또, 연소할 때 생기는 물의 양도 단백질이나 탄수화물의 2배나 되므로, 육상의 생물 특히 사막에서 생활하는 동물에게는 중요한 영양저장물질이다. 식품의 지방 함량은 0.15만 함유하는 감자 레서부터 705의 지방을 함유하는 호두에 이르기까지 매우 다양하며 버터, 마가린, 마요네즈의 함유량은 80%이다. 포화지방은 콜레스테롤과 함께 동맥경화와 밀접한 관계가 있다. 동맥경화가 지속되면 동맥벽에 침착물이 붙는다. 이런 침착물이 굳어지면서 혈관의 탄성이 없어지고 혈전이 좁아진 동맥을 막아 버리면 심장마비(심장근육의 동맥이 막힐 경우)나 뇌일혈(뇌동맥이 막힐 경우)을 일으킨다. 생선 기름을 섭취하면 심장질환이 예방된다.

4.1.5 무기질

이와 뼈를 만들거나 건강을 유지하는데 미량이지만 꼭 필요한 영양소이다. 칼슘 (Ca), 인 (P), 포타슘 (K), 소듐 (Na), 염소 (Cl), 마그네슘 (Mg), 철 (Fe), 아이오딘 (I), 구리 (Cu), 아연 (Zn), 코발트 (Co), 망가니즈 (Mn) 등의 원소는 몸을 이루는 중요한 원료가 되며 적은 양으로 생리작용을 돕는다. 염소이온 (Cl^-), 인산이온 (PO_4^{3-}), 중탄산이온 (HCO_3^-), 황산이온 (SO_4^{2-})들은 혈액과 기타의 체액 속에 존재한다. 철이온 (Fe^{2+})은 헤모글로빈에 그리고 인은 핵산 (DNA와 RNA)에 포함되어있다. 갑상선이 제 기능을 하기 위해서는 소량의 아이오딘이 필요하다. 아이오딘이 결핍되면 갑산선종에 걸리게 되므로 결핍을 막기 위하여 소금에 소량의 아이오딘화포타슘이 첨가되어 있다. 소금은 생명유지에 필수적이다. 예로서 세포와 플라즈마 사이의 체액 교환 시 소금이 중요한 역할을 한다. 그러나 소금을 과다 섭취하면 수분보유량이 커지게 하여 부종과 고혈압을 일으키기도 한다. 철 (Fe^{2+})이온이 결핍되면 산소 공급에 문제가 생겨 빈혈이 나타난다. 칼슘과 인은 뼈와 치아의 정상적인 성장과 유지에 필요하다. 철, 구리, 아연, 코발트, 망가니즈, 몰리브데늄, 칼슘 및 마그네슘은 금속보조효소의 순조로운 기능을 위하여 꼭 필요하다. 이러한 무기질이 함유되어있는 식품을 섭취하는 것이 가장 좋으며 무기질을 약으로 섭취하는 것은 필요하기는 하지만 문제가 생길 지도 모르니 주의를 기울어야 한다.

표 4.1 생명에 필요한 원소들

원소	기호	이용형태	원소	기호	이용형태
다량구성원소					
수소	H	공유화합물	**극미량원소**		
탄소	C	공유화합물	망가니즈	Mn	Mn^{2+}
산소	O	공유화합물	몰리브데늄	Mo	Mo^{2+}
질소	N	공유화합물	크로뮴	Cr	?
인	p	공유화합물	코발트	Co	Co^{2+}
황	S	공유화합물	바나듐	V	?
다량무기질		Na^+	니켈	Ni	Ni^{2+}
소듐	Na	K^+	카드뮴	Cd	Cd^{2+}
포타슘	K	Ca^{2+}	주석	Sn	Sn^{2+}
칼슘	Ca	Mg^{2+}	납	Pb	Pb^{2+}
마그네슘	Cl	Cl^-	리튬	Li	Li^+
염소	P	$H_2PO_4^-$	플루오린	F	F^-
인	S	SO_4^{2-}	아이오딘	I	I^-
황			셀렌	Se	SeO_4^{2-}
미량원소			실리콘	Si	?
철	Fe	Fe^{2+}	비소	As	?
구리	Cu	Cu^{2+}	붕소	B	H_3BO_3
아연	Zn	Zn^{2+}			

4. 1. 6 비타민

비타민은 적은 양으로 신체기능을 조절하며 체내에서 전혀 합성되지 않거나 필요한 만큼 합성되지 아니하여 음식물로부터 반드시 섭취해야 한다. 비타민의 체내 기능은 매우 광범위한데, 대부분은 효소나 또는 효소의 역할을 보조하는 조효소의 구성성분이 되어 탄수화물, 지방, 단백질, 무기질의 대사에 관여한다. 따라서 비타민의 필요량은 매우 소량으로 충분하지만, 이 소량의 필요량이 공급되지 않을 때 생명현상의 유지에 필요한 체내 영양소의 대사가 지장을 받게 된다. 일반적으로 비타민은 지용성과 수용성으로 크게 분류된다. 지용성 비타민은 지방이나 지방을 녹이는 유기용매에 녹는 비타민으로서 비타민 A, D, E, F, K, U가 이에 속한다. 이들은 수용성 비타민보다 열에 강하여 식품의 조리가공 중에 비교적 덜 손실되며, 장 속에서 지방과 함께 흡수되므로 지방의 흡수율이 떨어지면 이들의 흡수도 지장을 받게 된다. 또, 지용성 비타민은 체내에 저장이 되고 모두 탄소, 수소, 산소로만 구성되어 있다. 수용성 비타민은 물에 녹는 비타민으로서 비타민 B복합체, 비타민 C, 비타민 L, 비타민 P 등이 알려져 있다. 이 중에서 비타민 B복합체들은 분자 내에 모두 질소를 함유하고 있으며, 동물의 간에 비교적 많이 존재한다는 점에서 공통된다. 그러나 비타민 C는 질소를 함유하고 있지 않다. 수용성 비타민을 과다 섭취하면 세포에 어느 정도 저장되고 나머지는 배설된다. 지용성 비타민은 담즙에 의하여 흡수되며 림프계는 흡수한 비타민을 신체의 각 부위에 전달한다. 수용성 비타민 보다 지용성 비타민이 더 많이 저장된다. 따라서 과다섭취하면 부작용이 일어날 수 있다. 수용성 비타민은 자주 섭취되어야만 한다. 비타민 A와 D는 주로 간에 비타민 E는 체지방과 생식기관에 저장되며 비타민 K는 비교적 미량만이 저장된다. 비타민 A는 눈의 망막에서 단백질과 결합하여 야맹증을 방지하고 비타민 D는 유기체의 성장 특히 뼈의 발육과 관련된 칼슘 대사에 필수적이다. 또한 비타민 K는 피를 응고시키는 효소과정에 참여한다.

4.1.7 비타민의 발견

1) 각기와 쌀밥

열대지방에서 태어나서 자란 사람들은 온대지방에서는 거의 볼 수 없는 병에 걸리는 일이 있다. 그 하나가 각기로서 때에 따라서는 목숨을 빼앗기는 일도 있다. 일본, 말레이 반도, 필리핀군도, 인도네시아 등 아시아지역에서는 이전에는 매년 수만 명의 사람들이 이 병으로 죽었다. 각기에 걸리면 우선 몹시 피로를 느끼게 되고 원기가 없어진다. 다음에는 다리가 붓고 힘이 없어지며 걷기 어렵게 되다가 마침내는 서 있을 수도 없게 된다. 더욱이 병이 더하면 손발의 마비, 숨 가쁨, 그밖에도 고통스러운 증상이 일어난다. 결국에는 대부분은 심장이 약해져서 죽게 된다.

극동지역의 사람들은 주로 쌀밥을 먹고 산다. 그러나 식사에서 곡식 외에 고기, 야채 등 여러 가지 음식을 먹는 유럽 사람과는 달라서 이 지방의 가난한 사람들은 거의 쌀만으로 연명하고 있다. 쌀은 벼의 열매다. 벼이삭을 타곡기에 걸어서 열매만 딴 벼는 다색을 한 두꺼운 껍질로 씌워져 있다. 원시적인 방법으로는 이것을 손으로 두들기면 (보통은 탈곡기에 건다) 두꺼운 겉껍질만 떨어진다. 이것을 현미라 하는데 그것은 나중에 새 식물로 자랄 부분과 녹말을 포함하고 있으며 어린 식물이 자랄 때 양분을 공급하는 배유로 이루어지고 바깥쪽은 얇은 각피로 씌워져 있다. 이 각피가 있기 때문에 현미는 엷은 다색으로 보이고 맛이 떨어지며 소화도 되지 않는다. 그래서 맛과 겉보기를 좋게 하기 위해서 현미를 빻아 각피와 배를 떼어 버리는 일이 있다. 이때에 떨어져 나간 각피와 배는 쌀겨라 불리운다.

무슨 원인으로 각기가 일어나는지 오랫동안 거의 아무것도 몰랐다. 그러나 점차로 쌀밥이 이와 관계가 있을 것 같다는 증거가 모여졌다.

1880년 일본 해군의 다까기 가네히로 군의관은 군함의 일부 승무원들에게 보통 식사와 다른 식사를 하게 해서 그 결과를 조사해 보려고 생각하였다. 승무원들은 육지에 사는 같은 나라 사람들과 같이 언제나 쌀과 약간의 고기, 그 밖의 것들을 먹고 살아 왔다. 그는 일부의 승무원에게 이전부터 보리, 여러 가지 야채와 생선, 그리고 많은 고기를 먹게 했으나 쌀은 아주 조금밖에는 주지 않았다. 이 승무원들은 거의 각기에 걸리지 않았다.

2) 닭이 각기에 걸리다

9년 후에 네덜란드령 동인도 (현재의 인도네시아)의 주둔군에 근무하는 젊은 네덜란드 군의관 크리스찬 에익만은 당시 네덜란드 식민지의 육 · 해군 사이에 맹위를 떨치고 잇던 각기를 연구하기 위해서 설립된 과학위원회의 일원이 되었다. 그는 바타비아의 육군병원에 신설된 연구소에 배속되었다. 어느 날 그는 병원의 양계장에서 기르고 있던 닭이 갑자기 병에 걸린 것을 알게 되었다. 닭들 중에는 다리가 약해져서 비틀거리는 것도 있었으며 전혀 서지 못하는 것조차 있었다. 이윽고 어떤 닭은 몸이 완전히 마비되어 움직이지도 못하였다. 후에 자기의 연구에 관해서 썼을 때 그는 다음과 같은 주석을 붙였다.

『어떤 우연한 사건이 나로 하여금 옳은 길을 택하게 하였다. 바타비아의 연구소의 양계장에서 갑자기 병이 발생했는데 이것은 많은 점에서 사람의 각기와 놀랄 만큼 흡사하였다. 그래서 나는 그것을 깊이 파고 들어가 연구할 생각이 났다.』

그는 암탉들을 면밀히 관찰했는데 어느새 이 병이 없어졌으므로 매우 놀랐다. 새로운 병에 걸린 닭이 발생하지 않았고 그때까지 병에 걸렸던 닭은 회복하기 시작하였다. 그는 머리를 갸우뚱했으나 곰곰이 생각한 결과 음식이 원인일는지도 모른다는 생각이 들었다. 그래서 조사를 더 진행시킨 결과 이런 사실을 알게 되었다. 부하 한 사람이 병원의 주방에서 흰쌀을 가져와 닭에게 먹어 왔는데 얼마 후에 그는 다른 취사장으로 이동하게 되었다. 뒤에 맡은 사람은 환자용의 흰쌀을 닭에게 주는 것에 반대해서 빻지 않은 현미를 먹여온 것이다.

에익만 박사는 날짜를 신중하게 대조해 보았다. 그 결과 암탉들이 병에 걸린 것은 병원의 주방에서 흰쌀을 가져와 먹이기 시작한 직후였고 현미를 먹이게 되면서 곧 회복한 것임을 알았다. 그러나 그는 음식의 변화가 음식이라는 것을 의심할 여지가 없도록 확인하고 싶었다. 그래서 그는 몇 마리의 암탉을 현미로 기르고, 다른 몇 마리의 암탉을 흰쌀로 길렀다. 그랬더니 흰쌀을 먹인 닭의 대부분은 병에 걸렸으나 현미를 먹인 닭은 아무렇지도 않았다. 다음에 그는 병에 걸린 닭을 현미로 기르고 건강한 닭을 흰쌀로 길렀다. 병에 걸렸던 닭은 점점 회복되었지만 그때까지 건강했던 닭이 병에 걸렸다. 마지막으로 그는 병에 걸린 닭에게 정미가정에서 떼어낸 물질, 즉 쌀겨를 조금씩 주었다. 닭은 곧 회복되었다.

3) 에익만설의 실증

이 실험들로부터 에익만은 이 닭의 병이 쌀에 관련이 있다고 단정해도 좋은 증거를 얻었다. 그는 사람의 각기도 거의 흰쌀만의 식사로 인해 생긴다고 믿었다. 처음 얼마동안 그 의견은 무시되었으나 쌀을 주식으로 하는 동야에 증기를 이용한 정미기계가 들어오자 그것을 뒷받침하는 증거가 속속 나타났다. 능률적인 정미기계를 사용하게 된 까닭에 흰쌀의 식사가 보급되었고 그 때문에 각기환자가 대폭 늘어난 것이다. 어느 유명한 과학자는 각기환자가 증가한 이유를 다음과 같이 설명하였다.

『이제까지 주민들이 쌀을 먹기 전에 처리한 방법으로는 낟알의 한 부분 (쌀겨가 되는 부분)이 거의 고스라니 남아 있었다. 그런데 증기정미기는 이것을 완전히 제거해버린다. 1897년의 증기정미기의 출현은 각기가 증기정미기 속에서 낟알이 받는 처리에 의해서 생긴다는 것을 반론의 여지없이 입증하게 되었다. 이 일을 처음으로 입증한 것은 네덜란드의 의사 에익만이었다.』

에익만은 네덜란드령 동인도에 있는 100개소 이상의 교도소에 수용된 25만 이상의 어느 정도의 각기환자가 발생하는가에 대하여 자세한 자료를 입수하였다.

이 교도소들 가운데 37개소에서는 현미를 먹였다. 13개소에서는 현미와 백미를 혼합하여 주었다. 한편 51개소에서는 백미를 주었다. 그 가운데 각기환자가 발생한 교도소의 수는 다음과 같다.

현미를 준 37개소의 교도소 중 - 1개소
현미와 백미의 혼합을 준 13개소의 교도소 중 - 6개소
백미를 준 51개소의 교도소 중 -36개소

교도소의 수를 헤아리는 대신 각기에 걸린 죄수의 수를 헤아려 보면 죄수 1만 명에 대해서 각기환자의 수는 다음과 같이 된다는 것을 알았다.

현미를 먹는 죄수에게는 - 1명

현미와 백미를 섞은 것을 먹는 죄수에게는 - 416명

백미를 먹는 죄수에게는 - 3,900명

4) 뜻하지 않은 단백질 검출법의 실패

이어서 몇 사람의 과학자가 쌀밥과 각기가 어떻게 관련되는가를 연구하기 시작하였다. 19세기 말에서 20세기 초에 걸쳐 모든 병은 먼저 세균에 의하여 일어난다고 생각하는 것이 습관이 되어 있었다. 그래서 과학자들은 각기의 원인이 되는 세균을 찾으려고 애썼지만 성공하지 못하였다.

1900년이 되자 생각지도 않았던 일이 실마디가 되어 홉킨즈가 음식과 병의 관련성을 이제까지와는 다른 각도에서 연구하게 되었다. 그 이상적인 사건이 일어난 것은 홉킨즈가 케임브리지대학의 실험실에서 어떤 클래스에 단백질의 검출법을 가르치고 있을 때였다. 단백질은 몇 가지 성분으로 구성된 복잡한 화합물로서 예를 들면 달걀의 흰자, 기름이 적은 살코기, 곡식, 콩, 일부 종자에 들어 있다. 학생 한 사람 한 사람에게 시험용 단백질을 나누어 주고 여기에 다른 몇 가지 물질을 첨가하도록 지시하였다. 아세트산도 이러한 물질 중의 하나였다.

가르쳐 준대로 잘하면 어느 학생도 보라색으로 물든 용액을 얻을 것이었다.

학생 중의 한 사람인 존 멜런비는 지시대로 주의 깊게 했으나 액체는 보라색으로 되지 않았다. 그는 자신의 실패를 보고하였고 홉킨즈는 그 병 속에 들었던 아세트산을 써서 스스로 실험을 되풀이 하였다. 홉킨즈도 보라색을 낼 수 없었다. 그래서 다른 병을 써서 다시 실험을 해보았더니 이번에는 보라색이 되었다. 그 뒤 그는 멜런비를 시켜 옆 실험실에서 그 시약을 빌려오게 하여 다시 실험하였다. 그는 남다른 본능으로 이 일에 이 일에 무엇인가 중요한 것이 감추어져 있다고 느꼈기 때문이다.

젊은 연구원 콜의 도움을 얻어 홉킨즈는 멜런비에게 준 아세트산이 완전히 순수한 것이었음을 밝혀냈다. 한편 그 실험실에 있던 다른 모든 병의 아세트산은 극히 적은 양의 불순물을 (이것은 글리옥살산이라 불리는 물질로서 아세트산을 공기 중에 방치해 두면 조금씩 만들어진다.) 포함하고 있었고 그것은 비교적 쉽게 아세트산으로부터 분리된다는 것을 알았다.

『이리하여 액이 보라색으로 착색되는 원인은 불순물에 있고 순수한 아세트산이 아니라는 놀라운 사실이 발견되었다. 이것은 전혀 생각지도 않았던 사실로서 이전에 이러한 사실을 예상하게 하는 이유를 조금이라도 알아차린 사람은 하나도 없었다. 불순물은 분리되고 분석되었으며 그것은 이미 잘 알려져 있는 화합물임이 밝혀졌다.』

5) 홉킨즈 새 물질을 찾다

홉킨즈는 이 불순물을 써서 많은 실험을 했으나 그 결과를 보고 다시 놀라게 되었다.

왜냐하면 그 「불순물」이 단백질 중에 함유되는 많은 물질 가운데서 한가지에만 적용하나든 것을 알았기 때문이다. 그 한 가지 물질이란 그가 처음으로 본 물질이었으며 실제로 그 전에는 과학적으로 알려지지 않았던 것이다. 그래서 그는 그것이 대량의 단백질 속에도 아주 미량밖에 포함되어 있지 않다는 것을 알아냈다.

홉킨즈와 조수들은 그것을 단백질 중의 다른 물질로부터 분리하였다. 그들은 단백질의 이 극히 작은 부분이 인간이나 다른 동물의 먹이 속에서 어떤 역할을 하는가하고 고개를 갸우뚱하였다. 그래서 그들은 이 「새 물질」이나 화학적으로 같은 종류에 속하는 다른 물질이 동물의 생존과 성장에 필요한 것인가 어떤가를 알아내기로 하였다.

홉킨즈팀은 쥐를 키워서 많은 실험을 해보았다. 어떤 쥐에는 「새 물질」 을 전혀 함유하지 않은 먹이가 주어졌다. 다른 쥐에는 이 「새 물질」중의 하나를 미량 가한 먹이가 주어졌다. 그 결과 「최초의 새 물질」을 가하면 유익하다는 것이 확실해졌다. 그 내용은 다음과 같다.

『이것을 포함하지 않은 음식으로 키운 쥐는 처음엔 지쳐 잠만 잤다. 먹고 싶을 만큼 듬뿍 먹이를 주었는데도 성장이 멎고 체중이 줄어 결국에는 대부분이 경련을 일으켰다. 그러나 새 물질을 미량 함유한 먹이가 주어진 쥐는 발육이 좋았고 항상 건강하였다.』

헨리 데일경이 평한 것처럼

『이 연구는 포유류가 살아가고 성장하기 위해서는 먹이 중에 어떤 특별한 물질이 존재하지 않으면 안 된다는 것, 또 어떤 먹이 속에 그것이 존재하지 않을 때는 이것을 첨가하면 천연으로 포함하고 있을 때와 마찬가지 효과를 낳게 할 수 있다는 것을 비로소 뚜렷이 보여 주었다.』

6) 비티민의 존재 확립하다.

홉킨즈는 자기의 실험결과를 1912년에 공포하였으나 같은 해에 카지미르 풍크라는 다른 과학자도 「음식물 중 불가결한 물질의 부족」에 관해서 행한 실험결과를 발표하였다. 이 불가결한 물질들은 오늘날에는 비타민이라고 불리며 그 후 많은 종류의 비타민이 발견되고 있다. 풍크는 어떤 비타민이 쌀에 포함되어 있으나 이것은 정미과정에서 제거되는 부분에만 존재한다는 것을 밝혔다. 각기가 생기는 원인은 흰쌀의 식사에 이 미량의 비타민이 존재하지 않는다는 점에 있다.

많은 과학자들이 비타민의 존재와 가치에 관한 우리의 지식을 진보시켜 왔다. 그러나 헨리 데일경이 말한 것처럼

『홉킨즈를 직접간접으로 새 물질의 발견으로 이끈 것은 실은 홉킨즈가 상급생인 존멜런비에게 나누어 주었던 특별한 병의 아세트산이 단백질의 착색반응을 일으킬 수 없었다는 사실이다.』

에익만도, 홉킨즈도 다 우연한 발견이 계기가 되어 발견에 이르게 되었다. 그것을 묶는 또 하나의 이유는 1929년에 두 사람 모두 노벨상 수상자로 선발되어 상금을 나누어 갖게 되었다는 것이다. 이것은 두 사람이 생애의 대부분을 바쳐서 연구한 그 분야에서 주어진 최고의 포상이었다.

4.1.8 물과 영양

물은 일반적으로 영양소로 생각되지는 않지만 사람 몸의 약 70% 정도는 물이며 혈액의 78% 역시 물이다. 우리는 음식을 먹지 않고도 4~5 주 동안 생존할 수 있으나 물을 마시지 않고는 일주일 이상 버틸 수 없다. 체내에서 물이 하는 기능은 첫째로 여러 가지 영영소를 소화, 흡수하고 노폐물을 밖으로 내보낸다. 두 번째 기능은 내장의 움직임을 원활하게 한다. 그리고 마지막으로 물은 물질 대사에서 만들어진 열을 방출하거나 더운 여름철에 땀을 흘려 체온을 건강하게 유지하고 있다.

우리가 하루에 필요로 하는 물의 양은 기온, 습도, 체질, 체격, 노동량 등에 의해 다르기는 하지만 표준 체격의 우리나라 사람들에게는 하루에 2,400kcal의 에너지를 섭취하여야 하며 마셔야 하는 물의 양은 봄, 가을에는 약 2, 285ML, 여름에는 2, 785ML, 겨울철에는 1, 785ML 정도이다. 정상적인 경우에는 물 부족 현상이 일어나지 않지만 설사가 심한 경우 또는 더운 여름날 아주 힘든 힘을 했을 경우에는 물 부족 현상이 생기기도 한다. 물이 부족하면 식욕 부진, 구토 등을 하게 되며 증세가 심한 경우에는 사망에 이르기도 한다. 한편 물을 지나치게 마시면 피의 농도가 엷어져서 혈압이 오르고 부종이 생긴다.

4.1.9 소화

음식물로 섭취한 고분자 유기물 (녹말이나 단백질 등)을 흡수할 수 있는 저분자 물질로 가수분해하는 과정을 소화라고 한다. 음식물이 입에 들어오면 우리는 이것을 씹어 잘게 부수어 침과 잘 섞이게 하여 소화 작용을 돕고 또한 삼키기 쉬운 형태로 만든다. 침 속에 들어 있는 아밀라아제에 의하여 녹말이 맥아당으로 가수 분해된다. 죽처럼 부드럽게 된 음식물은 식도를 통하여 위로 들어가서 염산에 의해 펩시노겐이 펩신으로 변환되어 단백질을 가수분해하여 펩티드를 만든다. 또한 염산은 음식물에 묻어서 들어온 많은 박테리아를 죽이는 살균작용도 하고 있다. 위액에는 뮤신이라는 성분이 들어 있어서 이것이 위벽을 염산과 펩신의 작용으로부터 보호하고 있다. 위에서 어느 정도 지체한 음식물은 서서히 소장으로 옮겨간다. 사람의 소장은 길이 약 7 m인 긴 관으로, 위와의 연결부위에서 약 30 cm를 십이지장이라 하고, 그 다음 약 2 m의 부 2 공장, 나머지 부 2 회장이라고 한다. 소장에서 뷺되는 장액과 이자에서 들어오는 이자액에는 녹말, 맥아당, 설탕 등의 탄수화물 분해 효소, 단백질과 펩틴 등을 분해하는 효소, 그리고 지방을 분해하는 리파아제 등이 풍부하여 탄수화물은라고도당, 과당 등의 단당류로, 단백질뷘으로미노산으로 그리고 지방은 지방산과 글리세린으로 각각 가수 분해된다. 쓸개즙 속에는 소화효소는 없으나 지방의 분해를 용이하게 하는 각종 유기산염이 들어 있어서 물에 안 녹는 지방을 에멀션으로 만들어 잘 분해되게 한다. 그리고 소화에 의해 생성되는 물질들이 약 소장에서 흡수된다. 소자에서 일어나는 소화와 흡수는 연동운동에 의하여 촉진되고 소화되지 않은 찌꺼기는 장으로 보내진다. 대장에서는 소화 작용이 없고, 주로 물의 흡수가 일어나 찌꺼기는 점점 고형 화되면서 대변이 되어 배설된다.

4.1.10 효소

생명체에서 일어나는 화학반응의 속도를 증가시키는 촉매를 효소라고 하며 모두 단백질이다. 효소는 하나의 반응 또는 아주 유사한 몇 가지 반응만을 선택적으로 빨리 일어나게 하는 기질 특이성을 가지고 있다. 기질이란 효소에 의하여 반응 속도가 커지게 되는 물질을 말한다. 기질 특이성은 효소와 기질이 마치 자물쇠와 열쇠의 관계처럼 입체 구조가 꼭 들어맞는 것끼리 결합하여, 그 결과 기질이 화학반응을 일으키기 때문이라고 설명되어 왔다. 대개의 효소는 온도가 35～45℃에서 그리고 중성이나 약알칼리성에서 활성이 가장 크지만 위에서 단백질을 분해하는 펩신은 강산성에서만 활발하다.

4.1.11 비만

비만이란 과다한 체지방을 가진 상태를 의미한다. 남자는 체지방이 체중의 25%, 여자는 체중의 30% 이상일 때, 임상적으로는 BMI (Body Mass Index:체질량지수)가 30.1 이상인 경우, 현재체중이 이상체중을 20% 초과하는 경우로 정의된다. 체질량지수는 주로 지방의 정도를 측정하는 데 사용되며 다음과 같이 정의 된다.

$$\text{BMI} = 700 \times (\text{체중 [파운드]})/(\text{신장[인치]})^2$$

비만의 원인으로는 유전적 요인, 환경적 요인, 에너지 대사의 이상 등이 있다. 비만의 종류에는 원인에 따라서, 단순 비만과 증후성 비만으로 분류할 수 있다. 단순 비만은 과식과 운동 부족이 그 원인이며, 증후성 비만은 내분비, 시상하부성, 유전, 전두엽 및 대사성 등으로 발생한다. 비만으로 인한 질병에는 관상동맥질환, 당뇨병, 고중성지방혈증, 고혈압 등이 있다. 비만의 치료에는 식이요법, 운동요법, 행동수정요법, 약물요법 등이 있다.

운동은 지방으로 저장할 수 있는 음식을 소비하는 (열이나 에너지를 생산하는 데 지방이 사용됨) 방법이다. 여러 가지 운동에 대한 평균 소비 에너지를 표 4. 2에 예시하였다.

표 4.2 활동에 필요한 에너지 소비량

활동	에너지(kcal/min)	활동	에너지(kcal/min)
자전거타기, 15mph	12	스키, downhill	8~12
자전거타기, 5mph	5	스키, cross-country	9~17
볼링	7	잠자기	1.2
미용체조	5	스퀘어댄싱	7.7
벌목	7.5	스쿼시와 핸드볼	10.0
운전	2.8	서있기	1.5
식사	1.5	마루 닦기	3.9
미식축구, touch/tackle	8.8/12	수영, 여가	6
잡초 뽑기	5.6	테니스, 여가/경기	7/11
강의듣기	1.7	배구, 여가/경기	3.5/8.0
삽질	6.7	비탈길 걷기, 10% 경사	11
롤러스케이팅, 여가/경기	5/15	걷기, 3.5mph	5.6
달리기, 5mph	12	층계 오르기	10~19
달리기, 12mph	25	층계 내려오기	7.1
샤워	3.4		

인체의 정상 유지활동에 필요한 에너지를 기초 대사량이라 한다. 이 유지활동에는 심장이 뛰거나 호흡하거나 각 세포가 생명을 유지하거나 체온을 유지하거나 뇌로부터 자동적으로 활동할 수 있도록 지시하는 신경충격에 관한 에너지도 포함된다. 기초 대사량은 신체가 여러 시간 동안 심한 활동을 하지 않고 12 시간 공복 후에, 잠은 자지 않은 상태에서 실온에서 휴식하고 있을 때 측정한다. 여러 활동을 시작하면 대사량이 급격히 증가한다.

4.2 식품첨가물

음식물의 가공 과장이나 준비 단계에서 첨가되는 화학물질을 식품첨가물이라고 하며 첨가하는 목적은 산화를 방지하고 미생물이나 금속의 영향을 막기 위함이다. 식품첨가물은 음식의 맛을 더해주고 강화시킨다. 또 식품을 연하게 하고 발효시키고 유회시키며 딱딱해지는 것을 막고 안정화시키며, pH를 조절하고 색을 낸다. 현재 우리나라에서 식품첨가물로 허가되어 있는 품목은 화학적 합성품 370여 종, 천연첨가물 50여 종인데, 보존료, 살균제, 산화방지제, 착색제, 발색제, 표백제, 조미료, 감미료, 향료 , 팽창제, 강화제 , 유화제 등으로 쓰이는 것들이다. 식품첨가물은 식품과 함께 매일 섭취하므로 해롭지 않을 것은 물론 장기간에 걸쳐 섭취해도 만성적인 독성이나 발암성의 위험이 있어서는 안 된다. 첨가물에 섞여 있는 불순물 중에는 유독성분이 함유될 수 있으므로 특별히 주의할 필요가 있다. 이러한 위험성을 사전에 예방하기 위하여 순도시험과 같은 품질검정의 과정을 반드시 거치는데, 독성시험은 엄격한 동물실험으로 확인하게 된다. 그 내용은 급성 독성시험, 만성 독성시험, 발암성 시험, 생화학적 시험, 약리적 시험 등인데, 시험연구기관의 결과가 제시되면 식품위생심의회에서 평가한다. 식품첨가물에 관한 규정은 나라마다 달라 식품의 국제간 무역에 문제가 많았다. 따라서 국제식량농업기구 (FAO)와 세계보건기구 (WHO)에서는 세계 공통의 기준을 정하기 위하여 1963년부터 국제식품규격계획(Joint FAO/WHO Food Standard Program)을 추진하고 있다. 세계의 많은 나라들이 이 계획에 참가하고 있다

4.2.1 음식물의 보존과 방부제

식품은 미생물 등에 의한 분해와 산화 등에 의하여 만들어지고 난 뒤 시간이 지나면 유용성이나 맛이 변한다. 식품의 보존 기간을 연장하는 기술 즉, 보존 기술이 오래전부터 개발되어 사용되어 왔다. 아마도 곡류, 과일, 생선, 육류를 건조하여 보존하는 방법이 가장 오래 되었을 것이다. 수분은 미생물의 대사와 성장에 반드시 필요하며 산화작용에도 중요하다. 따라서 음식물들을 말려 보관하면 식품이 산화되거나, 미생물이 번식하는 것을 막을 수 있다. 소금이나 설탕이 보존제로 첨가될 수도 있다. 소금에 절인 육류, 진한 설탕물에 저장된 과일은 미생물로부터 안전하다. 고농도의 소금이나 설탕은 미생물에서 삼투압에 의하여 물이 빠져 나오게 한다. 즉 미생물이 탈수되며 이는 건조의 효과와 동일하다. 1810년경에 개발된 음식물을 캔에 넣어 보관하는 방법은 우선 가열을 하여 모든 미생물을 죽인 후 캔에 넣어 밀봉하여 다른 미생물이나 공기가 들어오지 못하게 한 것이다. 캔에 넣은 육류 중 어떤 것은 100년 이상 성공적으로 보존되었다. 그 외에도 진공, 냉동, 살균, 저온저장, 방사선 조사, 화학적 보존 방법 등이 새로이 개발되었다. 진열되어 있는 동안 식품의 미생물에 의한 변질을 막기 위해 흔히 방부제가 사용된다. 방부제는 인체에 해가 없는 것만 허용되고 있다. 여러 종류의 음식물에 방부제가 널리 사용되고 있다. 예를 들면 미국에서는 음료, 과일주스, 시럽, 마가린, 피클, 채소, 올리브, 샐러드, 파이 속, 잼, 젤리와 과일절임 등에는 벤조산나트륨을 사용할 수 있다. 프로피온산나트륨을 빵, 초콜릿 제품. 치즈, 파이껍질과 속에 첨가하는 것도 허용되어 있다. 첨가할 수 있는 무게는 벤조산나트륨은 최대 0.18%, 그리고 프로피온산나트륨은 최대 0.3%이다.

4.2.2 산화방지제

미생물의 활동은 식품의 산화부패를 초래한다. 그러나 이것이 음식물아 산화되는 유일한 경로는 아니다. 공기 중 산소에 의한 직접 산화, 즉 음식물이 대기 중에 노출되어 일어나는 산화가 지방과 음식물의 지방산 부분의 파괴를 일으키는 주원인이다. 식품이 잘 포장되고 낮은 온도에서 건조하게 보관되면 비교적 산화가 일어나지 않는다. 음식물에 산화

방지제를 첨가하는 것도 산화를 방지하는 방법이다. 산화방지제로는 아스코르브산, 에리소르브산, 디부틸히드록시톨루엔 (BHT), 부틸하이드록시아니솔 (BHA), 갈산프로필 등이 있다. 이 밖에 그 자신은 산화방지효과가 없지만 산화방지제의 효과를 증가시키는 작용을 하는 것으로 시트르산 등이 있는데 이것들을 상승제라 한다. 산화방지제는 지방질이 자동산화를 일으키고 연쇄적으로 산화가 진행되는 것을 중단시키는 구실을 한다.

4.2.3 감미료

단맛을 내며 인간의 대사활동에 관여하지 않는 화학물질들을 감미료라 하며 설탕과 꿀, 사카린, 아스파탐 등이 많이 사용되고 있다.

1) 사카린

가장 많이 사용되는 감미료이며 설탕보다 약 300배 더 단 맛을 낸다. 과량의 사카린을 생쥐에게 투여하니 암을 유발한다는 사실이 발표된 후로 안정성에 문제가 제기되었으나 계속 시판되고 있다 (1987년 기준).

2) 아스파탐

1981년에 승인되어 새로 도입된 아스파탐은 N-L-α-아스파틸-L-페닐알라닌 메틸에스테르이다. 설탕보다 약 180배 정도 더 단 맛을 낸다.

4.2.4 조미료

그 자체로는 맛이 없으나 짠 맛, 신 맛, 쓴 맛, 단 맛을 증진시키는 화학물질이며 맛의 상승작용과 강화효과를 나타낸다. 소금은 꼭 필요한 영양소이지만 과량으로 섭취하면 고혈압의 원인이 되기도 한다. 글루탐산나트륨 (MSG)도 많이 사용되고 있다. 과량으로 섭취하면 기형을 유발하기도 하지만 사용 여부에 대한 권장량은 없다.

4.2.5 향신료

구별할 수 있는 맛은 단맛, 신맛, 짠맛, 쓴맛이므로 음식물에서 맛이라 느끼는 감각의 대부분은 냄새이다. 냄새를 조절하는 첨가제를 향신료라고하며 누린내, 비린내 등을 억제하며 음식물 자체의 맛을 보강하기도 한다. 또한 식욕을 증진시키는 작용을 한다. 향신료는 한 종류만 쓰이기도 하지만, 여러 다른 종류와 배합하여 그 효과를 더 높이기도 한다. 오늘날에는 식물에서 추출하는 향신료와 같은 풍미를 내는 합성 향신료 등이 사용되고 있다.

4.2.6 식용색소

식품에 색을 첨가할 때 넣는 색소를 식용색소라 하며 천연색소와 합성색소로 나눌 수 있다. 합성색소가 일반화되어 있지만 첨차로 천연색소의 사용이 증가하고 있다. 천연색소는 동식물에서 추출하여 사용한다. 노란 색소는 심황, 치자나무, 잇꽃 등에서 오렌지색은 파프리카에서 붉은 색은 빨간 사탕무, 코치닐에서 그리고 초록색은 녹차와 쑥에서 얻을 수 있다. 타르계 색소와 알루미늄레이크 등이 주로 사용되고 있으며 또한 합성된 천연색소등도 사용되고 있다. 타르계 색소는 식품첨가물로 지정된 것만 사용되며 천연색소는 제한 없이 사용될 수 있다. 야채, 고기, 해산물 등에는 색소의 사용이 금지되어 있다.

4.2.7 음식물의 pH조절

지즈와 청량음료, 드레싱에는 산성의 세기가 약한 유기산을 첨가하여 신맛이 나도록 한다. 주석산과 주석산칼륨 등의 약산이나 약산의 염은 빵을 구울 때 중탄산염과 반응하여 이산화탄소를 발생하게 한다. 완제품에는 물론 가공과정의 여러 단계에도 완충제를 넣어 pH를 조절한다. 한 가지 물질만 첨가하기도 하지만 여러 물질을 조합하여 pH를 조절한다. 완충작용은 급격한 pH 변화가 일어나지 않게 하는 것을 의미한다. 완충제의 예로는 주석산포타슘 (potassium acid tartarate, $KHC_4H_4O_6$)를 들 수 있다.

4.3 곡식재배

4.3.1 영양분

18종 이상의 원소가 곡식의 성장에 필요하다 (표 7. 3 참조). 이 중에서 탄소, 수소, 산소는 공기와 물에서 공급된다. 나머지는 무기질 영양소이며 땅에서 물에 녹은 형태로 식물의 뿌리조직을 통하여 흡수된다. 물에 녹지 않는 영양소는 뿌리에서 물질을 방출하여 녹인 후 흡수한다. (예: 철 3가 이온과 siderophores). 무기질 영양소는 식물 성장에 필요한 양에 따라 1차, 2차 및 미량 영양소로 분류한다.

탄소, 산소 및 수소는 공기와 물에서 쉽게 얻을 수 있다. 탄소는 이산화탄소로 식물에 흡수되고 수소는 물에서 산소는 물이나 공기 중의 유리 산소에서 흡수된다. 녹색식물은 빛을 이용하여 이산화탄소와 물에서 포도당을 합성하고 산소를 방출한다.

표 4.3 식물의 필수 영양소

비 미네랄	1차 영양소	2차 영양소	미량영양소
탄소 수소 산소	질소 인 포타슘	칼슘 마그네슘 황	붕소 염소 구리 철 망간 몰리브덴 나트륨 바나듐 아연

1차 영양소에는 질소, 인, 포타슘이 속한다. 대기 중의 질소는 질소 고정에 의하여 이용할 수 있는 질소화합물로 변환된다. 대기 중의 질소는 두 가지 방법으로 화합물로 변환된다. 높은 에너지를 가진 빛이나 열이 질소를 산화시켜 산화질소를 만든다.

$$N_2 + O_2 \rightarrow 2NO$$

만들어진 산화질소는 쉽게 산화되어 이산화질소가 되고 물에 녹아 질산과 아질산이 생성된다.

$$2NO + O_2 \rightarrow 2NO_2$$
$$H_2O + 2NO_2 \rightarrow HNO_3 + HNO_2$$

질산은 비, 구름 또는 지표면의 습기에 쉽게 녹을 수 있으므로 땅의 질산이온 농도는 증가된다. 콩과식물은 뿌리혹박테리아와 공생하고 있다. 뿌리혹박테리아는 질소를 고정시켜 콩과식물에 공급하므로 따로 질소비료를 공급하지 않아도 된다. 죽은 생물 및 배설물 등에서도 질소가 공급된다. 인 (P)도 역시 무기물 형태로 식물이 이용한다. 인산(H_3PO_4)은 일반적인 토양에서는 수소이온을 내어 놓고 $H_2PO_4^-$, HPO_4^{2-} 로 존재한다. 인산은 DNA, RNA성분이며 또 전분을 소화하여 당으로 바꾸는데 필요한 화합물의 중요한 요소이다. 또한 인산은 에너지 전달과장에서 관여하므로 광학성에서 중요한 역할을 한다. 인의 공급 정도가 곡식성장의 한계요인이 되는 경우가 많이 있다. 동물의 뼈에 인 성분이 풍부하므로 과거에는 동물의 뼈를 논과 밭에 뿌리는 경우가 많았다. 포타슘은 당, 전분 및 셀룰로스의 상호변환을 효소가 조절할 때 중요한 역할을 한다. 포타슘은 지각에 상당히 많이 존재하지만 논, 밭 특히 포타슘이 포함되어 있지 않는 질소비료를 사용한 땅에는 고갈될 수도 있다. 어떤 종류의 버섯은 땅에 있는 포타슘을 물에 녹을 수 있게 하여 식물이 이용할 수 있게 한다. 2차 영양소에는 칼슘, 마그네슘 및 황이 포함된다. 칼슘은 주로 토양이 산성일 때 중화하기 위하여 사용된다. 마그네슘은 엽록소의 성분이다. 황은 몇 가지 아미노산의 구성성분이다. 칼슘과 마그네슘은 착이온과 결정형태로 주로 존재하지만 물속에도 이온 형태로 존재한다. 칼슘과 마그네슘 이온이 많은 물은 먹기에 부적합한 경수이다 .무기 또는 유기 황산염은 쉽게 이용될 수 있다. 곡식 성장의 필요량은 매우 적으므로 보통 경작에 적합한 토양에는 곡식양장의가 충분하지만 어떤 토양에는 하나 또는 그 이상이 부족하기도 한다. 이런 토양에 부족한 성장의를 소량 첨가하면 생산성이 크게 증가한다. 철은 엽록소 안에 포함되는 촉매의 필수 성분이다. 토양의 산도를 조절하기 위해 인산염과 석회를 가하면 철과 결합하여 식물이 이용할 수 없다. 철이 이용되지 못하면 잎이 노랗게 변한다.

4.3.2 비료

토양의 생산력을 회복하고 유지하기 위해서는 영양소를 보충할 필요가 있다. 이런 목적으로 사용되는 것이 비료이다. 한 가지 영양소를 포함하고 있는 비료를 단독비료라고 하며 세 가지 이상의 1차 영양소를 포함하고 있는 것은 복합 또는 혼합비료라고 한다. 질소비료에는 무수 암모니아 (NH_3), 요소 (NH_2CONH_2), 질산암모늄 (NH_4NO_3), 황산암모늄 ($(NH_4)_2SO_4$) 등이 있으며 암모니아를 원료로 하고 있다. 암모니아는 Haber 법에 의하여 대량으로 만들어진다. 무수암모니아는 기체암모니아를 액체로 압축하여 사용한다. 암모니아를 이산화탄소와 반응시키면 토양에 천천히 질소를 방출하는 유기화합물인 요소가 만들어진다. 암모니아를 산화시켜 만드는 질산과 암모니아가 반응하면 질산암모늄이 얻어지며 암모니아가 황산과 반응하면 황산암모늄이 생성된다. 인산은 뼈나 새의 배설물 등의 형태로 비료로 이용되어 왔다. 1800년경에 인산의 주요성이 알려진 후 뼈들을 가공하여 비료로 사용되었다. 지금은 주로 인산염광석을 인산으로 처리하여 수용성 인산 이수소칼슘으로 만들어 인산비료를 제조한다.

$$Ca_3(PO_4)_2 + 4H_3PO_4 \rightarrow 3Ca(H_2PO_4)_2$$

요즈음에는 질소와 인을 함께 공급해주는 인산수소암모늄, $(NH_4)_2HPO_4$를 더욱 많이 사용한다. 상품화된 비료에 있는 포타슘은 주로 염화포타슘 (KCl)으로 존재한다. 화학비료를 오래 사용하면 토양이 산성화되므로 석회 등으로 중화해 줄 필요가 있다. 또한 질소와 인 등에 의한 부영양화 등의 문제가 발생하며 인광석의 고갈도 큰 문제이다.

4.3.3 살충제

농작물과 인간에게 해를 주는 곤충 (이, 파리, 모기, 메뚜기 등)을 없애는데 사용되는 화학물질이 살충제이며 상당히 효과를 거두고 있지만 생태계를 파괴하는 등의 부작용도 적지 않다. 대표적인 예가 DDT이다. DDT는 대사과정에서 빠르게 분해되지 않으므로 동물의 지방조직에 축적된다. 생물학적 반감기는 약 8년 정도 되며 동물에는 DDT를 빠르게 분해할 수 있는 효소가 없으므로 계속하여 흡수하면 동물체내에 축적될 것이다. 독수리. 백로 등에게 치명적인데 칼슘 대사에 이상이 생겨 알의 껍질이 얇아지므로 쉽게 부서지고 따라서 생존율이 크게 저하한다. 실제로 미국 일부 지방에서 독수리와 백로가 거의 사라지게 되었다. DDT 등의 염화탄화수소에 대한 금지와 규제로 말라티온, 다이아지논, 파라티온 등의 유기인 화합물들이 많이 사용되었다. 이것 들은 많은 곤충에 효과에 있지만 사람에게 유독하다. 다행하게도 인 화합물은 수일 내지 수 주 내에 분해된다. 유기 인 화합물이 식품에서 발견되는 일은 거의 없다. 해충구제에 천적, 바이러스 등을 이용하는 방법이 빠르게 개발되고 있으며 또한 곤충에 내성인 곡물을 육종하는 연구도 활발하다.

4.3.4 제초제

곡물의 성장을 방해하는 잡초를 제거하는데 사용되는 제초제는 특정한 식물만 죽이는 선택성 제초제와 모든 식물을 죽이는 비선택성 제초제로 나누어진다. 선택성 제초제에는 벼과식물에서 활성을 보이지 않는 2·4-D, 사탕무에서만 활성을 보이는 베타날 등이 있고 비선택성 제초제에는 염소산소듐 등이 있다. 비선택성 제초제는 광합성을 방해하여 식물을 죽게 만든다. 사용 후 식물은 곧 녹색을 잃고 생명유지에 필요한 에너지가 고갈되어 말라죽게 된다. 대부분의 선택성 제초제는 성장호르몬이며 식물의 비정상적인 성장을 유발시켜서 잎과 같은 조직세포를 부풀게 하면 너무 두꺼워져서 화합물들이 잎을 통과하지 못하거나 두꺼워진 뿌리를 통해서 물과 영양소가 흡수되지 못하게 한다. 오늘날 널리 사용되는 제초제는 상품명이 2·4-D인 2,4-디클로로페녹시아세트산이다. 이 화학물질은 성장호르몬제로서 새로 나서 성장이 활발한 어린 활엽식물에 특히 효과적이다. 2·4-D와 유사물질인 2,4,5,T (2,4,5-트리클로로페녹시아세트산)는 나무로 자라나는 식물에 효과가 크다. 월남전에서 고엽제로 사용된 오렌지 약제 (agent orange)는 2,4-D와 2,4,5-T의 혼합물이었다. 2,4-D와 2,4,5-T는 생태학적 파괴를 초래한 이외에도 베트남 어린이들과 고엽제에 노출된 연합군들의 아기들에게 나타난 선천성 기형의 원인으로 의심을 받고 있다. 순수한 그 자체보다는 자주 발견되는 불순물인 다이옥신이 심각한 선천성 기형을 유발하는 것으로 밝혀졌다. 몇 가지 종류의 트리아진이 제초제로뭔이 효능을 가지고 있으며 거장 유명한 것으로 아트라진이 있다. 아트라진은 식물 속출된 연합엽록체이 단백질과 결합하여 광합성이 전자전달 반응을 차단시킨다. 옥수수는 염소 원자를 제거하여 아트라진을 불활성화 시킬 수 있다. 그러나 잡초는 이 능력이 없어서 죽게 한다. 파라큇은 접촉식 제초제로도 사용된다. 이 물질이 식물에 직접 접촉되면 빠른 속도로 동상이 유발되어 죽게 된다. 파라큇은 불규칙하게 성장하는 아편과 대마초 농장에 비행기로 살포될 수 있기 때문에 상당히 주목을 받고 있다.

4.3.5 유기영농

살충제와 제초제 등의 문제점들은 화학물질을 사용하는 종래의 경작법에 대한 대안을 요구하게 만들었다. 유기 영농에서는 동물에서 얻는 퇴비를 사용하며 토양의 질소 성분을 회복시키기 위하여 콩류와 다른 작물을 번갈아 가며 재배한다. 다양한 직물을 돌아가며 윤작을 하면 곤충이 방제된다. (옥수수 해충은 콩 작물이 심어진 밭에서, 다시 옥수수가 재배될 때까지 수년 동안을 살아남기가 어렵다.) 또한 유기영농은 에너지 소비가 덜하다. 종래의 농업은 토양을 심각하게 황폐화 시키며 환경오염의 큰 원인이 된다. 유기영농에 의한 수확이 증대하는 방법을 찾도록 연구하여 대책을 강구해야 하겠다. 한 예로 최근에 좋은 성과를 거두고 있는 오리를 논에 풀어 넣어 해충과 잡초를 제거하는 방법이 있다.

4.3.6 벼농사 이야기

금관가야의 시조 왕비인 허황옥이 인도의 야유타국에서 동남아시아 , 중국 파족의 집단 거주지인 보주국을 거쳐 한반도 남단 김해에 도착하였다고 전해진다. 또한 한반도 남쪽 지방의 무덤에서 서양인의 특징을 가진 유골이 발견되고 있다. 이런 이야기와 발굴 결과로 인도의 갠지스 강 유역에서 벼농사를 하고 있던 인도 아리안들과 드라비다 족 등의 토착민들이 벼농사 기술을 가지고 동남아시아, 중국 그리고 한반도로 이주하였다고 생각할 수 있겠다.

벼농사는 인도, 타이를 (원래 타이족은 중국의 양자강 중, 상류에 거주하였는데 몽고의 세력에 밀려 크메르족의 땅으로 남진하여 타이와 라오스를 세웠음) 중심으로 한 동남아시아, 중국, 윈난 및 아삼 지방에서 시작되었다고 한다. 한반도에 인도 그리고 동남아시아에서 벼농사가 전래되었겠지만 한반도와 가장 가까운 중국에서 벼농사가 주로 전래되었을 것이다.

중국에서 벼농사가 먼저 시작된 지역으로 윈난 성, 화남 지방, 양자강 하류 지역들이 거론되고 있다. 그 중에서도 양지강 하류에 위치한 저장 성의 나가각과 하모도에서 발굴된 유적이 크게 주목을 끌었다. 하모도 유적에서 농사와 직접 관련되는 나무나 뼈로 만든 농기구, 갈아 만든 석기, 농사 시기 직후에 이루어진 무늬 있는 토기가 출토되었기 때문이다. 나가각 유적에서도 비슷한 여러 가지 유물이 출토되었다. 이어 우리나라와 가까운 산둥 성 등지에서 쌀 재배의 북상과정을 알려주는 탄화미가 발견되었다.

지금까지는 한반도에서 벼를 재배하기 시작한 시기를 청동기 시대 초기인 3천여 년 전부터라고 생각했었다. 그러나 최근에 시기를 앞당길 새로운 유적들이 여러 곳에서 발굴되었다. 일산 기와지, 김포 가현리, 강화 우도, 나주 가흥리 등지에서 볍씨, 볍씨 자국, 벼과의 꽃가루가 발견되었다. 또 1995년에는 광주광역시 신창동 유적지에서 최대 80cm에 달하는 두꺼운 벼 껍질 층의 존재를 확인하였다. 이미 발굴된 평양, 부여, 김해의 벼 유물은 모두 청동기 시대의 것이었지만 최근에 발굴된 유물들은 모두 신석기 시대 후기의 것으로 추정된다. 특히 김포 가현리에서 발굴된 쌀을 방사선 탄소 측정법으로 조사해보니 4천 년 전의 유물로 밝혀졌다.

벼농사가 시작된 초기에는 볍씨를 밭에 심는 방법이 사용되었고 지금처럼 논을 만들기 시작한 것은 청동기 시대 이후로 추정되며 모내기는 훨씬 후기에 와서야 이루어졌다.

4.3.7 소금의 화학

1) 소금이란 무엇이며 어디에 주로 사용되는가?

소금 (NaCl)은 소듐금속 (Na)과 염소 (Cl)가 이온결합을 하여 생성된 화합물이며 일상생활에서는 조미료와 방부제로 사용되고 공업적으로도 많이 사용되는 데 한 예를 들면 아스팔트와 소금을 혼합하여 만든 도로가 우수하다는 것이 증명되었다. 사실상 고대에는 음식에 주로 사용되었겠지만 문명이 발달한 지금에는 오히려 공업에의 응용이 더 중요하다.

또한 인간을 포함한 동물은 체내의 삼투압을 유지하기 위하여 그리고 위산을 (염산이 주성분) 만들기 위하여 필요한 물질이지만 과잉으로 섭취하면 고혈압의 원인이 된다. 인간의 혈액 속에는 0.9 %의 염분이 함유되어 있다. 이것이 인간도 바다에서 발생한 생명체의 후손이라는 직접적인 증거가 된다. 소금의 소듐은 체내에서 탄산이나 인산과 결합하여 체액의 산, 알칼리의 평형을 유지시키는 완충물질을 만들며 외부에서 소량의 산이나 염기가 들어와도 체액을 약알칼리성으로 유지하는 중요한 역할을 하고 있다.

소화효소는 단백질을 펩티드로 분해하는 효소 펩신을 제외하고는 약알칼리성에서 활발하게 작용하므로 이런 약알칼리성 소화액을 (쓸개즙, 이자액, 장액 등) 만드는데 사용되므로 소금을 적게 섭취하면 이들의 소화액 분비가 감소하여 식욕이 떨어진다. 또한 소듐은 식물성 식품 속에 많이 함유되어 있는 포타슘 (K)과 항상 체내에서 균형을 유지하고 있다. 포타슘이 많고 소듐이 적으면 생명이 위태롭게 되는 경우도 생긴다. 또 소금은 단백질 분해효소 펩신을 활성화하고 병원체 등을 죽이는 역할을 하는 위액의 염산을 만들어주는 재료로서도 중요하다.

체내에 염분이 결핍되면 단기적인 경우에는 소화액의 분비가 부족하게 되어 식욕감퇴가 일어나고, 장기적인 경우에는 전신 무력, 권태, 피로나 정신불안 등이 일어난다. 또 땀을 다량으로 흘려 급격히 소금을 상실하면 현기증 등에 의하여 육체적으로나 정신적으로도 뚜렷한 기능상실이 일어난다. 소금의 필요량은 개인의 노동량, 기후 등에 따라서도 다르지만, 보통 성인에서는 하루 12~13 g이다.

우리나라 사람들이 짜게 먹는 습관이 있으므로 다른 나라에 비하여 고혈압과 위암 환자가 많다고 하니 좀 더 싱겁게 먹는 습관이 중요하다고 한다. 우리의 조급증에 의한 빨리빨리 주위와 감정을 조절하지 못하는 성향도 (요즈음의 광우병 시위에서 볼 수 있듯이) 소금의 섭취량이 비교적 많기 때문이 아닐까 한다.

2) 소금의 산출과 제법

소금은 주로 바닷물이나 염수 호에서 얻을 수 있으며 바닷물이 증발하여 생성된 암염의 형태로도 산출되기도 한다. 독일과 미국 서부에 큰 암염광산이 있다. 암석은 소듐, 포타슘 등과 실리콘, 알루미늄 등으로 만들어진 복잡한 화합물인데 긴 지질시대동안에 물, 바람 등에 의해 분해되어 소금 등의 간단한 화합물이 만들어지고 이것들이 바다에 모여 지금처럼 바다가 짠 맛을 가지게 된 것이 아닌가 생각된다. 광합성에 의하여 바닷물에 산소가 포화되기까지는 암모니아가 녹은 염기성 바다이었다고 한다. 보통 바닷물의 염도는 3.5% 정도이지만 지역, 온도, 강수량, 및 증발량 등에 따라 차이가 크다. 강물이 들어오는 지역, 특히 아마존 강구의 염도는 비교적 낮다. 염도는 지역 등에 따라서 차이가 있지만 전체 염분에 포함되어 있는 물질의 비는 일정하다. 염도가 3.5%일 때 염화소듐 (NaCl)은 2.72%, 염화마그네슘 ($MgCl_2$)은 0.38%, 황산칼슘 ($CaSO_4$)은 0.17%, 황산포타슘(K_2SO_4)은 0.085%로 존재한다. 따라서 특정한 바닷물에 존재하는 염화소듐의 양을 측성하면 다른 물실 등의 양을 구할 수 있다. 염화마그네슘은 간수라고 하며 두부를 만들 때 첨가하여 두부와 비지를 분리하는데 사용되며 또한 설사약으로 유용하다. 영국의 엡솜에서 채굴된 황산마그네슘이 오랫동안 설사약으로 사용되어 엡솜이 한때 번성하였다고 한다.

육지에 존재하는 암염은 암석을 그대로 채굴하기도 하고 암염광산에 물을 주입하여 녹인 후에 생성된 염수에서 소금을 얻기도 한다. 육지에 있는 호수 중 염분이 높은 것을 염호라고 하는데 여기서는 염수를 천일 결정시켜 소금을 얻는다. 이 방법은 미국의 그레이트솔트 호, 오스트레일리아의 맥레오드 호와 레프로이 호 등에서 많이 사용된다. 우리나라에는 암염광산과 염호가 존재하지 않으므로 필요한 소금은 바닷물에서 얻는다. 경사가 완만하여 갯벌이 멀리까지 뻗어 있는 서해안에서 천일제염이 이루어지며 한 때는 인천의 주안에서 많은 소금이 생산되었다. 우리나라에서 천일제염으로 만들어지는 소금의 염도는 80% 정도이다. 우리나라 이외에도 천일제염에 의한 소금은 아시아 여러 나라의 연안, 홍해 ·지중해 연안, 북아메리카 ·멕시코 서부 ·오스트레일리아 연안에서도 생산되고 있다. 천일염을 재결정하여 만든 소금을 재제염이라고 하며 조리에 흔히 사용되는 꽃소금은 우리나라에서 만든 천일염과 수입한 소금을 2:8로 섞어 재결정법으로 생산한 재제염인데 염도는 88% 이다.

3) 인간과 소금

다른 동물과 마찬가지로 인간도 수렵과 채취를 하며 이동하는 생활을 영위할 때에는 식량에서 필요한 염분을 취하는 것으로 충분했으리라고 생각된다. 원숭이는 땀이 증발하여 털 속에 생긴 소금결정을 섭취한다고 한다. 그러나 농사가 시작되어 정착생활을 하면서부터는 오래 저장할 음식물이 부패하지 않게 방부제를 사용할 필요가 생겼을 것이다. 아마도 바닷물에 빠뜨린 음식물이 적당히 맛이 좋고 오래 두어도 상하지 않은 것이 우연히 알려졌을 것이다. 일본에 살고 있는 원숭이들이 고구마를 바닷물에 씻어 먹는다고 한다. 우리 인간도 이렇게 우연히 발견한 지식을 서로 공유하면서 차차 문화로 발전시킨 것이 아닐까. 그리고 차차 인구가 증가하면서 소금의 필요량이 많아져서 따로 소금을 만들어 섭취하기도 하고 음식물을 오래 보관하기도 하였다. 이런 과정에서 소금이 산출되는 해안, 염호나 암염이 채굴되는 장소에 사람들이 모이게 되어 자연히 물물교환이 성행하는 중심지가 되어 소금을 구하기 어려운 장소에 거주하는 수렵민이나 농경민들이 짐승이나 농산물을 소금과 교환하였다. 따라서 소금 교역로가 유럽과 아시아에 생겨 발달하였다. 예를 들면 소금을 만드는 집을 뜻하는 도이취어의 할레 (Halle), 할슈타트 (Hallstatt)나 영어의 위치 (-wich)가 붙은 드로이트위치 (Droitwich) ·낸트위치 (Nantwich) 등의 지명으로 현재도 남아 있다. 또한 미국의 유타 주 솔트레이크시티 (Salt Lake City)도 소금과 관련된 지명이다. 로마시대에는 소금이 관리나 군인에게 봉급으로 지불되기도 하였으며 현물급여를 뜻하는 라틴어 살라리움에서 영어의 샐러리 (salary)가 유래하였다. 6, 7세기까지 작은 어촌이었던 베네치아가 가까운 해안에서 산출되는 소금을 지중해 동쪽에 있는 여러 나라에 팔고, 그것으로 동양의 산물을 유럽에 팔아 큰 이익을 얻어 10세기 이후에   번영하였다.

소금은 옛날부터 고기, 생선의 부패를 방지하고, 또한 인간의 건강과 정력을 유지하는 힘이 있는 청정과 신성의 상징으로 여겨졌다. 고대 이집트에서는 미라를 만들 때에 시체를 소금물에 담갔고, 이스라엘 사람들은 토지를 비옥하게 하기 위하여 소금을 비료로 사용하였다. 또 그들은 인간의 생활에 중요한 소금을 신에게 바치고, 신에게 바치는 짐승의 고기는 짜게 하였다. 이런 풍습은 그리스 사람이나 로마 사람에게도 있었다. 신약성경에서 이런 개념을 발전시켜 신실한 성도들을 세상의 빛과 소금이라고 표현하였다.

우리나라의 경우에는 고려 이전의 소금에 대한 문헌은 매우 적고 다만 진나라 때 진수가 집필한 ≪삼국지≫〈위지동이전〉 고구려조에 소금을 해안지방에서 운반해 왔다는 기록이 남아 있다. 신라나 백제에서도 해안지방에서 소금을 얻었을 것으로 추측될 뿐이다. 고려시대에 들어와서는 도염원을 두어 염분을 국가에서 관장하여 직접 소금을 제조·판매하여 재정수입원으로 삼았으며, 충렬왕 때 사유로 이관하였다가 다시 1309년 (충선왕 1년) 염정을 민부에 이관하고 유통부분에서는 중국을 모방하여 포를 납부하게 하여 소금을 구입하게 하였다. 조선시대에는 연안의 주군마다 염)을 설치하여 관가에서 소금을 구워 백성들은 미포와 환물하였는데, 1411년 (태종 11년)에 폐지하고, 현물로 수납하거나 (궁과 아문) 일반 민중에게는 세금을 부과하였다. 그 후 구한말을 거쳐 일제강점기부터는 소금은 완전히 전매제가 되었고, 1961년에 소금전매법이 폐지되자 종전의 국유염전과 민영업계로 양분되었다.

연습문제

1. 아침을 거르는 경우가 많은데 건강에 좋지 않은 이유를 설명하라.

2. 동물들이 셀루로스를 분해하지 못하는 이유가 무엇일까?

3. 사람의 맹장은 왜 퇴화되었을까?

4. 트랜스 지방이 왜 건강에 해로울까?

5. 비료의 장단점을 설명하라.

6. 오리 농법을 설명하라.

의약품

CHAPTER 05

병을 치료하고 통증을 감소시키기 위하여 선사시대부터 주위에서 구할 수 있는 물질들을 이용해왔다. 인삼 등의 약초, 동물에서 채취한 웅담, 녹용 등이 병의 치료와 예방에 사용되고 있으며, 진정제로 에틸알코올 즉 술, 그리고 마취작용이 있는 마리화나, 양귀비 등이 알려져 왔다. 생물 특히 병원균에 대한 지식이 축적된 20세기부터 다양한 의약품들이 개발되어 질병 예방과 치료에 사용되기 시작하면서 인간의 평균수명이 상당히 길어졌다. 의약품의 개발에는 이로운 점도 많이 있지만 약의 남용, 오용 등에 의해 상당히 심각한 문제들이 생겨났다. 예를 들면 항생제에 내성을 가진 병원균이 생겨나서 증식하게 되어 기존의 항생제로는 예방과 치료가 어렵게 되어가고 있다. 이들 의약품들과 작용 등에 대하여 알아보기로 하자.

5.1 의약품들

5.1.1 제산제

위장에서 단백질을 펩티드로 분해하는 효소인 펩신의 활성화와 음식물과 같이 들어오는 병원균 등을 죽이기 위하여 위벽에서 강한 산인 염산이 분비된다. 음식물에 묻어 들어오는 기생충 알이 분해되지 않는다는 사실에서 생명의 신비를 알 수 있다. 보통의 경우에는 위의 내벽이 염산에 영향을 받지 않지만 과식을 하게 되면 염산이 아주 많이 분비되어 위벽이 상하게 되고 통증을 느낀다. 이런 경우에 염산의 양을 감소시킬 때 제산제를 사용한다. 제산제는 염기성이 그렇게 강하지 않은 물질 예를 들면 산화마그네슘 등이 많이 사용된다.

5.1.2 진통제

통증에서 벗어나기 위하여 오랫동안 마취 작용이 있는 알코올과 일종의 마약인 아편, 코케인, 대마초 등이 사용되어 왔다. 이런 물질들은 중독성이 있으므로 대체물질의 개발이 시도되었고 드디어 최초의 합성약품인 그리고 오늘날도 사용되고 있는 아스피린이 만들어졌다. 버드나무 껍질에서 추출되는 살리실산이 해열의 효능이 있다는 것이 이미 18세기에 알려졌지만 살리실산은 신맛을 가지고 있으며 또한 인체에 자극을 주므로 해열제로서의 효과를 유지하면서 부작용을 줄일 수 있는 새로운 약에 대한 연구 결과로서 약효는 유사하면서 부작용이 상대적으로 적은 아세틸살리실산 즉 아스피린이 소개되어 널리 보급되었다. 아스피린은 진통작용과 해열작용을 가지고 있다. 뇌에 통증이 전달되는 과정과 관련이 있는 프로스타글라딘이 만들어지지 못하게 하여 효력을 나타내며 통증의 원인을 치료하지는 않는다. 또한 아스피린은 혈액이 엉기는 것을 막아주는 작용을 가지고 있으므로 혈액 응고 방지제로 이용되기도 하며 매일 소량 복용하면 관상동맥경화, 심장마비 등의 위험이 줄어들게 된다. 아스피린이 가지고 있는 부작용은 위장장애와 애러지 반응을 일으킬 가능성이 있다는 점이다. 아스피린 대용으로 많이 사용되는 것이 잘 알려진 타이레놀이다. 약효는 유사하며 부작용이 약하기는 하지만 다량 복용하면 간과 신장에 해롭다.

5.1.3 마취제

수술할 때 심한 통증을 느끼지 못하게 할 목적으로 개발된 물질이며 전신마취제와 국소마취제로 분류되며 일반적인 마취제는 전신마취제이다. 19세기 미국의 보스턴에서 환자들이 통증으로 인하여 치아 치료를 기피하고 따라서 치아뿐만이 아니고 생명에도 영향을 미치는 일이 많았다. 이를 막기 위하여 치과의사인 모르톤이 디에틸에테르를 처음으로 도입하였다. 그 후에는 클로르포름 등이 마취제로 사용되기도 하였다. 지금은 정맥주사 마취제가 환자에게 주사된 후 기체 마취제가 투입된다. 정맥 주사 마취제로는 바르비투르산화물들이 사용되며 기체마취제는 아산화질소, 할로탄, 엔플루란, 이소플로란 등이 사용되고 있다. 국소마취제는 신체 일부의 지각신경을 마비시키고, 통증을 완화시킨다. 국소마취에는 코케인, 프로케인, 리도케인, 메피비케인 등이 주로 사용된다.

5.2 병을 유발하는 미생물들

병을 일으키는 미생물은 대체로 네 종류로 구분할 수 있다. 크기순으로 배열하면 곰팡이, 박테리아 (세균), 리케차, 바이러스로 나누어진다. 곰팡이와 세균은 인공적으로 배양할 수 있지만 보다 작은 리케차와 바이러스는 반드시 생체세포에서만 증식한다. 또한 바이러스는 단백질과 핵산으로 이루어져 있으므로 결정을 만들어 보관할 수 있다.

5.2.1 곰팡이

포자를 만들고 실 모양의 균사로 이루어져 있는 균류를 보통 곰팡이라고 한다. 물속에서 생활하는 물곰팡이와 육지에서 생활하는 털곰팡이, 빵곰팡이, 푸른곰팡이들과 도열병, 깜부기병을 일으키는 곰팡이들이 이에 속한다. 대체로 포자에 의한 무성생식을 하지만 장란기, 장정기 등의 배우자 낭을 만들어 접합하는 유성생식이 이루어지기도 한다. 곰팡이는 스스로 영양을 만들지 않고 유기화합물을 분해하여 생긴 물질을 흡수하여 생활하는데 (분해자) 생물체에 기생하여 생활하며 병을 일으키는 기생곰팡이와 시체나 배출물, 음식물 등을 이용하는 부생곰팡이가 있다. 기생곰팡이 중에는 농작물 에기생하여 도열병, 깜부기병을 일으키기도 하며 또한 사람에게도 여러 가지 병에걸리게 한다. 부생곰팡이는 식품에 침입하여 식품을 변질시키고 또한 독을 분비하기도 하기도 하므로 이런 식품을 자주 섭취하면 식중독이나 내장 질환 등에감염될 수 있다. 한편으로는 곰팡이를 이용하여 발효식품을 제조하는 경우도 있다. 예를 들면 된장, 간장, 식초 술, 등과 치즈 등의 제조에 곰팡이를 이용하고 있다. 푸른곰팡이에서 얻을 수 있는 페니실린은 항생제로 많이 사용되고 있다. 사람에게 해를 주는 곰팡이들을 예방하고 제거하는 방법에는 식품의 가열, 냉동보관 . 건조 등과 자외선이나 방사선을 쪼이는 방법도 있고 화학물질을 이용하여 제거하기도 한다.

5.2.2 박테리아 (세균)

하나의 세포를 가지며 핵이 뚜렷하지 않는 미생물을 통칭하며 편모를 가지고 운동하는 것들도 있다. 보통은 유기물을 이용한 종속영양생활을 하지만 광합성박테리아처럼 스스로 영양을 만드는 종류도 있다. 세균은 지구상의 모든 곳에 살고 있으며 특이하게 암모니아수에서만 생활하는 세균도 있고 심해에서 높은 수압에 적응한 종도 있다. 종속영양생활을 하는 세균은 분해자로서 생태계에서 탄소, 질소, 황 등의 원소의 순환에 중요한 역할을 하고 있다. 또한 발효식품 등을 만드는데 이용되기도 한다. 주로 이분법에 의한 무성생식으로 번식하지만 접합을 통한 유성생식을 하기도 한다. 대장균은 조건이 좋으면 20분에 두 배로 증가한다. 종속 생활하는 세균들이 사람이나, 동식물에게 병을 옮기는 경우가 많다. 박테리아는 구조가 비교적 간단하고 자력으로 생존하고 번식이 빠르므로 유전 연구에 이용되기도 하며 인슐린 등의 대량생산에 사용되기도 한다.

5.2.3 리케차와 바이러스

리케차는 세균과 바이러스의 중간 크기를 가지며 생체 세포에서만 배양할 수 있다. 발진티푸스를 포함하여 11종의 병을 일으킨다. 바이러스는 핵산 (주로 DNA이지만 RNA를 가진 것도 있음)과 핵산을 보호하는 단백질로만 이루어진 분자이며 생체 세포에 들어가면 세포 내에 있는 효소 등을 이용하여 자기 복제를 하여 생체 세포를 파괴하며 생체 세포의 종류에 따라 동물성 바이러스, 식물성 바이러스, 박테리오파지로 분류한다. 대부분의 바이러스는 숙주에 있는 세포를 파괴하지만 때로는 숙주 세포에 묻혀 세포의 일부로 지내는 경우도 있다. 바이러스는 식물, 동물 그리고 인간에 여러 가지 병을 일으킨다. 예를 들면 담배모자이크병, 조류독감, 구제역 등과 여러 종류의 감기, 홍역, 수두, 소아마비 등이 있다. 최근의 연구에 의하면 암의 원인이 되기도 하며 돌연변이를 일으키기도 한다는 것이 밝혀졌다.

5.2.4 감기약

감기는 100종이상의 유사한 바이러스에 의하여 발병하며 항생제나 다른 약들이 효과적이지 못하며 시판되는 많은 감기약들은 감기를 치료하는 것이 아니고 증상을 완화시키는 작용을 한다. 감기약에는 기침 억제제, 가래제거제, 코 소염제 등이 속한다. 감기의 치료에는 따뜻한 물을 많이 마시고 휴식하는 방법이외에는 없는 듯하다. 최근에는 조류독감과 돼지독감 등이 새로 생겨났는데 이것은 우리 인간의 무분별한 행동에서 기인한다. 자연 질서를 무시하고 오로지 인간들의 이익만 위해 닭이나 돼지를 사육하는 잘못된 관행이 이러한 새로운 질병을 만든 것이다.

5.3 항체와 항원

5.3.1 앨러지와 항히스타민제

담쟁이덩굴, 꽃가루, 흙, 식품, 화장품, 페니실린, 아스피린, 자외선, 열, 추위 등의 외부에서 온 물질과 원인에 의하여 신체에 특이한 반응이 나타나기도 하고 심하면 사망하기도 한다. 이런 현상을 앨러지라고 한다. 생명체에 병원균 등이 들어오면 이 항원에 대하여 항체와 림프구가 만들어지고 이 항원이 다시 들어올 때는 면역반응이 일어난다. 이러한 면역반응이 생체에 불리하게 작용하면 여러 가지 장애 즉 앨러지가 일어난다. 디프테리아와 파상풍을 면역혈청을 사용하여 치료하는 과정에서 여러 가지 과민반응이 발견되었고 그 이후로 면역과 과민증을 동일한 반응으로 생각한 오스트리아의 소아과 의사 C. F. 피르케에 의해 두 현상을 포괄적으로 설명하기 위하여 1906년 처음으로 앨러지가 사용되었다. 지금은 면역반응과 과민증을 따로 생각하게 되었고 이에 따라 외부의 자극에 의한 과민증만을 엘러지라고 말한다. 앨러지에는 두드러기, 천식, 피부 가려움증이 포함되며 앨러지를 유발하는 물질이나 요인을 앨러젠이라고 한다. 앨러젠은 대부분 고분자인 단백질이며 또한 다당류나 단백질 및 다당류와 결합할 수 있는 물질도 앨러젠이 될 수 도 있다. 앨러지 반응을 개쑥갓 꽃가루에 있는 앨러젠으로 설명하면 우선 앨러젠이 코의 특수 세포와 접촉하여 IgE라는 항체를 만들며 생긴 항체는 마스트세포에 붙어 있게 된다. 개쑥갓 꽃가루에서 나온 항원 E가 마스트 세포에 결합되어 있는 항체 IgE와 반응하면 항원-항체 착물이 생기며 이 착물이 마스트 세포의 과립체에서 히스타민을 나오게 하여 콧물이 나게 하거나 눈이 빨개지게 하는 작용이 일어난다. 따라서 앨러지를 치료하려면 히스타민의 작용을 억제하는 물질을 사용한다. 이 물질들을 항히스타민제라고 하며 히스타민이 작용하는 수용체와 경쟁적으로 반응하여 히스타민의 작용을 억제한다. 기관지 천식이 있는 경우에는 에피네프린이나 스테로이드를 사용하면 효과가 크다. 앨러지의 발병에는 유전적인 요인이 있는 것으로 보고되고 있지만 일란성 쌍둥이들에 대한 조사 결과에서는 환경적인 요인도 상당히 크다는 것도 나타내고 있다.

5.3.2 항원, 항체와 면역반응

사람 또는 동물에 들어가면 특이한 반응을 일으키는 항체를 만들게 하는 고분자 콜로이드 물질을 항원 또는 안티젠 (antigen)이라고 한다. 생성된 항체는 특정한 항원하고만 반응하여 항원을 무력화시킨다. 항원이 병원체이면 체내에 항체가 생성되었다가 다시 동일한 병원균이 침입하면 항체에 의하여 면역반응이 일어난다. 병원균을 약하게 하여 체내에 주사하여 항체를 만드는 요법을 면역이라고 하여 병의 예방과 치료에 큰 도움을 주고 있다. 사람 체내에서 만들어지는 항체 또는 안티바디 (antibody)는 세부구조의 차이에 의하여 IgG, IgM, IgA, IgP, IgE의 다섯 가지로 분류되며 체내에 들어온 독소, 바이러스, 세균 등의 활성을 중화하고 파괴하여 제거한다. 태아는 항체를 생산하지 못하지만, 어머니의 IgG는 태반을 통해 태아에게 전달되어 생후 스스로 항체를 만들 때까지의 2~3개월 동안 어머니의 항체에 의하여 면역기능을 가진다. 항원과 항체는 열쇠와 자물쇠 (key and lock)로 표시되는 선택적인 반응을 하며 결합에는 정전기 인력, 반데르발스 인력, 수소결합 등이 있다.

5.4 전염병

5.4.1 기존 전염병

병원체에 의해 생기는 병들 중 전염성이 강하여 집단적으로 발생하며 급성이며 사망률이 높은 병을 전염병 또는 역병이라고 하며 흑사병, 콜레라 등이 이에 속한다. 질병의 치료와 병원균의 확산을 방지하려는 목적으로 환자, 의사 환자, 보균자, 및 접촉자들을 사회에서 격리하여 예방 접종과 치료를 받게 하는 조치가 취해지는 경우가 많다. 19세기 후반부터 미생물들에 대한 연구가 활발해지면서 많은 예방백신들이 개발되었고 또한 공중위생 시스템이 잘 정비되면서 (수도, 소독, 비누 사용 등) 전염병 발병률이 많이 감소하였다. 전염병을 예방하려면 국가, 지역사회 및 개인 등이 적절한 대책을 지속적으로 실시하여야 한다. 공항, 항만에 대한 검역, 전염병환자들을 조기에 발견하여 격리 수용 치료를 할 수 있는 시스템이 마련되어야 하며, 예방접종과 방역활동을 계속되게 지원해야한다. 또한 개인들은 건강 유지, 심신 및 주위 환경 청결에 주의를 기울여야 하며 아울러 예방접종을 적절한 때에 받아야 한다. 우리나라에서는 증상의 정도 및 처음 발생 시기 등을 고려하여 대체로 네 개로 나누었으며 따로 간염 등은 지정되어 관리되고 있다. 1종은 즉시 격리하여야 하는 병들로 콜레라. 페스트 (흑사병) 등이 속하며 2종은 예방접종을 해야 하는 병들로 디프테리아, 소아마비 등이 속한다. 3종은 발병기간이 상당히 긴 병들로 결핵, 말라리아, 나병 등이 있다. 최근에 발생했거나 외국에서 들어온 병들이 4종에 속하며 뎅기열, 아프리카 수면병 등이 있지만 아직 생소한 듯하다. 오래된 병들은 대체로 많이 알려져 치료에 별 문제가 없지만 문명 특히 교통의 발달로 인하여 특정한 지역에만 발생하던 병들이 전 세계에 퍼지기도 하며 에이스 등의 전혀 새로운 병이 생기기도 하니 예방 및 치료에 주의를 환기시킬 필요가 있다. 이러한 병을 예방치료를 위하여 과거에는 주로 동식물 또는 광물에서 추출한 약을 사용하였다. 미생물과 매개하는 동물 주로 곤충 들이 병의 원인이라는 것이 밝혀진 후부터는 방부제 , 살균제, 살충제, 항균제, 항생제들이 개발되어 병의 치료에 많은 도움을 주고 있다. 단지 부작용으로 예를 들면 항생제의 일종인 페니실린에 대한 과민반응과 내성균의 출현 등의 문제가 생기기도 한다. 최근에는 인간의 무분별한 행동으로 인하여 조류독감, 돼지독감 및 광우병이 새로이 발견되어 사회에 큰 충격을 주고 있다. 그리고 이들 질병에 대하여 차분하게 합리적으로 대응하지 못하고 감정에 치우쳐 사태를 더 안 좋은 방향으로 이끄는 경우도 있다. 한 예로 시민의 집단행동을 유발하였던 광우병 파동을 들 수 있겠다. 근거없는 공포감에 사로잡인 일반대중도 문제가 있지만 책임지고 문제를 해결하여야 하는 정부당국의 안일한 자세가 문제를 확대시켰다. 지금은 소강상태이지만 다시 살아날지도 모른다.

5.4.2 신종 전염병

사스 같은 무시무시한 새로운 질병에 우리의 관심이 쏠려 있는 동안, 항생제 내성 질환 같은 기존의 위험한 병들도 해마다 미국에서 약 2만 명의 목숨을 앗아가면서 계속 증가하는 추세에 있다. 우리가 오래된 질병의 병원체들을 자극해 미묘한 유전적 변화를 일으킨 것이 원인이 되어 가자 섬뜩한 병원체로 변신한 것들도 있다. 우리는 대개 최신 전염병에 관심을 집중하지만, 죽음은 오래된 전염병들 속에도 있다.

무시무시한 새로운 질병이 등장했을 때, 우리 자신이 총체적으로 지구 환경을 파괴함으로써 수많은 새로운 전염병을 일으켰다는 사실은 무시한 채, 생물 테러 같은 현상에만 초점을 맞춘다면 깊은 편견과 부정에 빠져 진실을 보지 못하는 것이다. 우리는 거대한 유전공학 연구소에 상응하는 것들, 즉 광우병을 일으키는 병원체처럼 특유의 방식으로 위협을 가하는 것들을 만들어내는 집단 농업 체계 같은 것들을 유지하고 있으면서도, 별 거리낌 없이 유전공학의 위험을 들먹거리곤 한다.

하지만 아무리 전염병이 산더미처럼 늘어나고 있는 시대라 해도 희망은 있다. 일찍 찾아내기만 하면, 많은 전염병을 억제할 수 있다. 그렇지 못한 것들은 의료 기술을 통해 어느 정도 유예시킬 수 있다. 개인의 행동만 바꾸어도 수많은 병에 걸릴 위험을 크게 줄일 수 있다. 소에게 고기와 뼛가루를 먹이지 못하게 금지해 그들을 다시 본래의 초식동물로 돌아가게 하는 것만으로도 광우병은 줄어들었다. 항생제 남용으로 많은 세균들이 내성을 지니게 되었으므로, 항생제를 덜 쓰면 치료가 불가능한 세균 감염 질환들이 쇄도하는 것을 막는데 도움이 될 수 있다.

그렇다면 들끓는 이 새로운 전염병들은 생태학적, 인구학적, 산업적으로 얼마나 깊이 뿌리를 내리고 있을까? 인간은 라임병 발생에 한몫을 해온 어긋난 포식자-먹이 균형을 복원할 수 있을까? 단백질 부족이 시급한 문제가 되고 있는 아프리카 일부 지역에서, 인간에게 새로운 형태의 에이즈바이러스를 안겨줄 수 있는 야생동물고기의 소비를 과연 줄일 수 있을까? 질병을 일으키는 생물들이 새로운 지역으로 퍼져나가거나 다른 방식으로 증식하도록 돕는 역할을 하는 기후 변화 효과를 억제할 수 있을까?

우리는 새로운 질병들이 생태학적으로 어떻게 유래했는지 꽤 많이 파악해왔지만, 이렇게 늘어나는 전염병들을 근절할 수 있을지는 아직 알 수 없다. 새로운 치료법과 치료약 개발에만 몰두해서는 그 일을 해낼 수 없다. 우리는 원인을 치료해야 한다. 그리고 그것은 우리 건강의 토대가 되는 생태계 전체를 보호하고 복원해야 한다는 의미이다.

5.5 항생물질

5.5.1 방부제와 살균제

방부제는 식품을 부패하게 하는 미생물의 성장을 억제하며 살균제는 병을 일으키는 미생물을 죽이는 물질이지만 실제로는 둘 사이에 차이가 거의 없다. 살균제는 보통 인체에도 해로우므로 외부의 상처 치료에만 사용하는 것이 바람직하다. 살균제로 유독한 인, 수은 , 염소, 아이오딘를 함유하는 화합물과 페놀 그리고 산화력을 가지고 있는 하이포염소산소듐, 과산화수소, 과망간산포타슘 등이 많이 사용된다. 양이온 계면활성제인 사차암모늄화합물은 세포막을 약하게 하여 세균을 죽인다. 아이오딘포스는 고통이 없고 효과가 좋아 어린이에게 사용할 수 있다.

5.5.2 항균제

항균제가 개발된 이후 많은 질병들의 예방과 치료에 사용되고 있다. 가장 먼저 개발된 설파제를 예를 들어 소개하려고 한다. 황을 포함하는 염료인 프론토실의 항균효과 알려지면서 많은 설파제 약들이 개발되어 오늘날까지 사용되고 있다. 그 후의 여구에 의해 프론토실의 항균효과는 분해 산물인 설파닐아미드 (파라아미노벤젠슬폰아미드)에 의한 것이라는 것이 밝혀졌다. 대부분의 설파제는 슬폰아미드 계열화합물이다. 세균의 성장에 필요한 엽산은 파라아미노벤조산에서 만들어지는데 설파닐아미드와 파라아미노벤조산의 구조가 유사하므로 설파닐아미드를 상처에 바르면 세균이 설파닐아미드를 이용해 엽산의 작용이 없는 모조엽산을 만들므로 세균이 더 이상 자라지 못한다.

5.5.3 항생제

미생물의 대사산물에서 추출하여 병원균을 억제하는 물질을 항생제라고 하며 페니실린과 세파로스포린 등이 유명하다. 페니실린은 잘 알려진 대로 우연히 오염된 배양하고 있던 포도상구균배지에서 발견되었다. 플레밍은 죽은 세균 주위의 곰팡이를 추출하여 페니실린이라 명명하였으며 후에 플로리와 체인에 의해 정제되고 여러 병에 효과가 있음이 증명되었다. 페니실린은 세균의 세포막 사이에 있어야 하는 다리결합의 생성을 방해하여 세균을 죽인다. 모든 페니실린들은 베타락탐 고리를 가지고 있는데 이고리에 의하여 페니실린이 활성을 나타내며 또한 활성도가 최적이 되려면 카르복실기와 수소결합을 하는 곁가지가 필요하다고 알려졌다. 인체의 세포는 세균의 세포와 구조가 다르므로 페니실린에 의해 영향을 받지 않지만 약 5%는 페니실린에 알레르기 반응을 하여 사용할 수 없다. 폐렴 등의 치명적인 병에 항생제는 아주 효과가 있지만 많이 사용되기 시작하면서 내성을 가진 세균이 등장하기 시작하였다. 내성세균에 대항하기 위해서는 계속 새로운 항생제를 개발해야 한다. 페니실린과 유사한 세파로스포린이 개발되었지만 이 항생제의 일종인 세파렉신 역시 내성 세균이 발견되고 있다. 또 다른 종류는 테트라사이클린, 오레오마이신 및 테라마이신이며 다양한 종류의 미생물에 효과가 있다. 이들 항생제는 세균의 리보솜이 단백질을 만드는 것을 억제하여 세균의 성장을 방해한다. 그러나 이 들 역시 내성세균의 출현을 막을 수는 없었다.

5.6 에이즈 (AIDS)

최근에 발견되어 인류에게 큰 위협이 되고 있는 에이즈는 후천성면역결핍증 (acquired immune deficiency syndrome, AIDS))이라고 하며 인간면역결핍바이러스 (human immunodeficiency virus, HIV)에 의하여 감염된다. HIV바이러스는 인간의 혈액이나 체액에서만 수일간 생존할 수 있고 감염된 정액, 질 분비액, 혈액 등에 의해서만 감염되므로 이성간, 동성 간의 성관계 또는 감염된 혈액의 수혈 그리고 감염된 주사기를 공동으로 사용할 때 감염된다. 에이스에 걸린 여성이 임신했을 경우 태아는 태반을 통해 감염될 수 있으며 모유를 통하여도 신생아, 유아가 감염될 수 도 있다. 감염되면 인체의 면역 기능이 현저히 감소하므로 병원균에 의한 감염이 용이하게 된다. 치료약을 만들려고 노력 중이지만 아직 뚜렷한 성과가 보이지 않는다. 에이스환자 및 보균자는 관리 대상이다. 일반적으로 알려진 것과는 달리 보균자나 환자와의 단순한 접촉으로는 감염되지 않는다. 다음에 감염되지 않는 경우를 정리하였다.

5.6.1 에이즈에 감염되지 않는 경우

감염자와 같은 직장에서 근무
수영장, 대중탕, 찜질방, 사우나
공중화장실
교통수단 (버스, 지하철, 전철 등)의 손잡이
이발소, 미장원 , 면도기구 (소독필요)
병원의 의료기구 (소독필요)
침술원의 침 (소독필요)
악수, 포옹
재취기, 기침, 땀, 눈물
컵, 식기 등의 공동사용

5.7 성인병

나이가 들어 40세 이상이 되면 신체의 각 부분이 노화하기 때문에 나타나기 시작하는 여러 병을 성인병이라고 하며 중요한 것으로 고혈압, 동맥경화, 당뇨병, 치매 등이 속한다. 과식과 운동부족으로 인한 비만과 복잡한 사회생활에서 받는 스트레스 등이 원인으로 생각되고 있다. 콜레스테롤은 스테로이드의 일종이며 식품에서 흡수되거나 체내에서 합성되기도 하는데 콜레스테롤이 동맥벽에 침착하여 차차로 동맥을 좁아지게 하고 탄력성을 하므로 혈액이 잘 공급되기 않게 하므로 동백경화증의 원인물질로 알려져 있다. 동맥경화는 모든 동맥에 일어나지만 특히 위험한 것은 심장에 영양을 공급하는 관상동맥의 경화이고 이와 관련된 협심증, 심근경색증, 뇌혈전증 등이다. 동맥경화와 고혈압도 밀접한 관계가 있다. 고혈압의 원인은 확실하지는 않지만 쌀밥과 육식 및 술을 즐기며 짜게 먹거나 스트레스, 수면부족, 피로축적 등이 주원인으로 생각되고 있다. 당뇨병은 혈액에 당이 많으며 소변으로 배설되는 병으로 인슐린이 분비되지 않거나 아주 조금 분비되는 것이 주 원인이지만 40세 이후에는 인슐린 분비에는 큰 문제가 없으나 분비된 인슐린이 제대로 활용되지 않아 혈당이 많아지는 증상이 나타날 수도 있으며 비만이면 가능성이 높다고 한다. 증상으로는 피로, 잦은 배뇨, 갈증, 체중감소, 시력 감퇴 등이 있다. 이러한 성인병들은 식생활과 일상생활습관을 고치며 적당한 운동을 하는 것이 좋은 예방법이라고 하겠다.

5.8 치매

나이가 들면 뇌세포의 수가 줄어들게 되어 정신능력이 감소하지만 일상생활에 지장이 있을 정도는 아니며 치매는 단순한 노화가 아닌 다른 이유들에 인하여 발생하고 진행된다. 치매의 원인이 되는 병으로는 알츠하이머병, 다발성뇌졸증 등이 있으며 치료가 가능하여 더 이상의 진행을 막을 수 있다. 치매의 증상으로는 예를 들어 가장 흔한 알츠하이머병의 경우 초기에는 일에 대한 의욕이 줄어든다든지, 매일 반복되는 일을 잊고 하지 않는 등의 가벼운 증상에서 시작하여 병이 차차 진행되면 건망증이 심해져서 비교적 최근의 일을 망각하게 되는 정도에 까지 이르게 된다. 그리고 마지막에는 누워서 간호를 받아야 하는 상태로 진행한 후 폐렴 등의 합병증으로 죽게 된다. 환자들의 뇌 조직에서 비정상적인 물질들이 집합체를 이루고 있는 것과 신경세포에서 신경섬유들이 비정상적으로 꼬여 있다는 것이 알츠하이머에 의해 발견된 이후로 알츠하이머병이라고 불리게 되었다. 지금까지는 근본적인 치료법은 없고 증상이 더 이상 진행되지 않게는 할 수 있다고 한다. 병이 오랜 시간 진행되므로 가족이나 주위 사람들의 노력이 계속적으로 필요하다.

5.9 술

에탄올이 함유되어 있는 음료를 술이라고 하며 정착하여 농사를 시작하면서 술을 만들고 마시게 되었다고 한다. 제조하는 방법에 따라 양조주, 증류주, 혼성주 (재제주)로 나누며 원료에 따라 쌀, 보리, 감자 등의 곡류에서 만드는 곡주, 포도, 매실 등을 발효시켜 만드는 과일주, 술에 칡뿌리 등의 식물이나 동물을 넣어 만드는 약주 등으로 나눌 수 있다. 이 들 술에 대하여 간단히 소개하면 다음과 같다. 양조주에는 맥주, 포도주, 청주 등이 속하며 당이 들어 있는 곡류나 과일을 발효시켜 만들며 때로는 여과하여 고체 찌꺼기를 제거하기도 한다. 증류주는 발효되어 만들어진 에탄올 원액을 증류하여 더 진하게 만든 술이며 우리나라에서 많이 소비되는 소주를 비롯하여 위스키, 브랜디, 보드카,

진 등이 속한다. 약주는 적당한 양의 에탄올이 들어 있는 술에 약제, 감미료, 풀이나 나무의 뿌리, 열매 등을 넣어서 만든 술로 백세주, 오가피주, 칡주 등이 있다. 포도주를 만들어 판매하는 것이 포도를 판매하는 것보다 부가가치가 높다고 한다. 술을 마시면 위에서 약 20%, 장에서 약 80%가 흡수되며 간에서 대부분이 분해되고 약 10% 정도만 오줌, 땀, 호흡으로 배출된다. 알코올은 모두 독성이 있는 물질이며 에탄올도 약하기는 하지만 독성을 가지고 있다. 에탄올은 마취작용이 있으므로 진정제로 작용하여 육체적, 정신적 활동을 완화시킨다, 에탄올이 산화되어 아세트알데히드 (머리를 아프게 함), 아세트산이 생긴 다음, 최종적으로 이산화탄소와 물로 분해된다. 분해되는 속도는 체내에 있는 알코올탈수소효소의 양에 영향을 받는다. 개인에 따라 차이는 있지만 일반적으로 10시간 정도 지나면 분해되어 배출된다. 알코올은 간에서 분해되므로 술을 많이 마시면 간이 손상되어 간경화와 더 나아가면 간암이 되는 수 도 있다. 또한 술을 과도하게 섭취하면 뇌세포가 손상되어 기억상실이 되기도 한다. 음주 후 물을 많이 마시고, 당분과 비타민 B_1, 비타민 C를 섭취하거나 감, 레몬 등의 과일을 먹으면 빨리 회복 된다. 고혈압과 동맥경화증과 에탄올과의 관계는 아직 확실히 밝혀지지는 않았지만 술을 많이 마시면 고혈압이나 동맥경화가 일어날 가능성이 높아진다.

5.10 암

증식력이 강하며 전이성이 높아 생명을 위협하는 악성종양을 암이라고 한다. 세포에 어떤 발암인자가 작용하면 불규칙하게 분열함으로써, 계속하여 증식하며 혈관, 림프관 등을 통하여 다른 세포로 전이하여 장애를 일으키고, 사망에 이르게 한다. 암의 원인은 발암물질 (화학물질, 물리적인 자극 등)의 외인성과 유전적인 영향, 연령 등의 내인성으로 나누어 생각할 수 있다. 인간의 체내에 암을 일으키는 인자가 잠복해 있다가 외부의 자극 (발암물질, 고령으로 인한 저항력 감소 등)에 의해 발현된다고 생각되고 있다. 발암물질에는 벤조피린, 아플라톡신, 비소, 석면, 바이러스, 방사선, 자외선 등이 있는데 담배와 술도 중요한 역할을 하고 있다. 흡연은 폐암을 유발하며 또한 구강암, 인두암, 후두암. 식도암, 방광암, 췌장암, 신장암 등과도 관련이 있다는 것이 밝혀지고 있다. 금연하면 이들 암이 발생하는 확률이 상당히 감소한다고 한다. 술은 흡연이 암을 유발할 때 보조적인 역할을 하며 또한 간암과 관련이 있다. 아직까지는 알코올 자체가 발암물질인지 또는 알코올에 함유된 다른 물질이 발암작용을 하는지는 분명하지 않다. 식생활, 생활양식 그리고 직업도 암과 관련이 있다고 한다. 암세포는 무제한적으로 자라고 급속히 성장하여, 임상적으로 암을 발견하게 될 때는 이미 약 30회의 세포 증식이 일어나 약 10억 개의 세포가 모여 크기가 약 1센티미터가 된다. 10회만 더 분열이 일어나면 약 1kg의 종양으로 성장하여 사망에 이른다. 암의 자라는 속도는 암의 종류에 따라 다르다. 암은 초기에 작은 상처나 응어리의 모양으로 나타나며 통증을 느끼게 된다. 또한 특별한 증상이 없이 쉽게 피곤하거나 체중감소 , 소화불량 등으로 발견되기도 한다.

암이 어느 장기에 발생하더라도 되도록 빨리, 그리고 확실하게 진단하는 것이 무엇보다 중요하다. 암의 진단은 조직검사 또는 세포검사를 통해 이루어지며 이 과정에서 내시경, 혈액검사, X선 검사, MRI, 세침흡인검사, 골수검사 등이 포함된다. 암의 치료법에는 수술, 방사선요법 및 화약요법 등아 있다. 수술은 암을 체내로부터 제거하는 것이지만 주위의 조직 속에 침윤하거나 림프선에 전이해 있는 아주 작은 암세포를 완전히 제거하는 것은 실제로 곤란하다. 따라서 암의 초기 상태 또는 1기 또는 2기인 암에 대해서는 매우 효과적이지만, 어느 정도 진행된 3기의 암인 경우에는 수술뿐만 아니라 방사선요법이나 화학요법을 병용할 필요가 있다. 수술, 방사선 차료, 항암제 사용 등이 복합적으로 이루어지는 방향으로 나아가는 추세이다. 암을 치료하려면 우선 암의 진단하여 병기를 알아야하며 그 후에 환자의 신체적, 정신적, 경제 상태 등을 고려하여 치료계획을 세우는 것이 일반적이다. 수술에는 암을 그 발생장소에 부속된 림프선까지 포함해서 근본적으로 수술하는 근치수술과 증상의 직접 원인이 되는 암병소만을 절제하는 고식수술이 있다. 방사선요법은 X선·γ선의 생물학적 작용을 이용하여 치료하는 방법이다. 암이 전신에 퍼진 경우에는 항암제를 사용하는 화학요법이 효과적이다. 항암제로는 알킬화제, 대사길항제, 항생제가 사용되고 있다. 이러한 각종 화학요법제는 강한 부작용이 있으므로 항상 이 점을 고려해서 사용해야 한다. 암 치료 도중에 그리고 치료가 끝난 후에 효과를 판정하는 것이 매우 중요하며 치료 전에 계측 가능 병변의 크기를 측정한 다음 치료 후에 다시 측정하여 변화를 비교하여 효과를 판정한다.

마늘, 양배추, 당근, 녹차 등은 항암작용이 있는 식품으로 알려져 있다. 마늘에 함유되어 있는 황화합물과 알리신, 터핀, 셀레늄 등은 항암성분이며 계속 먹으면 위암에 걸릴 확률이 절반으로 감소한다고 한다. 생마늘은 냄새가 심하고 그냥 먹으면 특히 공복일 때 위가 손상될 수가 있으므로 구워먹거나, 간장 등에 담가서 냄새와 자극성을 줄이면 좋다.

5.11 마약

아편, 모르핀, 코카인 등과 같이 미량으로 강력한 진통작용과 마취작용을 하며, 습관성과 중독증상을 나타내는 물질들을 마약이라고 한다. 마약은 양귀비에서 얻어지는 아편계 마약, 코카에서 얻어지는 코카인계 마약, LSD 등의 합성마약, 대마 및 그 추출물의 4종류로 나누어진다. 이들 중 앞의 3가지는 진통제, 진정제, 마취제 등으로 의료와 학술연구의 목적에 한해서 사용이 허용된다. 모르핀은 현재 알려진 것 중 가장 강력한 진통제인데 유해효과, 즉 부작용으로 호흡억제나 변비 등이 나타나며, 현저한 내성과 의존성이 출현한다. 의존성에는 전신의존성과 신체의존성이 있으며 내성과 의존성으로 인하여 남용하기 쉽고, 일단 남용하면 끊기가 매우 힘들다.

5.12 위약효과

투약효과에 수반되는 심리효과를 말하며, 치료에는 전혀 도움이 안 되는 약물 (플라시보)을 약이라고 믿도록 하여 환자에게 주어서 유효한 작용이 나타난 경우를 위약효과가 있었다고 말한다. 내복약으로는 유당·녹말 등으로 형태·색깔·맛 등을 실물과 똑같이 만들고, 주사약으로는 식염용액 등을 써서 진짜 약과 가짜 약을 객관적으로 구분하기 위한 소도구로서 쓴다. 만성질환이나 정신 상태에 영향을 받기 쉬운 질환에서는 30~40%의 상당한 효과가 나타난다. 새로운 약을 평가할 때 보통 사용된다.

5.13 약물검사

합성 스테로이드 약품들은 근육을 강화시키는 효과 (아나볼릭 효과)를 가지고 있으므로 운동선수 들이 경기력을 향상할 목적으로 사용하고 있다. 그러나 건강에 악 영향을 미칠 우려가 있고 또한 스포츠정신에도 위배된다. 따라서 약물 투여 (도핑)는 IOC(국제올림픽위원회)와 국제경기연맹에서 금지하고 있다. 1960년의 로마 올림픽에서 사이클 선수가 흥분제를 사용했다가 경기 중 사망한 것이 계기가 되어 1968년 그레노블 동계올림픽대회부터 정식으로 검사가 실시되기 시작했다. 검사는 상위입상자 또는 임의로 뽑은 선수의 혈액과 소변을 채취해서 실시한다. 약물은 장기적으로 심신에 악 영향을 가져오므로 선수들의 훈련을 강화하고 강한 정신력을 가지게 하는 것이 바람직하다.

5.14 탈리도마이드 이야기

새로 개발된 약은 판매와 사용을 승인받을 수 있기 전에 국가에서 널리 행해지고 있는 법과 규정에 따라 철저하고 광범위하며 값비싼 조사 과정을 거쳐야 한다. 궁극적으로 대답하여야 하는 질문은 "이 약은 사용하는데 안전합니까?"이다. 대상 집단과 바람직하지 못한 부작용을 최소로 감소시키는 것을 고려하면 지금까지 어떤 약이 승인되었다는 것은 약간은 놀랄만한 일이다. 그러나 만일 잘못이 발생했다면 이것은 엄밀한 검사 필수조건을 완전히 만족시키지 못한 약을 승인하는 것보다 오히려 이를 거절하는 쪽에서 일어났을 것으로 보인다. 불행히도 탈리도마이드 약의 경우 유럽에서 이 같은 일이 실습이 아니었다.

1956년에 탈리도마이드는 불완전한 시장 데이터를 기초로 한 잘못된 판정에 의하여 충분한 조사 없이 유럽시장에 나오게 되었다. 한 작은 독일 제약회사인 Chemie Grunenthal에 의하여 개발된 탈리도마이드는 새로운 항생제의 개발 도중 만들어진 부산물이었다. 이 약을 생쥐, 쥐, 기니피그와 토끼에 행한 임상실험에서 상당히 안전한 진정제라는 결과를 얻었다. 그런데 탈리도마이드가 태아 발육에 손상을 주어 선천적 기형을 만들 수 있는지를 결정하는 실험은 하지 않았다. 새로이 개발된 약이 안정하다고 생각하고 제조한 제약회사에서 판매하기 위하여 여러 회사들과 접촉하였다. 교섭 대상이었던 미국의 한 제약회사는 자체 실험을 한 후에 가치 없고 불안정하다고 판단하여 판매 제의를 거절하였지만 몇 개의 제약회사에서 판매 제의를 수락하였고 실제로 어느 지역에서는 판매되었다.

탈리도마이드가 판매된 직후 몇 몇 의사들이 이 약을 복용한 환자들 중에서 신경 손상이 일어났다고 보도하였으나 대부분 무시되었다. 그러다가 5년이 지난 후 독일의 한 소아과 의사가 해표상지증 (phocomelia, 팔 다리의 뼈의 발달이 정지되어 손발이 지느러미 모양이 되기도 하는 등의 기형이 되며 심한 경우에는 손발이 전혀 생기지 않는 변)을 앓고 있는 유아의 수가 크게 증가하였다는 것을 보고한 후 큰 혼란이 일어났다. 그 후 해표상지증은 입덧과 메스꺼움을 억제하기 위하여 임신 초기 3개월 동안에 탈리도마이드를 복용한 엄마들에게서 태어난 아기들에서 일어난 것으로 밝혀졌다. 46 나라에서 약 10, 000명의 "탈리도마이드 아기"들이 태어났다고 전해진다.

탈리도마이드가 기형아를 만들 수 있다는 소식은 전 세계의 사람들에게 비탄과 분개의 감정을 불러 일으켰다. 이에 대한 조사는 부적당하고 불충분한 임상실험과 아울러 인간의 탐욕과 잘못된 실험이 이런 큰 불행을 만든 것으로 지적되었다. 그리고 인간이 대부분의 실험동물보다 약의 기형발생학적 효과에 더 한층 예민하게 반응한 예외적인 불운도 있었다고 한다.

FDA의 약물학자이며 의사인 Frances Kelsey는 제조업자가 제공한 안정성이 미비한 데이터를 믿지 않지 않았기 때문에 탈리도마이드가 미국 내에서는 판매되지 않았다. 그녀가 1960년 FDA에 들어갔을 때 처음 맡았던 약이 바로 문제의 탈리도마이드였다. 그녀가 강조한 과학적 완전성, 공정한 시험, 및 정의에 의하여 비교적 적은 수의 탈리도마이드 아기가 미국에서 태어났을 뿐이었다. 비록 탈리도마이드가 약 설계 변천사의 한 장을 가장 침울하게 장식하였지만 이 일로 인하여 전 세계적으로 상당히 개선된 약 시험 과정을 제정하는 원인이 되었다. 기형발생 조사가 지금은 대부분의 선진국에서 시행되는 신약 승인 과정의 기본이 되는 부분이다. 오래 걸리며 지나치게 방법론적이긴 하지만 이 FDA 시험법이 널리 채택되어졌다.

그러나 선진국에서는 이렇게 국민들의 건강을 지키기 위하여 약에 대한 시험을 강화하며 전문가들이 이런 시험을 담당하고 있지만 아직도 우리나라 식약청에서는 국민들의 건강을 위하여 식품 및 약에 대한 검사를 전문가들이 신중하며 철저하게 하고 있는지 솔직히 의문이다. 최근에 사회적으로 큰 문제가 되고 있는 조류독감, 광우병 및 신종플루 등에 대해서 만족스러운 대책을 내놓지 못하고 정부와 국민의 눈치만 보는 뒷북치는 소극적인 대책만 내놓은 것이 아닌가 생각하니 답답하기만 하다. 우리나라에서도 전문가의 의견을 정부와 국민들이 믿을 수 있는 때가 곧 도래하기를 바란다. 그러기 위해서는 과학자들, 정부, 국민들이 서로 노력하여 합심하여야 할 것이다.

5.15 광우병

유럽, 아시아, 북아프리카에서 야생하던 들소를 인간들이 농사를 시작한 후에 가축으로 길들여 농사에 이용한 것이 오늘날의 소가 되었다. 우리나라에서는 한 가족으로 생각하여 상당히 우대하였고 인도에서는 소를 신성시하고 있다. 농가에는 지금도 한두 마리의 소를 키워 농사에 이용하고 있다. 생물학적으로 보면 소는 발가락이 짝수인 우제목에 속하며 먹은 음식물을 소화할 때 반추작용이 일어난다.

지금 특히 선진국에서는 소를 주로 식용으로 사육하고 있는데 좁은 공간에 많은 소들을 수용하며 오로지 좋은 고기를 값싸게 얻을 목적으로 사료에 풀을 비롯한 식물뿐만 아니라 단백질이 풍부한 동물성 먹이를 혼합하여 소에게 제공한다. 이런 형태로 소 사육이 자연법칙에서 벗어나게 되기 시작하면서부터 소에게 아직까지 보고 듣지 못하였던 신종 전염병이 발생하고 있으니 그것이 바로 최근에 큰 이슈가 되고 있는 광우병이다.

광우병은 4살에서 5살 정도 된 소들에서 주로 발생하는 해면상뇌증으로 소의 뇌에 구멍이 생겨 미친 소처럼 행동하다가 죽어가는 전염병이다. 이 병은 프리온 단백질의 (프리온(prion)이란 광우병을 유발하는 인자로 단백질(protein)과 비리온(virion: 바이러스 입자)의 합성어다) 화학구조에 의해 발생한다.

문제는 광우병이 조류독감이나 돼지독감처럼 인간에게도 전염될 수 있다는 것이다. 인간에게서 발견된 크로이츠펠트-야콥병 역시 프리온에 의해 발병되며 광우병의 프리온이 크로이츠펠트-야콥병의 프리온으로 바뀔 수 있다는 것이 최근의 연구 결과에서 주장되고 있다.

작년에 미국 소의 수입으로 촉발된 광우병 반대 촛불 시위에서 볼 수 있듯이 우리는 이런 전염병에 아주 민감하게 대응하고 있지만 원인 제공도 우리 인간이 하고 있다는 사실에는 애써 눈을 감으려고 한다. 즉 자연의 질서에 위배되는 우리 인간의 행동이 광우병 등의 직접 원인이라는 것을 모두 인식하여야 할 것이다.

연습문제

1. 바이러스 진화설이 무엇인가?

2. 신종플루에 대하여 설명하라.

3. 내성세균에 대한 대책은 무엇인가?

4. 성인병을 방지하는 방법은 무엇인가?

5. 술을 매일 1/4 컵 정도 마시면 건강에 좋다고 하는데 과학적인 근거가 있을까?

6. 신약 개발과 관련된 임상실험에 대하여 어떻게 생각하는가?

농약과 병충해 방제

CHAPTER 06

6.1 농약이란?

6.1.1 농약이란?

농약은 영어로 pesticides 또는, agricultural chemicals라고 하는 데, 이는 토양 소독, 종자의 파종, 발아로부터 결실, 수확 및 저장에 이르는 식물 생장 조절제나 비료까지 포함시킨 농업용 약제를 말한다.

농약이란 농림작물이나 그의 산물에 직, 간접적으로 해를 주는 병균, 해충, 응애, 선충, 쥐 및 잡초 등의 동, 식물을 방제하기 위해 사용하는 살균제, 살충제, 살비제제, 살선충제, 살서제, 제초제와 그 밖에 유인제, 기피제 및 기타 그의 효력 증진을 목적으로 사용하는 보조제 등의 약제를 말한다. 그러므로, 농약은 농작물을 보호하는 약제를 것으로서, 토양 소독으로부터 종자 발아, 결실 및 저장에 이르기까지 농업 경영상 동, 식물에 의한 피해를 막는 데 사용하는 약제의 총칭이라 볼 수 있다. 일반적으로 농약은 구제 대상에 따라 표 6.1과 같이 구분할 수 있다.

최근에는 작물의 생육을 촉진, 억제하거나, 낙과 방지, 과일 품질 향상 등 작물의 경제적 효용 가치를 높이는 약제와 해충을 포식하는 천적 및 해충에 병을 일으키는 해충병원균, 해충의 증식을 억제하는 불임제, 해충을 유인하여 죽이는 유인제, 먹이로서의 식물을 피하게 하는 기피제 등도 광범위하게 농약의 범주에 포함시키고 있다.

6.1.2 농약의 발달 과정

인류가 어느 시대부터 농약이 사용해 왔는 지 확실한 기록이 없어 알 수 없으나, 농경을 시작하면서 재배중인 작물을 보호하기 위하여 병해충 구제나 잡초 제거를 위한 나름대

표 6.1 구제 대상 및 사용 목적에 따른 농약의 분류

종 류	특 성	예
살충제	해충을 구제하기 위한 약제 침투 경로에 따라 흡독제, 접촉독제, 훈증제, 침투성 살충제, 기피제 등으로 구분	Parathion, Malathion
살균제	식물병원성 진균을 구제하기 위한 약제	
살세균제	식물병원성 세균을 구제하기 위한 약제	
종자소독제	식물 종자를 소독하기 위한 약제	비타박스
살비제	응애류	Aramite 등
살서제	쥐, 두더쥐 등 설치류	황인제
제초제	잡초 제거를 위한 약제 처리 포자에 따라 전작용, 답작용, 과수원용 등으로 구분	2,4-D, MCP 등
불임제	해충의 불임을 유발시켜 증식을 저해하는 약제	아미노프테린
식물생장조절제	식물의 생장을 인위적으로 조절하는 데 쓰이는 약제	Gibberellin, MH 등

로의 수단을 강구하였으리라 것은 쉽게 상상할 수 있다.

농약 발달의 연대를 명확하게 나눌 수 는 없으나, 일반적으로 천연 산물을 이용한 제 1세대, 무기물을 그대로 사용한 2세대 농약, 탄소를 골격으로 하는 유기 합성 농약 및 최근 천연 유래 물질을 이용하는 생물 농약의 제 4세대로 구분할 수 있다.

1) 제 1세대 농약

어떤 화학 물질이 살충 효과를 가지는 것은 기원전 1,000년에도 인식이 있었으며, 황이나 hellobore같은 식물이 살균이나 살충 등의 목적으로 사용되어 왔다.

인류가 농경k농경

을 시작한 후부터 19세기 전반까지 이 들 외에 담배, 제충국, 데리스 등이 식물성 살충제로, 비누, 황산동 등이 사용되어 왔다. 17세기경 고래 기름을 멸구 구제에 이용하였다는 기록도 Pb, As, Hg 등 무기 화학 물질을 그대로 사용하였다.

2) 제 2세대 농약

19세기 후반에 들어와 프랑스에서 석회황 합제, 보르도액, 미국에서 비산납, 청산가스, 석유 유제 등이 발견되면서 화학 제품으로서의 농약이 빛을 보게 되었다.

20세기에 들어 화학이 발달함에 따라 각종 농약이 합성, 제조됨으로서 농약 산업은 화학 공업의 한 부분을 차지하게 되었다. 1935년까지 이러한 무기 합성 농약과 천연 식물로부터의 가공의 의한 제품이 주를 이루었다.

3) 제 3세대 농약

동물과 인간의 중독 사고 및 해충의 저항력 증대 등으로, 급증하는 인구 부양에는 역부족으로 새로운 농약의 필요성이 대두되었다.

1930년대 후반 탄소를 골격으로 하는 유기 합성 화학 물질로부터 발견되었다. 이 중 가장 유명한 것이 DDT로 1938년 스위스의 곤충학자 폴 밀러에 의해 쉽게 합성할 수 있으며, 살충 효과에 있어 광범위성과 지속성이 있는 것으로 밝혀졌다.

이러한 장점은 해충의 저항성 증대라는 문제점으로 나타났고, 이 문제점을 극복하기 위해 농약제조사들은 보다 강력한 살충력을 지니는 새로운 농약을 개발해야만 하였다. 이러한 '새로운 농약에 대한 해충의 저항력 증대와 증대된 해충의 저항력을 극복하기 위한 새로운 농약의 개발이라는 악순환'은 오늘날까지도 계속되고 있는 실정이다. 이러한 예는 1945년 미국 캘리포니아 주의 한 목장 지대의 모기 박멸을 위해 살포한 DDT의 예에서 잘 볼 수 있다.

대부분의 경우, 새로운 농약의 개발에 상당한 시간이 소요되므로 동질의 살충 효과를 얻기 위하여 주어진 농약을 보다 많이, 더욱 자주 사용함으로써 오늘날 농약 남용에 의한 저항성 종의 수를 증가시켜 온 것이다.

이 외에도 DDT는 해충의 소생(살충제에 의해 일시적으로 감소한 해충의 개체수가 구제前 개체수보다 늘어나는 현상), 2차 해충 발생(살충제 처리전에는 해충이 아니었던 곤충이 처리후 해충으로 化하는 현상), 생물 농축으로 인한 야생 동물과 인간의 잠재적 혹은 실제적 피해, 바람직하지 못한 상승 효과 등으로 미국에서는 1972년 DDT의 사용을 전면적으로 금지하였다.

4) 제 4세대 농약

살균, 살충 및 제초 등 농약으로서의 활성을 지니는 물질을 농약으로 개발, 사용하는 것으로 '생물 농약'이라고도 한다.

이 들 물질을 생산하는 생물의 배양체를 직접 사용하거나, 이 활성 물질을 분리, 정제하여 농약으로 개발하기도 하며, 최근에는 이러한 활성을 지니는 생물체로부터 특정 유전자를 적출, 가공한 BT toxin과 같은 유전자 조작 생물 농약도 개발되었다. 이 외에도 곤충의 성 호르몬을 이용하는 pheromone, 수정을 불가능하게 하는 불임제, 기피제 등이 있다. 특히, 이 들은 유기 합성 농약의 문제점을 해결해 줄 수 있는 새로운 개념의 농약으로, OECD의 통계에 의하면, 이 분야의 세계 시장 규모가 1990년 500억 달러, 2000년 3,000억 달러를 돌파하였을 정도로 신장하고 있는 추세이다.

6.2 농약의 양면성

6.2.1 유기 합성 농약이란?

화학 농약의 경우, 그 화학적 조성에 따라 유기염소 화합물과 살충제로 사용되는 유기인산 화합물로 구분할 수 있으며, 이 들 화학 농약의 특성과 구체적인 농약 이름을 아래에 정리하였다(표 X).

표 6.2 화학 농약의 종류 및 특성

종 류	특 성	예
유기염소 화합물	광범위한 살충 효과 특이성이 낮아 작물에도 피해 잔류 독성 지방과의 친화력에 의한 인체내 농축	DDT, chlordane, dieldrin, aldrin, 2,4-D 등
유기인산 화합물	곤충과 진드기 등의 살충제 광역 살충효과로 생태계 파괴 인체 신경계에 간접적인 영향을 주는 신경 독성물질	parathion, malathion, diazinon 등

6.2.2 유기 합성 농약의 양면성

농약은 농업 경영상의 효율성과 신속한 구제 효과로 인하여 그 사용량은 꾸준히 증가하여 왔으며, 이에 따라 각국의 농약 관련 산업도 급성장하고 있다. DDT의 생산은 규제로 인하여 1967년부터 줄어 들고 있으나, 유기 염소계와 유기인산계 살충제의 소비와 생산량은 증가하고 있는 추세이다.

이와 같이 작물 재배에 있어 지역적 한계의 확대, 생산비 절감, 작물의 종류나 재배 시기 선택의 폭 확대 등 현대 농업에 큰 영향을 미침으로서, 인구 증가에 따른 식량 문제 해결에 커다란 기여를 해온 것은 부인할 수 없으나, 과다 사용으로 인하여 발생한 부작용, 즉, 해충 천적의 감소와 잠재 곤충의 해충화, 해충의 내성 증가 및 살충제의 잔류 독성 등 소위 '3 R 현상'이라는 환경 문제를 초래하였다. 이 중 우리가 피부로 느낄 수 있는 '잔류 독성' 문제는 심각하여, 사용한 대부분의 농약은 환경적 요인에 의해 분해, 소실되지만, 일부는 농작물이나 토양 또는 지하수 등에 남아 있게 된다(표 X). 특히, 유기 염소계 농약은 분해가 잘 안되는 것은 물론이고, 우유 내의 BHC (benzene hexachloride)가 산모로부터 수유 과정을 통하여 태아에 전달되는 예에서 보듯이 생체 농축 현상이 심한 것으로 알려져 있다.

한 편, 1984년 인도 Bhopal 지방의 한 농약 회사에서 일어난 *methyl isocyanate* 유출 사고로 약 3천 여명이 사망하고, 2만 여명이 중상을 입은 예에서 볼 수 있듯이 농약의 직, 간접적인 피해도 무시할 수 없는 실정이다.

표 6.3 일반적으로 쓰이는 유기 합성 농약의 독성 잔류 기간

	화학 농약	75~100% 잔류 기간
유기 염소계	DDT(dichloro-diphenyl-trichloroethane)	4년
	Aldrin	3년
	Chlordane	5년
	Lindane	3년
	Heptachlor(hexachloro-cyclohexane)	2년
유기 인산계	Parathion	1주
	Malathion	1주
	Diazinon	12주
제초제	2,4-D(2,4-dichloro-phenoxy acetic acid)	4주
	Dalapin	8주
	Propazine	1년 6개월

6.3 병해충

6.3.1 병해충이란?

병해충이란 넓은 의미로 인간 또는 인간의 노력을 직, 간접적으로 방해하여 인간의 이익에 反하는 결과를 초래하는 어떤 생물체라고 정의할 수 있다.

이 들은 인간 혹은 동, 식물에 직접적으로 질병을 초래하는 곤충류의 해충 및 세균, 진균 등의 병원균은 물론, 간접적으로 병의 매개, 확산 등에 관여하는 설치류, 포유류 등의 동물을 비롯하여, 진드기, 응애 등의 곤충, 세균, 진균, 선충 등의 모든 세포성 유기체와 바이러스, 바이로이드 등의 세포 하부 구조(subcellular structure)를 가지는 유기체를 모두 포함한다.

이 들은 종자 발아, 수확 및 저장에 이르기까지 농업 경영상 전 과정에 있어 농림작물의 생산 감소와 질적 저하를 야기한다. 주요 식물 병원(pathogen)의 종류 및 그 특성을 표 6.4에 정리하였다.

표 6.4 식물병원의 종류 및 그 특성

병의 원인	특 징	예
생물적 원인		
진균	식물병의 가장 대표적인 병	벼도열病
세균	약 180여종, 대부분 직경 0.3~1um의 간상	벼흰빛잎마름病
선충	길이 0.3~3mm의 선형동물	인삼뿌리혹病
바이러스	초광학현미경적 절대활물 기생체	감자잎말림病
바이로이드	RNA로만 구성	감자갈쪽病
비생물적 원인		식물병의 誘因이기도
토양	산성비, 토양수 부족 등	
기상	폭설, 우박, 벼락 등	
경작	농기구에 의한 상해, 약해 등	

6.3.2. 병해충의 방제

1) 생물학적 방제

곤충학자들은 식물을 먹이로 하는 곤충의 종류는 약 5만 여종 중 약 1% 정도가 심각한 위해를 주는 것으로 평가하고 있다. 나머지 99%는 농작물과 삼림에 나타나지만 그들은 천적 혹은 다른 자연 인자들에 의하여 조정되므로 상당한 피해를 줄 만큼 개체수가 많지 않은 것으로 알려져 있다.

생물학적 방제는 보다 통상적이고 광범위하다. 생물학적 방제는 해충보다 천적에 피해를 주어 소생과 2차 해충 발생에 영향을 주는 광범위 살충제의 사용을 금하고, 이미 존재하는 천적을 이용하거나, 해충이나 혹은 그와 밀접한 관계가 있는 종이 나타나는 서식처의 조사를 통하여 발굴한 새로운 천적을 이용하여 병해충을 방제하는 것을 말한다.

2) 유전학적 방제

대부분의 해충은 먹이로 하는 기주 범위가 제한되어 있어, 하나 혹은 몇 개의 관련된 기주를 먹이로 할 뿐이다. 이를 달리 해석하면 해충에 의해 피해를 입지 않는 생물 종들은 해충에 대한 저항 능력을 갖고 있음을 의미한다.

대부분의 과학자들은 해충에 저항성을 증대 시킬 수 있는 유전적 잠재력이 존재할 것이라고 생각하고 있다. 실제로 어떤 식물은 해충에 대한 화학적 방어력, 즉, 살충력을 가진 화학 물질을 생산하는 능력을 가지고 있다. 국화의 피레트럼, 담배의 니코틴, 열대작물인 데리스와 쿠베의 로테논 등이 그 예로, 이 들은 예로부터 추출, 분리되어 자연적 살충제로써 사용되고 있다.

유전학적 방제는 이렇게 해충에 대한 저항 능력을 보이는 유전 인자를 경제적 효용가치가 높은 농작물에 이식, 농작물 스스로 병해충을 방어할 수 있는 능력을 지닌 새로운 품종을 개발하는 개념이다. 유전학적 방제에는 이외에도 해충에 치명적인 유전자를 해충 자체에 주입시켜 해충 스스로 천적이 되게 하거나, 돌연변이 등의 기법으로 불임화시킨 수컷을 이용하는 것도 포함된다.

3) 문화적 방제

대부분의 농림산물은 하나 또는 많아야 몇 개 정도의 병해충에 의해 심하게 피해를 받는다. 문화적 방제는 특정 작물과 관련된 해충의 全 생활사를 파악, 이 들의 상호 유연 관계를 깨트릴 수 있는 방법, 예를 들면, 윤작, 검역에 의한 지리적 격리 등 해충에 불리한 환경을 조성하여 방제하는 비화학적 기술이다.

문화적 방제는 개개 농부, 정원사 또는 집주인 등의 방제를 위한 직접적인 노력 여하에 있다. 즉 개개 농업 종사자들은 과학자들이 저항성의 품종을 개발하거나 천적을 발굴하기를 기다릴 필요가 없다. 저항성 품종이 없거나 효과적인 천적이 없는 경우 문화적 방제 방법이 해충 방제의 가장 경제적인 것으로 알려져 있다. 더구나 재배 및 수확

시기, 물과 비료의 적절한 관리, 재배 적지의 선택 등 기본적인 문화적 방제 방법에 주의를 기울이는 것은 비용의 추가 소모없이 해충을 방제할 수 있는 경제적이고 효율적인 방법이다.

4) 천연 화학 물질을 이용한 방제

사람이나 동물의 체내 호르몬이 생명 현상의 모든 것을 조절하는 것과 같이 곤충도 애벌레에서 번데기, 번데기에서 성충 등 곤충의 한살이의 여러 단계는 곤충 체내의 호르몬에 의하여 조절된다.

항상 내부적으로 역할을 하고 특정 개체에만 영향을 미치는 호르몬과는 별개로 곤충은 다른 개체에 영향을 주는 화학 물질을 분비하는 데, 이를 'pheromone'이라고 하는 하며, 일종의 외부 호르몬이다. 성 유인 물질은 가장 잘 알려진 pheromone으로 암컷은 소량의 화학적 페로몬을 분비하여 수컷을 유인하고, 수컷은 안테나로 감지하여 그 발원지로 암컷을 찾아가 교미한다. 이러한 pheromone의 특성을 이용, 덫 기술 혹은 혼란 기술 등의 방법으로 해충을 방제한다. 덫 기술은 페로몬으로 수컷을 유인하여 덫에 걸리게 하거나 혹은 독을 넣은 먹이를 먹게 하는 방법으로, 혼란 기술은 인공 페로몬을 넓은 지역에 살포, 확산시켜 수컷으로 하여금 암컷을 찾지 못하게 하는 방법을 말한다.

5) 경제적 방제

일반적으로 자연적 방제 방법은 해충을 완전 박멸하는 것은 아니라는 것을 인식하는 것이 중요하다. 예를 들면, 천적은 그 자신이 살아가기 위해서 적은 양이지만 적절한 수의 해충은 필요하다.

해충 개체수와 그로 인한 농작물의 피해 정도 사이에는 상호 관계가 있다. 즉, 해충의 개체수가 증가할수록 농작물의 피해 정도 또한 커질 것으로 예상된다. 이와 같이 해충

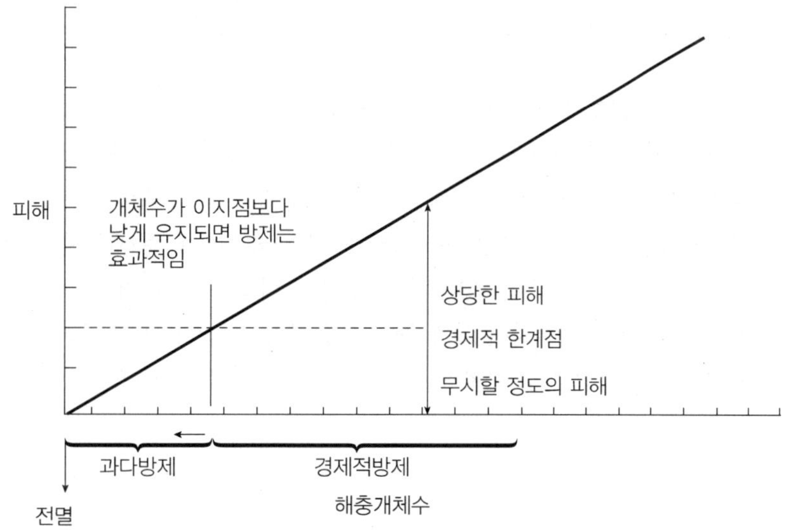

개체수와 농작물의 피해 정도 사이의 함수 관계를 비교, 분석을 토대로 세우는 방제 개념을 경제적 방제라 한다. 이 때, 피해 정도가 용인될 수 있는 정도에서 상당한 정도로 바뀌는 점을 '경제적 한계점'이라 한다. 따라서, 경제적 방제에서는 해충의 유무가 중요한 것이 아니라, 그 피해가 '경제적 한계점 이상이냐 또는 그 이하이냐'가 중요하다. 즉, 경제적 방제는 해충에 의한 피해를 '경제적 한계점 에 맞추는 것을 기본적인 개념으로 한다(그림 X). 해충의 개체수를 '경제적 한계점' 이하로 계속 낮추려는 노력을 '과다 방제'라 하며, 이에 드는 비용은 불필요한 것으로 경제적 방제에 있어 경계해야 할 사항이다.

6.4 종합적 방제

6.4.1 종합적 방제란?

천적의 이용이나, 유전학에 의한 저항성의 증대 등 각 방제법의 장, 단점 뿐만 아니라, 농작물과 해충의 생태에 관한 모든 정보를 고려한 여러 가지 조합으로부터 최적의 방제법을 도출하는 것을 말한다. 즉, 농작물과 해충의 생태, 생리적인 지식을 토대로 한 자연적 방제법과 농약을 사용하는 화학적 방제법 간의 균형있는 사용을 통하여 '경제적 한계점' 이하의 수준으로 해충수를 유지하는 개념으로, 해충을 박멸하는 것이 아니라 자연 생태계와의 조화로운 공존을 의미한다.

특히, 화학 살충제는 해충 개체수와 경제적 피해 사이를 정확히 이해하여 화학 살충제의 사용 여부를 결정해야 한다. 이와 같은 관점에서 볼 때, 해충 방제를 위해 화학 살충제의 사용이 어쩔 수 없는 선택일 경우, 종합적 방제는 살충제의 사용량을 최소화할 수 있는 이상적인 개념으로 생각되고 있다.

6.4.2 종합적 방제의 예

미국의 '지중해 과일 파리의 방제'를 그 대표적인 예로 들 수 있다. 지중해 과일 파리는 외관상 집파리와 비슷하게 생겼지만 200종 이상의 과일과 채소에 200~500개 정도의 알을 낳는 외래종으로 애벌레는 구더기 형태로 과일 속에 살면서 과일을 먹어치운다. 이 들은 번데기, 성충으로 성장하면서 매 4~5주마다 주기를 반복하며, 다른 과일 파리와 달리 익은 과일 뿐만 아니라, 재배 중의 미숙 과일과 채소도 공격하는 그야말로 全과정에 걸쳐 피해를 끼치는 해충 중의 해충이다. 이 지중해 과일 파리에 의한 피해를 막기 위해 미국에서 사용한 종합적 방제의 최적 조합중의 하나를 소개하면 표 6.5와 같다.

표 6.5 지중해 과일 파리의 종합적 방제의 한 예

항 목	목 적	조 치
문화적 방제	수입 농산물을 검사를 통하여 지중해 과일 파리의 유입 차단	해충의 흔적만 보여도 훈증소독
천연화학물질 이용한 방제	성유인제로 유인하여 1차 관문을 통과하여 들어온 소수의 지중해 과일파리의 유입 여부를 확인	확인되면 불임 수컷을 살포 성유인제 효과를 조사하여 data base化
생태적 방제	증식 장소를 제거하여 지중해 과일 파리의 개체수 확산 방지	과일 열매의 인위적 제거
화학적 방제	상기 방제 수단을 모두 통과한 지중해 과일 파리의 제거	적정량의 malathion 살포

6.5 농약 굴레로부터의 탈출

6.5.1 농약의 수레 바퀴란?

1938년 스위스의 곤충학자 폴 밀러에 의해 처음 합성된 DDT는 그 뛰어난 살충 효과와 광범위한 살충 spectrum으로 인하여 농약의 대명사로 1950년대를 풍미하였으나, 1970년대 들어서며 환경에의 위해성으로 인하여 사용이 금지되었다.

DDT의 사용 금지는 다른 유기 합성 화학 물질을 개발을 초래, 결과적으로 수백 개의 유기 합성 화학 물질들이 DDT의 뒤를 이었다. 이들 광범위 합성 살충제들은 환경 위해성이 DDT와 유사하여 '경성 농약'이라 불린다. DDT의 효과가 낮은 곳과 사용 금지된 곳의 방제에는 다른 경성 농약으로 대체되었다.

이제 우리는 자신들이 살충제의 쳇바퀴 속에 있음을 발견한다. 불행히도 이 쳇바퀴는 화학 물질의 사용과 해충의 방제 사이의 균형을 조정하지 못하고 있다. 해충의 저항력과 2차 해충 발생이 증가함에 따라 바퀴는 해충 문제의 증가 →화학 물질의 사용 증가 → 환경 위해의 증대 방향으로 돌고 있다(그림 6-2).

이러한 현상은 DDT에 국한되는 것은 아니다. 유기 염소계 화합물로 알려진 알드린과 디엘드린은 생물 농축이 심하고 동물에 암을 유발한다는 결정적 증거가 확보된 1974년까지 금지되지 아니하였으며, 뿌리 선충을 방제하기 위해 토양 훈증제 및 저장 곡물을 보호하기 위한 훈증 소독제로 사용해 왔던 에틸렌 디브로마이드의 경우에도 미국의 여러 주에 있는 우물에서 그 흔적이 나타나고, 밀 등의 농작물에 잔류하고 있음이 발견된 1984년까지 금지되지 아니하였다.

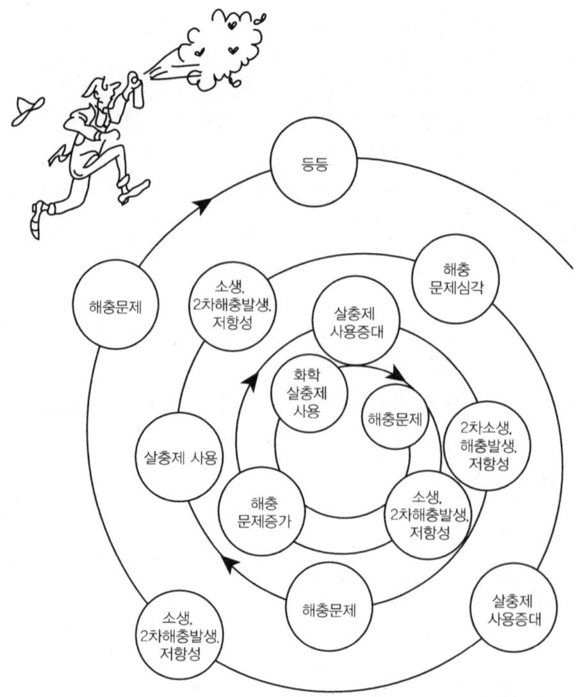

6.5.2 농약 굴레로부터의 탈출

살충제의 비극의 바퀴는 어쩔 수없이 환경과 인간 건강에 상당한 피해를 주고 있다. 다행히도 우리가 이미 본 바와 같이 여러 가지 환경적으로 건전한 자연적 방제방법들이 대부분의 해충 문제를 해결하기 위하여 함께 혹은 한 가지 방법으로 사용되고 있다.

살충제 딜레마의 가장 명백하고 간단한 해결 방법은 화학 살충제 사용을 최소화하고, 자연적 방제 방법을 사용하는 것이다. 불행하게도 이 해결 방법은 수 차에 걸쳐 주장되어온 것이지만 별 효과를 보지 못하고 있다. 사실 화학 살충제의 위해성은 약 20년간 알려져 왔지만 자연적 방제의 기본 원리는 그 보다 훨씬 더 오랜 동안 알려져 왔다. 20여년에 걸친 계몽에도 불구하고 경제적으로 건전한 해충 방제 방법의 사용에 대한 많은 진전을 보지 못하는 것은 참으로 안타까운 일이다.

인류로 하여금 생태학적으로 양질의 대안을 찾는 것을 막고 살충제라는 비극의 바퀴를 돌리게 하는 것은 무엇일까? 만일 우리가 상황을 바꾸어야 한다면 이 질문에 대한 대답을 찾아야 한다. 우리가 비극의 바퀴 때문에 곤경에 빠진 것은 이유는 해충에 대한 인간 행태와 농약 산업의 이익 동기와의 결합으로부터 연유한다.

소위 '백설공주 증후군'이라 부르는 것이 있다. 독이 들어 있는 사과를 받은 백설 공주와 같이 대부분의 소매상에서는 흠이 없는 사과만을 요구하고, 그를 위해 사용되는 농약의 부작용에 대하여는 생각하지 않는다. 이러한 인간의 요구 때문에 모든 벌레를 죽이는 강력한 광범위 살충제의 사용이 늘어난다. 살충제는 일정 기간 동안 해충을 방제한다. 늘어나는 농업 생산과 벌레로 인한 여러 가지 병의 방제는 성공적인 해충 방제에 크게 기여할 수 있다.

영농업자들은 광고, 잡지 또는 농약 판매 영업 사원으로부터 직, 간접적으로 살충제 사용을 강요당하고 있다. 영업 사원은 흔히 해충 방제 조언자로 불리나, 환경의 위해성을 고려하여 농약 사용을 줄이라 조언하게 되면 그들의 수입은 적어지는 명백한 이해의 혼란에 빠진다. 따라서, 그들은 가능한 한 농약을 많이 사용하도록 함으로써 수입을 최대화하려고 노력한다. 이러한 농약 회사의 사용 조장 분위기는 전체 농업계에 파급되어, 농약 산업계의 추천은 정부의 정책 결정 단계에도 그 영향을 미치게 된다. 전체적으로 보면 작물 생산자에게 도달되는 모든 해충방제 정보의 90%는 농약 제조업자에 의해 조작된다. 그리고 이러한 정보는 주로 과다 사용을 야기한다. 예를 들면, 농약 사용은 'A'라는 해충을 방제하기 위하여 'B'라는 농약을 5월 15일에 살포하라는 등 해충 피해에 대한 보증으로써의 월력을 통하여 추천되고 있다. 이러한 살포는 해충이 실제 나타났는지 작물을 조사해보지 아니하고 흔히 실시하게 된다. 불필요한 농약살포는 다만 해충의 소생과 2차 해충발생을 조장시키는 것 뿐이다. 그러나, 농약 제조업자는 이러한 문제를 걱정할 필요가 없다. 해충 문제의 증가는 농약 판매 및 이익을 증가시키는 것이기 때문이다. 보증 살포와 관련한 책략에 의해 농부들은 일반적으로 해충으로 인한 실제 경제적 피해를 고려하지 아니하고 해충이 처음 나타날 때 살포하도록 격려된다. 또한 농약 살포는 현존하는 천적이 그 문제를 해결할 수 있는 그 시기에 실시되는 경우가 허다하다. 불필요한 살포는 재차 소생과 2차 해충 발생을 조장시키게 되는 것이다. 이외에도 농약은 외관상 문제를 해결하기 위하여 자주 사용된다. 과일의 외관은 맛이나 영양분 저장 능력과 아무런 관계가 없으나, 소비자들은 흔히 외양과 질을 같이 보는 경향이 있어 잘생긴 과일을 더 선호하는 것이다.

정리해 보면, 벌레 먹지 아니한 과일과 채소를 선호하는 시민들과 해충에 의한 손해를 두려워하는 농민들, 살충제의 생산과 판매에 있어 이익을 계속 얻고자 하는 농약 회사 및 장기적 효과보다는 단기적 결과를 바라는 사람들 사이에서 농약의 충분한 사용을 대체할 수 있는 방법은 없게 된다.

농약 없이는 작물 피해가 극심하여 상당한 굶주림이 발생할 것이라고 흔히 말하고 있다. 사실 농약 살포를 무조건 단념하면 특별한 작물에 상당한 손실을 초래할 수도 있다. 이와 같은 여러 가지 요인 때문에 우리는 알면서도 농약으로 인한 비극의 수레 바퀴를 계속 돌리게 되는 것이다.

우리가 배워야하는 것은 농약으로 인한 비극의 수레 바퀴와 모든 농약의 무조건 사용 금지 사이에는 여백이 있다는 것이다. 즉 농약 사용은 점차적으로 줄이고 환경 위해를 감소시키는 한편 자연적 방제 방법을 발견하고 개발하여야 한다. 일반적으로 해충 관리 프로그램에 대해 잘 훈련된 전문가들은 농약 사용을 약 50%를 감소 시킬수 있다는 것에

동의한다. 이러한 50% 절감은 불필요한 예방 살포, 해충 피해가 경제적인 한계점 아래에 있는 경우에 농약 살포 제한과 외관을 목적으로 한 농약 살포 제한 등에 의하여 달성될 수 있다. 자연적 방제 방법과 농약에 의하여 전도된 균형이 다시 조정되면 더 이상의 절감도 가능할 것이다. 이와 더불어 문화적 방제법도 도입되어지면 농약의 더이상 절감도 가능할 것으로 여겨진다. 농약 살포라는 화학적 방제에 밀려 거의 무시해 왔던 문화적 방제 방법의 장,단점을 다시금 새겨보아야 할 때라고 생각된다.

미국의 자연 체계 생물학 실험 센타는 16개의 유기농법 농장과 16개의 유사한 전통적인 농장을 옥수수 지대에 설치, 비교하여, 작물들은 농약을 사용하지 않고도 적당량 수확될 수 있는가에 대한 실험을 진행하였다. 윤작과 다른 문화적 기술에 의존하여 해충을 방제하는 유기농 농장과 농약을 사용하는 전통적인 농장의 생산성을 비교하였는 바, 단위 면적당 작물 생산량은 두 경우에 있어 실제적으로 같았다. 생산된 작물의 총 경제가치는 전통적인 농장이 농약으로 인해 단일 작물 경작이 가능하였고 그에 따라 다수확을 거두었기 때문에 높았다. 그러나 그 이익은 농약과 화학 비료 사용으로 상쇄되어 농민들의 순이익은 별로 다른 바가 없었다. 캘리포니아 산조킨 계곡의 목화 농장에서는 알팔파를 유인 작물로 혼재한 종합 관리 방법으로 통상적인 농약 사용보다 더 이익을 얻은 경우도 있었다. 종교적 이유로 농약을 사용하지 아니하는 암만파 기독교 농장의 생산성은 농약을 사용하는 농장의 것보다 높았다. 농약 비용이 증가함에 따라 미국 전

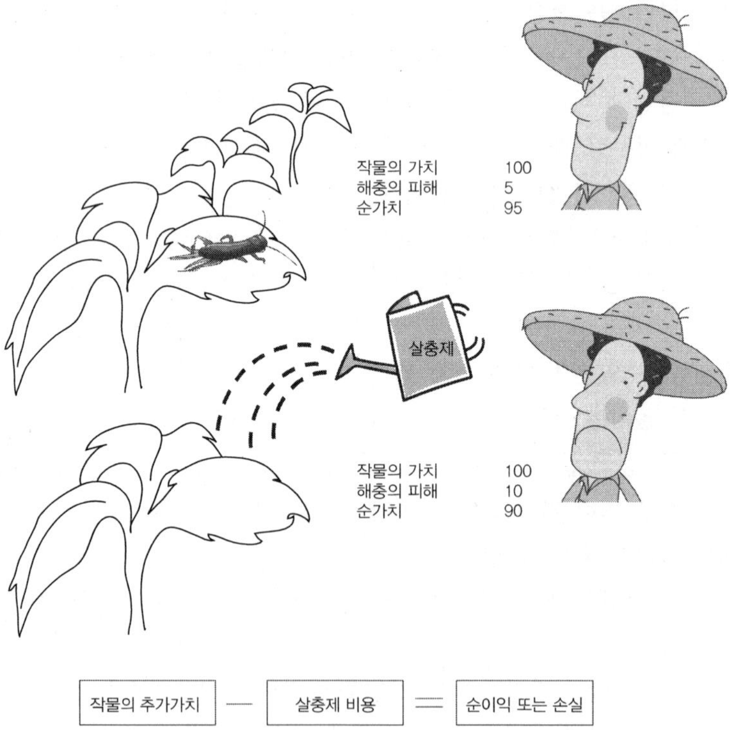

역에 수 많은 농부들은 예방 살포나 해충이 '경제적 한계점' 이하일 때도 살포하는 것은 잘못이라는 것을 알게 되었다. 다시 말하면, 농약 살포 비용이 해충으로 인한 손실보다 크다는 것이다. 작물 피해 비용 천원을 회복하기 위하여 농약비를 2천원 쓰는 것은 비경제적이다. 그러나 많은 농부들은 그림 X와 같이 농약 회사에 의하여 그렇게 하도록 선전을 받고 있다. 불행히도 많은 농부들은 아직도 만일 그들이 농약을 자유롭게 사용하지 아니하면 해충에 의하여 타격을 입을 것이며 다른 대안도 없다고 확신하고 있다.

농약 회사의 입장에서 보면 그들의 이익 추구를 위한 최선의 선택은 농약으로, 다른 실질적인 대안은 없는 것이다. 사실 천적, 문화적 방제법 그리고 유전적 방법으로 해충을 방제할 수 있으나, 그러한 방법들은 농약 회사의 이익을 발생시키지 아니하므로 바람직하지 못하다. 생물학적 합리 살충제, 유인 호르몬과 기타 호르몬 등의 생물 농약 역시 그 대상 해충과 살포 지역이 한정되어 있어, 즉, 시장 규모가 적어 대형 회사들은 그다지 매력을 느끼지 않는다. 자연적 방제를 반대하고 화학 농약을 선호하는 농약 회사들의 주장을 면밀히 검토, 그 들에 의해 창조된 편견을 극복할 수 있는 합리적인 대안이 절실히 필요하다.

우리는 '해충은 단지 해충일 뿐'이라는 인식을 버려야 한다. 즉, 해충 역시 생태계의 일원으로서 나름대로의 역할을 하는 생물체로 인정하는 것이 필요하다. 해충 전체를 근절시키고자 하는 우리의 노력은 자연 생태계의 균형을 깨트리는 결과를 초래하여, '농약이라는 비극의 수레 바퀴'로부터 탈출을 불가능하게 한다.

우리는 자연 공동체의 한 구성원이라는 겸허한 인식을 바탕으로 해충을 바라볼 때 비로소 이 근원적인 굴레로부터 벗어날 수 있을 것이다.

연습문제

1. 농약의 주 된 목적이 무엇일까?

2. 바람직하지 못한 상승효과에 대해 논하라.

3. 잔류 독성에 대하여 설명하라.

4. 기생벌이 해충 방제에 사용되기도 한다. 이 방법을 간략하게 설명하라.

5. 벼에 해를 끼치는 곤충들에 대하여 조사하라.

6. 생태계 파괴로 생길 수 있는 현상을 설명하라.

SECTION 03

인류와 환경문제

대기와 대기 오염

CHAPTER 07

7.1 대기

7.1.1 공기

지구는 여러 기체가 혼합되어 있는 대기로 둘러싸여 있다. 지표 부근에서 수증기를 제외한 건조공기의 성분은 그 부피백분율로 따져서 약 78%가 질소, 약 21%가 산소, 0.9%가 아르곤, 0.03%가 이산화탄소, 그리고 네온, 헬륨, 크립톤, 제논, 오존 등은 미량으로 존재한다. 대기의 이산화탄소 농도는 산업혁명 후에는 화학연료가 많이 사용되면서 계속 증가하는 추세이다. 오존은 지상에서 20~50km 높이에 다량 분포되어 있으며, 생체에 유해한 자외선 등을 차단하는 역할을 하고 있다.

대기의 성질은 높이에 따라 달라지므로 몇 개의 층으로 나누어진다. 지표에서부터 멀어짐에 따라 대류권, 성층권, 중간권, 열권으로 나눈다. 대류권이란 지표면으로부터 고도 10~17km까지의 기층이며 대부분의 생명체의 활동 영역을 보호한다. 대류권의 위층을 성층권이라 하는데, 오존층이 포함되어 있어 생명체에 치명적인 자외선 등이 지표에 도달하지 못하게 한다. 중간권의 상부 고도 약 50~400km에는 전리층이 존재하며 장거리 무선통신에 이용된다.

7.1.2 허공에 뜨는 공기

공을 공중에서 놓으면 땅에 떨어진다. 돌이든 쇳덩어리든 솜이든 받치는 것이 없으면 공중에 뜰 수 없다. 바람과 상승기류가 없으면 새의 깃털이라도 아래로 떨어진다. 더 작은 빗방울과 눈송이조차도 마치 서로 다투는 것처럼 먼 하늘에서로부터 땅에 떨어진다.

그런데 공기 분자는 왜 눈송이처럼 내려서 땅에 쌓이지 않는가? 분자는 가볍기 때문이라고 할지 모르나 아무리 가벼워도 무게는 0이 아니다. 따라서 공기 분자는 중력에 끌려 지상에 낙하해야 한다.

공기 분자는 아르키메데스의 부력 원리로 떠있다고 반론할지도 모른다. 눈앞의 공간에 어떤 일정 부피의 공기를 생각해보자. 액체의 경우와 마찬가지로 공기 분자는 주위의 기체로부터 부력을 받고, 다시 그 부력이 중력과 균형 잡히므로 낙하하지 않는다.

그러나 공기 분지 하나하나는 실은 진공 중에 있는 입자이다. 그렇다면 왜 그 입자가 진공 중에 떠 있고 중력의 법칙에 따라 땅에 떨어지는 일이 없는가? 공기 분자는 낙하하지만 도중에서 아래에 있는 공기 분자와 충돌하여 다시 위로 올라간다고 주장할지 모르겠다. 그러나 위에 올라가도 다시 같은 정도의 충돌이 있을 것이며, 시간이 지나면 공기층 전체가 점차 아래로 쌓인다고 생각되지 않을까?

그런데 지금보다 옛날이 공기가 희박했다는 노인네들의 얘기도 들은 적이 없고, 언젠가는 공기층이 꽉 얼어붙을 것이라고 정색으로 말하는 사람도 없다.

7.1.3 공기 분자는 하늘 높이 떠오른다.

물체가 떨어진다는 것을 좀 더 캐 들어가 보자. 물체는 높은 곳에 있으면 위치 에너지가 크고, 낮은 곳에 있으면 작다. 그리하여 받치는 것이 없으면 물체는 위치 에너지를 줄이려 한다. 그 때문에 지구 주위에서는 낙하라는 현상이 일어난다. 큰 위치 에너지를 작게 하려는 것은 낙하 현상에서 뿐만 아니다. 늘어난 고무줄과 용수철은 줄어들려 하고 끌어당긴 활을 놓으면 금방 제자리로 돌아간다.

이렇게 생각하면 자연계에 존재하는 것은 받침이 없는 한 항상 위치 에너지가 감소하는 방향으로 향하고 있는 것 같이 생각된다. 그렇다고 하면 공기 분자는 역시 땅에 떨어져야 마땅하다.

여기서 우리가 이미 알고 있는 사실「많은 입자로 된 체계에서는 입자의 조합수가 가장 많은 상태가 실현된다.」는 것을 다시 상기해보자. 길쭉한 용기 속에 10개의 부피가 같은 작은 방을 만들었다고 가정해보자. 이 용기를 상하 방향으로 세워놓는다. 10개의 구슬을 10개의 방에 넣는다고 하자. 위치 에너지를 전적으로 도외시 한 경우 10개의 구슬은 10개의 방에 어떻게 들어갈까? 아래로부터 세 번째 방에 9개가 들어가고 나중 1개는 위로부터 두 번째에 들어간다거나, 6개가 아래로부터 네 번째 방에, 남은 4개가 위로부터 세 번째라든가, 그밖에 각가지 경우를 생각할 수 있을 것이다.

7.1.4 기호를 쓰는 계산

너무 깊이 생각하면 혼란이 올지 모르므로 다음 두 가지 극단적인 예를 비교해 보자.

① 10개 전부가 맨 아래 방에 들어간다.

② 각 방에 1개씩 들어간다.

①의 경우에는 가능성이 한 가지이다. ②의 경우에는 어느 방에 어느 구슬이 들어가는가 하는 조합 수는 대단히 많다. 10개의 구슬을 10개의 방에 넣는 경우는

$$10\times9\times8\times7\times6\times5\times4\times3\times2\times1 = 3,628,800$$

라는 큰 수가 된다. 1에서 10까지 곱한 기호를 10!이라고 쓰고 이것을 10의 계승이라 부른다. 이렇게 배치된 수를 수학에서는 순열이라고 한다.

만일 상자 속 구슬이 높은 곳에 있든 낮은 장소에 있든 에너지 차이가 없다고 하면 구슬은 한 방에 모이는 것보다도 10개 방에 1개씩 나눠진다. 균등하게 나눠지는 편이 몰리는 것보다 훨씬 큰 확률을 가지기 때문이다.

기체 분자는 구슬과 달라 개똥이라거나 떡쇠 같은 개성을 갖지 않으므로 똑같이 논할 수는 없지만, 경우의 수의 다과를 이해하는 데는 구슬의 예와 같이 생각해도 나쁘지 않다. 따라서 에너지를 무시하면 기체 분자가 지상에 쌓이는 것은 많은 화투가 우연히 전부 앞이 나오는 것과 같이 어려운 일이다. 분자가 상공에까지 같은 밀도로 부유하는 쪽이 훨씬 실현하기 쉽다.

물론 공간은 용기와 달라 천장이 없다. 위치 에너지를 생각하지 않으면 공기는 고른 밀도가 되어 대단히 높이 올라가 지구 표면은 거의 진공이 되어 버릴 것이다.

7.1.5 타협할 문제

지금까지의 논의에서 모순되는 두 가지 사항에 부딪친다.

① 공기 분자는 될 수 있는 대로 위치 에너지를 작게 하고 싶어 한다. 그 때문에 지상에 쌓이는 것이 최상 책이다.

② 많은 입자로 되어 있는 체계는 실현되는 확률이 가장 큰 상태가 되려 한다. 그러기 위해서는 공기 분자는 대단히 엷게 고른 밀도로 훨씬 상공까지 퍼지는 것이 바람직하다.

실제의 공기 분자는 이 두 법칙 사이에 낀다. 이쪽 얼굴을 세워주면 저쪽이 곤란해져서 결국 두 법칙 체면을 세워, 쌓이지도 않고 그렇다고 해서 상공까지 고르게 될 수도 없고 관측되는 것 같이 아래쪽은 진하고, 위는 엷게 분포하게 된다.

7.2 공기의 순환

7.2.1 질소순환

생태계에서 질소는 대기 중의 유리질소를 비롯하여, 질산, 요소, 암모니아 등의 구조가 간단한 화합물로부터 단백질, 핵산 등 구조가 복잡한 것까지 수많은 물질에 함유되어 있고, 이들 물질이 서로 관련을 가지고 있으므로 질소가 순환하고 있는 것으로 생각되어 진다. 생명체가 대기 중의 질소를 이용하기 위해서는 질소고정에 의하여 다른 원소들과 결합해야 한다. 이 질소고정에는 자연적인 질소고정과 인위적인 질소고정이 있고 자연적인 질소고정에는 번개 등에 의하기도 하지만 더 중요한 것은 질소고정 세균을 비롯하여 일부의 조류, 뿌리혹박테리아 등에 의한 암모니아를 만드는 과정이다. 암모니아를 출발물질로 하여 아미노산, 단백질 등이 합성되며 또한 산화되어 아질산, 질산으로 변화하여 생체에 필요한 음이온을 제공한다. 인위적인 방법에는 질소에서 암모니아를 만드는 Haber법과 암모니아를 산화하여 질산을 만드는 Ostwald법이 개발되어 비료 사용의 증가로 곡물 생산량이 증가하고 있다. 물과 공기를 오염시키는 부작용도 있고 살상무기인 화약의 생산에도 사용되기도 한다. 흑색화약은 초석, 황, 숯을 분말로 잘 분쇄하여 혼합시켜 제조한다. 그 외에도 TNT (1,3,5-trinitrotoluene), 다이너마이트, 니트로셀루로스, 면화약 등이 산업 현장과 전쟁에서 사용된다.

$$2N_2(g) + 3H_2(g) \rightleftarrows 2NH_3(g)$$
$$4NH_3(g) + 7O_2(g) \rightleftarrows 4NO_2(g) + 6H_2O(g)$$
$$3NO_2(g) + H_2O(l) \rightarrow 2HNO_3(aq) + NO(g)$$

7.2.2 탄소순환

탄소는 다이아몬드나 흑연 등의 단체물질로서, 또는 탄산염, 이산화탄소, 그리고 단백질·탄수화물·지질 등의 유기물 등으로 지구상에 존재하며 생물이나 사람에 의하여 그 형태가 변화되어 순환하고 있다. 녹색식물이나 일부 세균 등은 공기 중의 이산화탄소를 흡수하여 탄소동화작용에 의해서 유기물을 합성한다. 합성된 각종 유기물은 생물체를 구성하는 외에 생물체의 활동에너지원이 되거나, 대사의 중간체가 된다. 그 외의 생물들은 합성된 유기물을 이용하고 있다. 유기물들은 생체 내에서 산화되어 에너지를 발생하며 이산화탄소가 되어 몸 밖으로 방출된다. 또 생물체를 구성하는 유기물은 생물이 죽은 후, 부패하여 이산화탄소로 변한다. 따라서 이산화탄소의 양은 일정하게 유지되어 왔는데 산업혁명 후에는 화석연료의 사용이 급증하여 이산화탄소가 증가하는 추세에 있다.

7.2.3 기온역전

날씨가 맑은 밤에 지표면의 열이 식어서 지표면 근처의 공기가 그 위의 공기보다 낮아지는 현상을 말한다. 즉 위로 올라 갈수록 기온이 상승하는 현상을 말한다. 아래쪽의 찬 공기가 위에 있는 따뜻한 공기에 의해 안정화되어 공기의 수직 흐름이 없어져 오염물질들이 쌓이게 되어 지상에서의 대기오염이 심해지므로 유의해야 한다.

7.3 대기오염

자연적 특히 인위적으로 발생한 오염물질에 의하여 대기의 조성이 변하고 질이 나빠지면 인간과 동식물의 생활 활동에 나쁜 영향을 미친다. 대기오염은 화산의 분출물이나 모래먼지 등에서 발생하기도 하지만 화석원료의 연소, 폐기물 등에 의하여 더 많이 발생한다. 배출된 오염물질은 대기 중에서 이동하거나 확산되는데, 기온이 역전되거나 풍속이 떨어지면 오염물질이 모여서 심각한 대기오염이 발생하기도 하고 배출된 오염물질이 강풍 때문에 다른 장소로 이동하여 오염을 일으키고, 이동되는 도중에 광화학반응이 일어나기도 한다.

표 7.1 주요 대기 오염 물질

오염물질	분자식	오염원	인체의 영향	환경의 영향
일산화탄소	CO	자동차	산소 공급 방해로 인한 여러 증상 및 사망	약간
탄화수소	C_nH_n	자동차, 공장 유기용매	마취효과 발암물질(방향족 화합물)	알데히드, PAN의 전구체
황산화물	SO_x	발전소, 제철소	호흡기관 자극	곡물 생산 감소 산성비의 원인
질소 산화물	NO_x	발전소, 자동차	호흡기관 자극	곡물 생산 감소, 오존과 산성비의 원인 광화학 스모그
미립자		공장, 발전소, 농장, 건설 현장 등의 먼지	호흡기관 자극 발암물질 중금속 함유	시야 장애
오존	O_3	NO_2에서 생성	호흡기관 자극	곡물 생산 감소 고무 제품 손상
납	Pb	자동차, 제철소	신경계에 유독	모든 생명체에 유독

현재의 대기오염은 국지적인 문제가 아니고 전 세계적이므로 대책 수립에 전 세계가

협력해야 한다. 매연, 황산화물, 질소 산화물, 카드뮴, 납, 베릴륨, 브로민 등의 유해물질의 배출에 엄격한 기준을 만들어 규제해야 하며. 화석연료의 질을 향상시키는 등의 노력이 절대적으로 필요하다. 자동차에서 나오는 황산화물, 질소 산화물 등은 청정연료를 사용하고, 내연기관의 효율을 높이며 배출장치에 배출량을 감소하게 하는 촉매의 사용을 의무화 하면 많이 감소하게 할 수 있다.

7.3.1 기체 화합물의 물리화학적 특성

대기오염물질 가운데서 기체 화합물로는 오염원에서 배출되는 1차 오염물질과 그들이 대기 중에서 여러 가지 반응에 의하여 생성되는 2차 오염물질이 있다. 우리의 건강에 영향을 미치는 1차 오염물질로는 주로 이산화황 (SO_2) 등의 황산화물 (SO_x), 일산화질소 (NO) 등의 질소산화물 (NO_x), 이산화탄소 (CO_2), 일산화탄소 (CO), 탄화수소(HC) 등이 있고, 2차 오염물질로는 탄화수소와 질소산화물에 강한 자외선이 작용할 때 일어나는 광화학반응에 의하여 만들어지는 오존, PAN (peroxyacetyl nitrate) 등을 함유한 광화학 산화물질 등이 있다.

1) 탄소산화물 (CO_x)

탄소산화물이라는 용어는 질소산화물이나 황산화물과는 달리 잘 사용되고 있지 않고 있지만 오염물질의 분류상 사용하려고 한다. 대부분의 사람들이 알고 있듯이 탄소산화물에는 일산화탄소와 이산화탄소가 속하며 화석연료가 연소될 때 대기 중에 배출되어 환경을 오염시킨다. 일산화탄소는 주로 화석연료가 불완전하게 연소할 때 발생하며 특히 자동차의 배기가스에서 많이 배출되므로 차량의 급증과 함께 주요 대기오염 물질의 하나로 부각되고 있으며 제련소, 석유화학공장, 야금 공장 등에서도 많이 배출된다. 이산화탄소는 대기 중에 약 0.03% 정도 존재하며 광합성에 필요한 물질이나 산업혁명 이후로 농도가 급격히 증가하여 온실효과에 의한 지구온난화의 원인 물질로 지목되어 화석연료의 사용을 규제하는 움직임이 활발해지고 있다. 이산화탄소는 자동차 이외에도 석탄, 석유 또는 천연가스 등의 화석연료의 연소, 산림의 화재, 그리고 동식물의 호흡 등에 의하여 배출되며 바다에 흡수되어 순환하거나 광합성을 하는 녹색식물, 미생물에 의해 흡수된다.

a) 일산화탄소 (CO)

일산화탄소는 색과 냄새가 없으며 아주 안정하여 대기 중에서 2~4개월 정도 존재한다. 일산화탄소는 산소보다 아주 잘 적혈구에 주성분인 헤모글로빈과 결합하므로 산소의 결합을 방해한다. 표 4.2에 나타난 것처럼 일산화탄소는 인체에 아주 심각한 영향을 주며 심하면 사망하기도 한다. 또한 일산화탄소와 결합한 헤모글로빈은 산소와 결합한 헤모글로빈에서 산소가 해리되는 것을 방해하여 세포에서 포도당의 산화가 일어나지 않게 한다.

표 7.2 일산화탄소가 인체에 미치는 영향

공기 중 CO 농도	노출시간	미치는 영향
8 ppm	1 month	우리나라 월평균 허용농도
9 ppm	8 hrs	단기간 노출 허용 최대 농도
20 ppm	8 hrs	단기간 대기환경 기준 최대 농도
35 ppm	8 hrs	노출 허용 최대 농도
50 ppm	6 wks	두뇌에 구조적 변화 초래
50 ppm	50 mins	시력의 예민성과 휘도에 변화 초래
50 ppm	8~12 hrs	정신 운동 장애 초래
200 ppm	2~3 hrs	두통, 어지러움, 피곤을 느낌
400 ppm	3 hrs	두통과 생명에 위협
800 ppm	2 hrs	2 시간 내 의식 불명과 사망
1,600 ppm	1 hr	1 시간 내 의식 불명과 사망

b) 이산화탄소 (CO_2)

이산화탄소는 분자량이 44. 끓는점이 -78℃, 녹는점 -56.5℃, 비중 1.53이고 상온에서 색과 냄새가 없다. 낮은 온도에서는 고체가 되며 드라이아이스로 사용되고 있다. 설탕물에 녹인 것은 비만의 원인이며 치아에 좋지 않음에도 불구하고 탄산음료로 많이 애용되고 있다.

이산화탄소는 생물의 호흡에 의하여 발생하며 광합성에 의하여 소비되어 최근까지는 방출과 소비가 균형이 이루어져왔다. 그러나 산업혁명 이후에 화석연료의 사용량이 급증하여 배출량이 크게 증가하였고 경제활동의 여파로 열대림이 무분별하게 벌채되어 소비량은 줄어드는 추세이다.

대기 중에 방출된 이산화탄소는 지구에서 외계로 복사되는 적외선을 (12 ~ 18 μm) 흡수하여 지표에서 외계로 방출되는 에너지를 대기권 내에 보존하게 되어 지구의 평균 온도가 상승하는 온실효과를 일어나게 하며 따라서 지구는 계속 온난화되어 가고 있다.

2) 황산화물 (SO_x)

대기오염물질 중에서 환경에 가장 많은 영향을 미치는 물질 중의 하나인 황산화물은 각종 연료를 태울 때 발생하며 이산화황 (SO_2), 삼산화황 (SO_3), 아황산 (H_2SO_3), 황산 (H_2SO_4), 황산구리 ($CuSO_4$), 황산칼슘 ($CaSO_4$), 황산마그네슘 ($MgSO_4$) 등을 포함한다. 석탄과 석유는 0.1~0.5% 이상의 황이 함유되어 있고 이들 연료가 연소할 때 SO_2와 SO_3가 발생한다. SO_2와 SO_3의 발생률은 40~80 : 1로 만들어진다. 이산화황은 연소가 되지 않고 색이 없는 기체이며 대기 중에서 맛을 느끼기 위해서는 0.3~1 ppm, 냄새를 느끼기 위해서는 약 0.5 ppm 이상의 농도가 되어야 한다. 이산화황의 일부는 산화되어 삼산화황, 황산으로 변하기도 하고 대기 중에서 광화학 촉매에 의하여 황산염으로 변할 수도 있다. 아황산염은 대기 중의 입자물질, 탄화수소 (HC, Hydrocarbon), 수증기와 함께 가장 심하게 대기오염에 영향을 미친다.

우리나라에서의 인위적인 이산화황의 배출원은 크게 점오염원, 이동오염원, 및 지역오염원으로 분류할 수 있다. 점오염원은 산업시설에서 배출되는 것으로 연료의 연소과정에서 배출되는 경우와 공정과정에서 배출되는 경우로 구분할 수 있으며 연료의 연소에 의한 것이 90% 이상을 차지한다. 자동차와 같은 이동배출원은 점오염원에 비하여 배출량은 적으나 SO_2를 지상 가까이에서 배출하므로 환경에 미치는 영향이 크다.

황산화물은 다음과 같은 각종 반응으로 2차 오염물질을 만들기도 한다. 이산화황과 삼산화황은 대기 중의 수증기와 반응하여 아황산과 황산을 만든다.

$$SO_2 + H_2O \longrightarrow H_2SO_3$$
$$SO_3 + H_2O \longrightarrow H_2SO_4$$

SO_2는 광화학 반응이나 촉매반응에 의하여 다른 대기 오염물과 반응하여 SO_3, H_2SO_4, 기타 황산염 등의 이차오염물질을 생성한다.

$$2SO_2 + O_2 \xrightarrow[\text{촉매반응}]{} SO_3$$
$$SO_3 + 2H_2S \xrightarrow[\text{촉매반응}]{} 3S + 2H_2O$$

또한 금속산화물과 반응하여 황산염을 만든다.

$$4MgO + 4SO_2 \longrightarrow 3MgSO_4 + MgS$$

3) 질소산화물 (NO_x)

기체상태의 질소산화물에는 N_2O (산화이질소), NO (일산화질소), N_2O_3 (삼산화이질소), NO_2 (이산화질소), NO_3 (삼산화질소), N_2O_5 (오산화이질소) 등이 있다. 대기 중에는 산화이질소, 일산화질소 및 이산화질소가 상당히 많이 존재하며 산화이질소는 색과 냄새가 없고 마취성이 있는 불활성 기체이므로 환경에 영향을 미치는 질소산화물은 일산화질소와 이산화질소이다.

일산화질소는 색과 냄새가 없지만 방출되면 곧 산화되어 더 유독한 적갈색의 이산화질소로 변하므로 대기오염통제에 중요한 역할을 하는 물질이다. 이산화질소는 적갈색의 기체로 대기 중에 1ppm 이상 존재하면 육안으로 볼 수 있다. 그리고 광화학 스모그를 만드는 원인물질이다.

a) 질소산화물의 광화학반응

이산화질소가 태양빛을 받으면 빛에 의해 분해되어 오존이 만들어진다.

$$NO_2 + h\nu \rightarrow NO + O$$

$$O + O_2 + M \rightarrow O_3 + M$$

여기에서 M은 질소나 산소 또는 제 3의분자인데 여분의 진동에너지를 흡수하여 생성된 오존 (O_3)을 안정화시킨다. 생성된 오존은 일산화질소와 반응하여 이산화질소를 다시 만든다.

$$O_3 + NO \rightarrow NO_2 + O_2$$

위의 세 반응만이 일어나는 계의 역학을 생각해 보자. 초기 농도가 $[NO]_0$과 $[NO_2]_0$인 일산화질소와 이산화질소가 일정한 온도에서 부피가 일정한 반응조에서 빛에 노출된다고 가정하자. 빛을 받기 시작한 후의 이산화질소의 농도 변화 속도는 다음 식으로 표시된다.

$$\frac{d[NO_2]}{dt} = -k_1[NO_2] + k_3[O_3][NO]$$

산소분자의 농도가 일정하면 계에 이산화질소, 일산화질소, 산소 원자와 오존만이 존재한다. 일산화질소, 산소 원자 및 오존에 대해서도 이산화질소의 경우와 유사한 역학식을 만들 수 있다. 산소원자 농도, [O]에 대한 역학식은 다음과 같다.

$$\frac{d[O]}{dt} = k_1[NO_2] - k_2[O][O_2][M]$$

산소 원자처럼 반응성이 큰 물질은 유사정상상태(pseudo-steady stste approximation, PSSA) 에 있다고 하며 생성속도가 소멸속도와 동일하다고 가정한다. 즉 $k_1[NO_2] = k_2[O][O_2][M]$이 된다.

그러므로 산소 원자의 농도는 다음 식으로 주어진다.

$$[O] = \frac{k_1[NO_2]}{k_2[O_2][M]}$$

산소 원자의 농도는 이산화질소의 농도에 영향을 받는다. 정상상태에서의 오존 농도는 다음식에 의하여 구해질 수 있다.

$$[O_3] = \frac{k_1[NO_2]}{k_3[NO]}$$

오존 농도 계산식은 이산화질소 농도 계산식, 산소 원자 농도 변화식 및 산소 원자 농도 계산식을 정상상태에서 분석하며 얻어졌으며 광정지상태 (photostationary state relation) 관계로 명명되었다. 정상상태에서의 오존 농도는 이산화질소와 일산화질소의 농도비 ($\frac{[NO]_2}{[NO]}$)에 비례한다.

b) 배기가스 중의 산화질소 제거반응

연료로 사용되는 석유가 연소되어 발생하는 배가가스 중의 산화질소(NO_x)의 생성원인에는 두 가지가 있다. 석유에 포함된 질소화합물의 연소에 의하여 발생하기도 하지만 공기 중의 질소가 연소되어 발생하기도 한다. 따라서 산화질소는 연소되는 과정에서 제거되어야 한다. 산화질소(NO_x)에 일반적으로 NO, NO_2, N_2O, N_2O_3, N_2O_4 및 N_2O_5 등이 포함되며 그 중에서 NO와 NO_2의 양이 가장 많고 중요하다. NO는 색, 냄새가 없는 독성기체이며 NO_2는 황갈색을 띠는 독성기체로 대기 중에 있으면 기관지염, 호흡장애, 안질 등을 일으키기도 한다. 또한 수증기와 결합하여 산성비가 되어 내리거나 태양빛에 의한 광화학반응을 일으켜 광화학(LA)스모그를 생성한다. 다양한 산화질소 제거방법들이 사용되고 있지만 삼원촉매(Pt/Rh/Pd)를 사용하는 방법이 개발되어 현재 사용되고 있으며 계속 개선이 이루어지고 있다.

7.3.2 석탄의 탈황공정

석탄에 존재하는 황화합물을 연소하면 이산화황이 만들어지고 이 물질은 산화되어 삼산화황으로 변환된 후 공기 중 수증기와 반응하여 강산성인 황산이 되므로 산성비의 원인이 되고 또한 기계설비에 해롭다.

$$S + O_2 \rightarrow SO_2$$
$$SO_2 + O + M \rightarrow SO_3 + M$$
$$SO_3 + H_2O \rightarrow H_2SO_4$$

M은 에너지 흡수물체이다.

석탄 중의 황은 무기 황과 유기황의 형태로 존재하고 있다. 무기 황은 주로 황화철(FeS_2)이며 밀도차를 이용한 부유선광법으로 제거할 수 있다. 석탄의 밀도는 약 1.3g/cm^{3}이며 황화철(FeS_2)의 밀도는 5.0g/cm3이다. 적당한 밀도의 용액에 세제를 가하면 석탄은 뜨고 나머지 불순물들은 가라앉으므로 분리할 수 있다. 유기황은 황이 석탄화합물에 화학적으로 결합되어 있으므로 화학적 방법을 이용하여 제거해야 한다. 석탄을 가스나 액체로 전환하는 과정에서 제거할 수 있다.

황화합물을 화학적으로 제거하는 방법에는 120℃ 이하에서 황화합물을 유기 용매나 염기 수용액에 흡수시켜 제거하는 습식공정이 주로 사용되고 있지만 석탄을 기체로 변환시켜 생성된 석탄가스의 경우에는 400℃ 이상에서 가동되는 고온 건식 공정이 필요하므로 지금 활발히 연구되고 있다. 습식탈황법에는 화학흡수법, 물리적 흡수법, 혼합법이 있고 대부분 흡수 탑과 재생 탑의 2개의 반응기를 가지고 있다.

화학흡수법에서는 황화수소 H_2S 등의 산성기체와 반응하는 흡수 액으로 제거한 후에 온도, 압력 변화과정을 통하여 흡수 액을 재생한다. 물리적 흡수법과 비교하면 CH_4, CO, H_2, 분자량이 큰 탄화수소 등이 소모되지 않게 하며 고효율의 정제가 가능하고 용매가격이 싸다는 등의 장점이 있다. 물리적 흡수법 고압상태에서 산성기체가 유기용매에 물리적으로 용해되는 성질을 이용하는 방법이며 산성기체의 분압이 높거나 양이 많을 때 유효하게 처리할 수 있다. 흡수 액의 흡수력이 우수하며 용매 순환 량이 적고, 압력강하에 의해 재생이 일어나므로 재생할 때 적은 에너지가 필요하며 H_2S의 선택적 흡수가 가능하다는 등의 장점이 있다.

고온건식법은 철계, 구리계, 아연계, 티타늄계, 칼슘계 등의 고체 (미립자, 펠렛형)로 이루어진 탈황제에 300℃이상으로 가열된 석탄가스를 통과시키면서 가스 중의 황화물이 탈황제에 흡착되게 하여 제거하는 방법이다. 흡착된 탈황제는 공기, 수증기, 이산화탄소 등으로 재생하며 탈착된 황화물은 원소 황이나 황산으로 변환하여 회수한다. 전체 공정은 흡착장치, 재생장치, 원소 황이나 황산 처리 장치로 이루어진다.

7.3.3 석유의 탈황공정

석탄과 마찬가지로 석유에도 황성분이 포함되어 있으므로 연료 또는 화학공업에 사용하기 전에 미리 황을 제거해야 한다. 석유에 들어있는 유기황물질들을 고온, 고압에서 촉매상에서 반응시켜 황화수소 (H_2S)로 변환시켜 제거한다. 황성분을 제거하면 석유의 부가가치가 높아지며 또한 산성비의 원인인 황산화물 (SOx)의 발생을 방지하며 황산에 의한 반응장치와 고가의 귀금속 촉매의 부식을 막아 수명을 연장시킬 수 있는 점 등의 장점이 있다. 황성분의 제거반응에는 다음과 같은 반응들이 있다.

RSH(mercaptans): $RSH + H_2 \rightarrow RH + H_2S$

R_2S(sulfides): $R_2S + 2H_2 \rightarrow 2RH + H_2S$

RSSR(disulfides): $RSSR + 3H_2 \rightarrow 2R_H + 2H_2S$

C_4H_4S(thiophenes): $C_4H_4S + 4H_2 \rightarrow C_4H_{10} + H_2S$

황성분의 제거반응에는 주로 코발트/몰리브데늄 산화물 또는 니켈/몰리브데늄 산화물이 담지된 알루미나가 사용된다.

7.3.4 스모그

도시와 산업지대의 매연과 오염물질이 대기에 모여 안개 모양의 기체가 된 것이며, 영어의 'smoke'(연기)와 'fog'(안개)의 합성어이다. 스모그가 도시나 산업지대에서 발생하면 시계가 나빠지고, 인체에 해를 준다. 이 용어는 산업혁명 후 석탄소비량이 늘어났을 때부터 생겼는데, 1872, 1952, 1956, 1957, 1962년 런던에서 대규모의 스모그가 발생하여 사망자가 많이 생겼다. 19세기 중엽부터 석유가 널리 이용되자, 석유에 의한 오염도 커졌다. 특히 제2차 세계대전 후에는 자동차 등의 내연기관이 가솔린, 중유를 쓰게 되어, 석유의 연소에 의한 스모그가 큰 문제로 등장하였다. 석탄, 석유에 의한 스모그 중에서, 전자는 런던의 스모그로 대표되기 때문에 런던 스모그라 하고, 후자는 로스앤젤레스 스모그 (광화학스모그)라고 한다.

런던 스모그는 춥고 우중충한 날씨에 잘 발생하며 가정 난방의 배기가스가 원인이며 주요 오염물질은 일산화탄소와 황산화물이다. 로스앤젤레스형 스모그 (광화학 스모그) 맑고 건조한 날씨에 잘 발생하며 자동차의 배기가스 속에 함유된 올레핀계 탄화수소와 질소산화물의 혼합물이 태양광선에 의하여 생기는 광화학화합물이 원인이다. 로스앤젤레스형 스모그는 시정을 감소시키고, 눈, 코, 호흡기의 자극 증상을 일으키며, 식물성장의 장애요인이 된다. 한국의 대도시에서도 로스앤젤레스형 스모그와 같은 광화학스모그가 많아지고 있다. 원인이 인위적인 것임은 말할 나위도 없지만, 스모그가 일정 지역에서 오랫동안 머무는 것은 기상조건 때문이다. 이러한 조건은 첫째로 바람이 약한 것, 둘째로 지면 부근에서 기온이 역전하는 것 등이다. 이 두 가지 조건은 그 지역이 이동성 고기압에 감싸였을 때 이 권내에서 일어나는 일이 많으므로, 이러한 조건은 기압배치의 예상으로도 어느 정도 예측이 가능하다.

석탄에 함유된 황 성분이 연소되면 이산화황 (SO_2)과 삼산화황 (SO_3)이 생기며 수증기에 의해 황산 (H_2SO_4)이 스모그에 포함된다. 황산화물과 황산은 폐기종의 원인이 되며 또한 식물의 잎이 하얗게 변하고 반점이 생긴다. 농산물의 수확량과 질에도 악영향을 미친다. 그리고 산성비 생성의 원인이다. 석탄이나 석유에 함유된 질소 성분이 연소되거나 공기 중의 질소가 내연기관에서 연소되면 산화질소 (일반적으로 NOx라 표시)가 생성되며 광화학 스모그의 주원인이며 또한 산성비를 내리게 한다.

스모그를 방지하려면 화석연료 등에서 황이나 질소 성분 등을 제거해야 하며 연소시 나오는 유독물질들은 촉매를 사용하여 배출량을 줄이며 배출되는 유독기체나 매연을 적절한 장치를 이용하여 제거하여야 한다. 사용되는 장치에는 정전집진기, 백 여과기, 원심분리기, 습식 기체세정기 등이 있다.

7.3.5 오존

산소기체의 동소체이며 (O_3) 특유한 냄새 때문에 '냄새를 맡다'를 뜻하는 그리스어 ozein을 따서 명명되었다. 상온에서는 약간 청색을 띠는 기체이나, 액체가 될 때는 흑청색, 고체가 될 때는 암자색을 띤다. 상온에서 자발적으로 분해되어 산소가 되며 강한 산화력을 가지고 있다. 극장 , 학교, 병원 등에서 산소로 분해되는 성질을 이용하여 공기의 정화에 사용되며 살균작용에 의한 음료수 소독, 표백이나 유기화합물의 구조 결정 등에 사용된다. 지표 근처에 있으면 유해 물질이다. 폐부종이나 뇌출혈의 원인이며 고무제품의 수명을 단축시킨다. 농작물에도 심각한 영향을 미친다. 지상에서 20~25 km 고도에 20 km 두께로 비교적 농도가 높은 오존이 분포하는데, 이것을 오존층이품의 수명을 이 오존층에서 태양의 자외선을 흡수하표 근처에 지구의 생물은 자외선에 의한 피해를 막을 수 있다. 그러나 환경오염으로 인해 오존층이 서서히 파괴되고 있어 그 대책이 시급하다.

오존층은 약 10~50㎞ 고도에 위치하는 상부 대기층으로 많은 양의 오존이 존재한다. 성층권 오존은 산소분자가 태양으로부터 방출되는 강력한 자외선을 받아 두 개의 산소원자로 분해되면서 발생된 산소원자가 다시 산소분자와 결합하여 생성된다. 오존분자들은 태양의 강렬한 자외선을 흡수하여 지표면에 도달하지 못하게 하여 생명체들을 보호한다. 최근에는 프레온기체 등에 의해 오존층에 구멍이 생기는 현상이 심해지고 있어 대책이 시급하다.

오존층 파괴의 주된 물질은 '프레온'이라는 상표명으로 생산된 프레온가스 (CFCs)와 소화기에 사용되는 할론 (Hallon)가스 등이다. 프레온가스의 본래 명칭은 염화플루오르화탄소로 냄새도 없고 독성도 없으며 불에 타지도 않고 화하적으로도 매우 안정된 물질로서 냉장고, 에어컨 등의 냉매, 드라이클리닝 용제, 반도체나 정밀부품 세척제, 스프레이와 같은 분사제 등에 이용된다. 프레온가스는 탄소원자를 염소와 플루오린원자가 둘러싸고 있는 형태인데 자외선을 받으면 분해가 되면서 반응성이 큰 염소원자(Cl)를 방출하게 된다. 이 방출된 염소원자가 결합력이 약한 오존분자를 파괴한다.

$$CF_2Cl_2(g) + \text{자외선} \rightarrow CF_2Cl\cdot(g) + Cl\cdot(g)$$
$$Cl\cdot(g) + O_3(g) \rightarrow ClO\cdot(g) + O_2(g)$$
$$\cdot ClO(g) + O\cdot(g) \rightarrow Cl\cdot(g) + O_2(g)$$

염소원자 하나가 무려 10만개의 오존분자를 파괴하며 프레온가스가 일단 성층권까지 올라가면 오존층을 파괴하면서 최고 300년까지 머무를 수 있다. 남극지방의 겨울에는 얼음 덩어리와 함께 매우 찬 공기의 소용돌이가 만들어진다. 공기 중에 잇는 염화수소(HCl)와 염화질산 ($ClONO_2$) 이 얼음 덩어리 표면에서 반응하여 염소와 질산이 생기며 염소 분자는 자외선에 의하여 쉽게 염소 라디칼로 분해되므로 오존을 파괴한다.

오존층 파괴를 막는 가장 좋은 방법은 파괴물질인 프레온가스 등의 사용을 줄이고 대체물질을 개발하는 것이다. 국제적으로도 1987년 몬트리올 의정서에 따라 프레온가스의 사용을 2000년에는 전면 금지키로 하였다. 우리나라도 1992년 5월 27일 비엔나 협약과 몬트리올 의정서에 가입하여 프레온가스 감축계획에 적극 참여하고 있으며, 대체물질 개발에 온 힘을 쏟고 있다.

7.3.6 온실효과

대기를 가지고 있는 행성 표면에서 나오는 복사에너지가 대기를 빠져나가기 전에 흡수되어, 그 에너지가 대기에 남아 기온이 상승하는 현상이며 대기가 온실의 유리처럼 기능하기 때문에 온실효과라는 이름이 붙었다. 하지만 온실의 정확한 원리는, 땅이 태양빛을 흡수해서 온도가 상승한 후 그렇게 해서 데워진 공기가 확산되는 것을 유리가 막음으로써 온실 내부 온도가 상승하는 데에 있다. 그러므로 복사에너지 흡수가 원인인 대기의 온실효과와는 차이가 있다. 단 열에너지 자체가 외부로 확산되지 않아서 온도가 상승한다는 점에서 결과는 마찬가지다. 온실효과는 지구온난화의 주된 원인으로 알려져 있으며 금성의 온도가 470℃에 달하는 것도 금성 대기 중의 이산화탄소에 의한 온실효과 때문으로 추정된다.

지구에 대기가 존재하지 않으면 태양에서 받는 빛에너지를 그대로 다시 방출할 것이다. 이러한 이론에 따라 계산해 보면 지구 표면의 온도는 약 -20℃까지 떨어지게 된다. 현재 지구의 평균기온은 약 15℃ 정도이기 때문에 30℃가 넘는 차이가 나는데, 이 차이가 바로 온실효과 때문에 생긴다. 지구는 태양에서 에너지를 받은 후 다시 에너지를 방출하여 복사평형을 유지한다. 이 때 대기 중에 있는 여러 가지 온실기체는 태양에서 오는 짧은 파장의 빛은 잘 흡수하지 않는다. 하지만 지구가 방출하는 긴 파장의 빛을 흡수하여 그 에너지를 대기 중에 묶어 두게 된다. 이렇게 대기 중에 들어온 에너지는 기체 분자의 운동량을 증가시켜 대기의 온도가 상승한다. 즉 현재의 온난화 현상이 있기 이전에도 온실효과는 지구의 대기와 함께 항상 있어 왔던 현상인 것이다. 여기에는 수증기, 이산화탄소, 메테인 같은 온실기체가 관여하고 있으며 특히 수증기가 가장 큰 작용을 한다.

흔한 오해 중의 하나는 온실기체가 우주로 나가는 복사에너지를 감소시켜서 지구온난화가 일어난다고 생각하는 것이다. 실제로 온실기체에 의해 감소하는 지구의 복사에너지는 전체 복사에너지의 양에 비하면 매우 적어서 거의 0에 가깝다. 사실 현재 온난화가 일어나는 것은 대기 중에 붙잡혀 있는 에너지의 양 자체가 증가한데 그 이유가 있다. 이는 인구의 증가와 산업화 진행에 따라 이산화탄소, 탄화수소 등의 양이 과거에 비해 늘어난 것이 원인이다.

이산화탄소의 농도가 두 배로 증가하면 지구가 가지는 완충작용을 감안하더라도 적도지방의 연 평균 온도는 1.5~3℃ 정도로 상승할 것이며 중위도와 극지방의 기온 상승은 더 높아 지므로 대부분의 빙하가 녹아 해수면의 상승이 예상되며 빙하가 축소되면 지표면이 태양빛을 반사하는 정도가 낮아져 가온 상승이 더욱 가속화 될 것으로 예상되고 있다. 또한 기온이 상승하면 미생물의 활동이 활발해지며 따라서 병충해의 큰 피해가 예상되며 토양이 척박해지는 것이다. 최근에는 모기 , 바퀴벌레 등이 늦 가을인 10월말에도 활동하는 것으로 미루어 앞으로는 어쩌면 일년 내내 모기의 위협을 느끼며 불편하게 살지도 모르겠다. 이런 것들이 모두 우리가 자초한 일이다. 지금과 비슷한 속도로 기온이 계속 상승하면 100년 이내에 해수면이 수 미터 정도로 상승할 것이 확실하므로 관심 있게 지켜보아야 할 것이다.

7.4 개의 동굴

개의 동굴 이탈리아어로 말하면 크로타 델 카네 crota del cane 는 나폴리시 근처의 아냐노 호반에 있다. 이 호수는 주위가 약 3km이고 사화산의 화구에 물이 고여서 된 것이다. 동굴은 아주 특이한 성질을 가지고 있다.

이 동굴의 밑바닥으로부터 희박하여 붙잡기 어렵고 미적지근함 독기가 위로 피어올라온다. 독기는 여기 저기 하나의 덩어리가 되어 끓어오르는 것이 아니고 하나의 연속된 흐름이 되어 동굴 밑바닥 전체를 덮는다. 보통의 증기와 전혀 다르며 연기처럼 공중에 흩어지는 것이 아니라 피어오른 다음 곧 지면에 가라앉아 내려 약 30cm의 높이에서 멈추어 있다. 그러므로 동물의 머리가 이 높이보다 높게 치켜져 있는 한 그 속에 있어도 곤란할 것은 조금도 없다.

이 동굴을 지키는 남자가 자기가 기르고 있는 개를 데리고 동굴 속에 들어가서 허리를 구부렸다. 다음에 개의 네 발을 붙잡아 거꾸로 늘어뜨려서 얼마동안 그대로 있었다. 곧 개는 짖으면서 몸을 부들부들 떠는 것이었다. 이윽고 눈을 부릅뜨고 혀를 늘어뜨리고 힘이 빠지자 끝내 기절해 버렸다.

죽은 것처럼 되었을 때 남자는 개를 그곳에서 20보정도 떨어진 아냐노 호수 속에 집어 던졌다. 개는 곧 의식을 회복하여 물에서 나오자 있는 힘을 다해 도망쳐 버렸다.

연습문제

1. 대기권에서의 고도와 온도와의 관계를 설명하라.

2. 위성 방송이란 무엇인가?

3. 황사의 문제점은 무엇인가?

4. 촉매의 역할은 무엇인가?

5. 런던과 로스앤젤레스의 기후를 비교 설명하라.

6. 동소체를 설명하라.

수자원과 수질오염

CHAPTER 08

8.1 물에 대한 기초 이론

8.1.1 물의 성질

증류수는 색이 없는 투명한 액체이며 맛과 냄새도 없다. 물은 끓는점 (100℃)과 녹는점 (0℃)이 높고 증발열이 크다. 물은 큰 열용량을 가지고 있기 때문에 온도 변화가 작아도 많은 양의 열을 방출하거나 흡수 할 수 있다. 물의 이러한 성질 때문에 일반적으로 해안 지대의 기후가 내륙 지방의 기후 보다 온화하다. 얼음의 밀도는 물보다 작아 물위에 뜬다, 따라서 겨울에 물이 얼어도 얼음 아래에는 생물이 살 수 있다. 또한 극성이 크므로 많은 물질들 특히 이온화합물에 대한 좋은 용매이다. 반면에 극성이 없거나 작은 분자들은 물에 녹지 않거나 섞이지 않는다. 예를 들어 기름과 물은 분리되어 각각 층을 만든다.

8.1.2 물의 구조

수증기 중에서는 독립된 분자인 H_2O로 존재하고, 그 구조는 이등변삼각형이다. 얼음의 결정은 6각형으로 이루어져 있으며 가운데는 빈 공간이 생긴다. 이 때문에 얼음이 물보다 가벼워진다. 액체인 물은 수소결합을 하며 온도가 증가하면 회합의 정도가 감소한다.

8.1.3 물의 상태 변화

물은 세 가지 형태로 존재한다. 고체 상태인 얼음, 액체 상태인 물, 기체 상태인 수증기로 존재한다. 얼음이 녹아서 물이 되는 것을 융해, 반대로 물이 얼음으로 되는 것을 응고, 물이 수증기로 변화되는 현상을 기화라고 한다. 기화가 액체의 표면에서 일어나면 증발, 내부에서 일어나면 비등이라고 부른다. 수증기가 물로 변하면 액화라고 하며 물을 거치지 않고 얼음이 수증기로 그리고 수증기가 얼음으로 변하면 승화라고 한다.

세 가지 형태에서 변화가 일어나게 하기 위해서는 열의 출입이 필수적이다. 일정한 온도의 얼음에 열을 가하면 온도가 0℃로 올라가는 동안 열이 필요하다. 물체 1kg의 온도를 1℃ 올리는데 필요한 열량을 비열이라고 정의하며 얼음의 비열은 0.5kcal/kg℃이다. 0℃의 물을 가열하여 100℃의 물이 될 때에도 열이 필요하다. 물의 비열은 1kcal/kg℃이다. 또한 물이 수증기로 변환되는데 필요한 열을 기화열이라고 하며 얼음이 물로 바뀔 때 요구되는 열이 융해열이다. 물의 융해열이 80kcal/kg℃로 아주 크기 때문에 지구에 존재하는 모든 생물체들이 생존할 수 있다. 그리고 물의 비열과 융해열이 다른 물질들보다 크므로 해안 지방의 기후가 내륙 지방보다 훨씬 온화하게 된다. 중위도 지역의 동쪽 해안은 제트기류의 영향을 받으므로 해안 지방의 이점이 상당히 상쇄되고 있지만 서쪽 해안에서는 영향이 아주 뚜렷하다.

얼음은 사면체들이 서로 결합하여 육각형을 이루는데 각 육각형의 중간은 비어 있다. 따라서 물이 얼어 얼음이 생길 때 부피가 커지며 얼음의 밀도가 물보다 작아지므로 얼음이 물위에 떠있게 된다. 이런 이유로 겨울철에도 얼음 밑에는 물이 존재하게 되고 생물이 살 수 있다.

8.1.4 물의 정제

마시기에 적합한 물을 얻는 방법에 증류, 여과, 역삼투 및 이온교환수지 등이 사용되고 있다. 증류에 의한 방법은 이것을 몇 번 반복함으로써 대개 순수한 물을 얻을 수 있으나, 물은 많은 물질을 용해시키기 쉬워서 이때 사용되는 용기에서 물질이 녹아 나올 수 있으므로 보통 석영 용기 등을 사용하여 이것을 방지한다. 흙이나 먼지 등을 제거하기 위하여 모래, 자갈 그리고 숯으로 이루어진 층에 통과시켜 여과하고, 콜로이드상 물질은 백반 등에 의하여 침강시키고 표백분, 염소, 오존, 자외선 등으로 살균한다. 역삼투는 압력을 가하여 불순물이 많은 물에서 깨끗한 물을 뽑아내는 방법이다. 칼슘, 마그네슘, 중금속 이온 등이 많으면 마시기에 부적합하고 이들 이온들은 이온교환수지로 제거할 수 있다.

표면을 화학적으로 깨끗이 처리한 조그만 활성탄이 들어 있는 탄소 여과기를 수도꼭지나 음용수 용기에 부착하면 물의 불순물이 흡착되어 제거되며 물속의 불쾌한 맛이나 냄새를 유발하는 유기물질과 염소를 효과적으로 제거할 수 있다. 활성탄이 오염물질로 가득 채워져 여과 기능이 저하되면 새로운 것으로 교환해야 한다. 칼슘, 마그네슘, 중금속 이온 등이 많은 경수를 이온교환수지나 제올라이트 등으로 통과시키면 이 들 물질에 포함되어 있는 소듐 이온에 의하여 칼슘 이온 등이 제거되어 연수가 생긴다. 칼슘 이온 등으로 채워진 이온교환물질은 진한 염화소듐 용액으로 역분출 시키면 재생되어 다시 사용할 수 있다.

이온교환: $Na_2-Z(s) + Ca^{2+}(aq) \rightarrow Ca-Z(s) + 2Na^{+}(aq)$
재 생: $Ca-Z(s) + 2Na^{+}(aq) \rightarrow Na_2-Z(s) + Ca^{2+}(aq)$

삼투는 물이 농도가 낮은 수용액에서 높은 농도 쪽으로 이동하는 자발적인 과정이다. 여기서 두 용액은 반투막으로 분리되어 있다. 역삼투는 오염된 물에 압력을 가하여 물만 반투막을 통과하여 깨끗한 물을 얻는 방법이다. 물론 사용한 반투막은 종종 새 것으로 교환해야 한다. 역삼투법은 또한 바닷물에서 염분을 제거하는 담수화 장치에 사용되고 있다.

8.1.5 흡착과 흡착제

흡착은 표면적이 큰 다공성 고체 표면에 기체 또는 액체가 달라붙는 현상을 말하며 흡착매 (다공성 고체)와 흡착질 (기체 또는 액체) 사이에 약한 van der Waals힘만 존재하는 물리흡착과 화학결합이 생성되는 화학흡착으로 나누어진다. 많이 사용되는 흡착제로는 활성탄, 실리카겔, 제올라이트 등이 있으며 배기기체의 정세, 물의 정세, 유독기체 제거 등에 사용되고 있다. 표면적을 크게 하려면 진공 상태에서 흡착된 수증기 등을 가열하여 제거하여야 한다.

8.2 수질환경

지구에 존재하는 물중에서 97.2 %는 바닷물이며, 2.15 %는 남극이나 빙하 등의 얼음이다. 우리들이 생활에서 이용할 수 있는 물은 나머지 0.6 %뿐이고 그 가운데 96 %는 지하수로 존재하며 지표수는 3 %뿐이다. 태양에서 온 열을 물이 흡수하여 수증기가 되어 상승하고 우주공간으로 열만 방출하고 물 그 자체는 차가워져 다시 비로 내린다. 이와 같은 수질환경에 의해 지구의 온도는 15 ℃로 일정한 수준을 유지해왔다. '지구에 대량의 물이 있으며 그 물이 순환하는 과정에서 폐열을 우주에 버림으로써 정화가 이루어진다.'라는 바로 이 기능이야말로 지구에만 생명이 존재할 수 있었던 기본 조건을 만들어 준 것이다. 지구는 물의 혹성이며, 태양으로부터 과도한 에너지를 받아 수질환경 및 대기 순환이 일어난다. 이 순환 과정에서 지구는 연간 35 cal/deg · ㎠나 되는 여분의 열 엔트로피를 우주에 버리며, 이것이 지구의 정화력이 된다. 이 정화력은 계 내에서 발생한 물질 엔트로피를 열 엔트로피로 바꾸어 우주에 버리는 능력이며, 그것은 계 내의 다양한 물질순환의 존재에 의존한다.

8.2.1 수질오염

인구의 급격한 증가와 산업 활동에 의하여 배출되는 폐기물의 양이 생태계의 자정능력이상으로 많기 때문에 대기권에 이산화탄소의 농도가 증가하고, 수권에 유기물질농도가 증가하는 한편 용존산소의 농도가 감소하여 수질을 오염시키고 있다. 자연수는 인간활동의 영향을 거의 받지 않은 상태의 물을 뜻한다. 자연수의 특징은 ① 부유물질이 없으며 냄새가 심하게 나지 않고 거품이 보이지 않고 무색투명하다. 또한 수온이 주위 환경과 비슷하다. ② 생명체의 서식에 필요한 용존산소와 무기물질이 함유되어 있고 유독한 물질이 없다. ③ 생태적으로 안정되어 생물이 서식하고 있다. 결국 수질오염은 인간활동에 의하여 자연수에서 많이 벗어난 물을 만들기 때문에 생긴다고 볼 수 있다. 수질을 오염시키는 폐기물은 무기물질, 미생물, 방사성물질, 열 그리고 유기물질 등으로 나누어진다. 무기물질은 물을 흐리게 만들며 중금속은 생태계와 인간에게 직접 또는 먹이연쇄 (food chain)를 통하여 간접적으로 해를 준다. 어린이가 질산염을 섭취하면 혈액속의 헤모글로빈이 질산염과 반응하여 산소 운반 능력을 감소시켜 청색증 (blue baby)을 일으킨다. 처리하지 않은 가정하수에서 수인성 전염병이 발생하여 심각한 문제로 대두하고 있다. 선진국에서는 물을 화학적으로 처리하므로 일반적으로 안전하지만 아시아, 아프리카, 남미 등에는 오늘날에도 수인성 전염병이 성행하고 있다. 핵폭탄이나 원자로 등에서 배출되는 방사능 폐기물이 하천에 들어가게 되면 생태계에 악 영향을 미친다. 냉각용수 등으로 사용되었던 온도가 높은 물이 하천에 그대로 방류되면 온도가 높아지며 높은 수온에 적응할 수 없는 생물의 종은 사라지고 잘 적응할 수 있는 종만이 번식하게 되는데, 이러한 변화는 대체로 인간생활에도 좋지 못한 영향을 준다. 또한 수온이 높아지면 용존산소의 양이 감소한다. 세제, 비료, 살충제, 석유제품 등의 유기물질들이 물에 유입되어 미생물에 의하여 생화학적으로 분해될 때 용존산소가 소비되므로, 지나치게 많은 유기물질이 자연수역에 방류되면 수중의 산소가 감소하거나 또는 없어진다. 자연적으로 분해되지 않는 물질의 경우에는 문제가 더욱 심각하다. 인과 질소성분은 호수 등에서 부영양화 현상을 일으키며 기름이 수송과정에서 바다에 누출되면, 해수면을 덮고 대기와 해수 사이의 물질교환을 차단하므로 해양생태계에 치명적인 피해를 줄 수 있다. 물의 오염도는 용존산소 (dissolved oxygen, DO), 생물학적 산소 요구량 (biological oxygen demand, BOD), 및 화학적 산소요구량 (chemical oxygen demand: COD)에 의하여 표시된다. 또한 물의 흐린 정도를 나타내는 지표로서 부유물질 (suspended solids: SS)이라는 용어가 사용된다.

상수도에서는 급수원이 오염되는 경우 정수장의 약품비가 증가되고 처리설비의 보완이나 변경이 필요하게 된다. 하천이 오염되거나 호수의 부영양화가 지나치면, 수생생물의 서식이 곤란해지며, 관개용수로 사용하는 경우 농작물에 해롭다. 하구, 연안 등의 해수가 오염되면 어패류의 수확량이 감소되거나 또는 위생상 해로운 어패류를 수확하게 된다. 유입된 유기물질의 생분해 등으로 인하여 물에 용존산소가 없으면, 미생물 외의 생물은 사라지고, 황화수소 등의 냄새가 나는 독가스가 발생하여 동식물에 해로운 영향을 준다. 또한 농약, 중금속 등이 혼입된 물은 공해병 (이타이이타이병, 미나마타병 등)

의 원인이 되기도 한다. 수질오염은 대기오염, 토양오염, 생태계파괴 등과 밀접한 관계가 있다.

8.2.2 수질오염의 해결

수질오염을 줄이기 위한 법들과 하천수질환경기준 등이 제정되어 수질오염을 감소하는 방법들이 이루어지고 있지만 개인의 협조와 노력이 필수적이다. 물과 물을 사용하여 생산되는 물품들을 아껴야 하며 쓰레기양을 줄어야 하고 처리를 위한 비용을 부담해야 한다. 수질을 개선하고 유지하는 데는 많은 시간, 노력 및 비용이 든다. 그러나 물이 오염되면 여러 가지로 불편하며 야외 여가 활동이 제한되며 건강이 위협 받는 등의 대가를 치러야 한다는 사실을 인식하고 물을 깨끗이 하는 데 앞장서야 할 것이다.

8.2.3 산성비란 무엇인가?

대기 중에 이산화탄소가 존재하고 있으므로 오염되지 않은 물의 pH는 5.6정도이다. 자동차 배기가스 등의 인간 활동에 의하여 배출되는 질소산화물 (NO_x)이나 황산화물 (SO_x) 등이 대기 중에 많아지면 산소와 수증기 및 미립자들의 작용에 의하여 강한 산성을 가지는 질산 (HNO_3)이나 황산 (H_2SO_4)이 만들어지며 비나 안개, 눈에 섞여 pH가 5.6보다 낮은 산성비가 내리게 된다. pH는 수소이온농도의 역수를 상용로그로 표시한 값으로 7이면 중성, 7보다 작으면 산성, 7보다 크면 염기성이라고 한다.

$$pH = \log(1/[H^+]) = -\log[H^+]$$

산과 염기의 정의에는 여러 가지가 있지만 수용액에서 산이란 해리하여 수소이온 (H^+)을 만드는 물질이며 염기는 수산이온 (OH^-)을 만드는 물질이다. 세기에 따라서 강산, 약산, 강염기, 약염기 등으로 분류된다. 강산에는 중요한 무기산들, 염산 (HCl), 황산 (H_2SO_4), 질산 (HNO_3) 등이 속하여 약산은 주로 초산 (CH_3COOH) 등의 유기산이다. 알칼리금속과 무거운 알칼리토금속들의 수산화물은 강염기이며 다른 금속의 수산화물이나 암모니아수는 약염기이다. 강염기의 예로 수산화소듐 (NaOH), 수산화포타슘 (KOH) 그리고 수산화칼슘 ($Ca(OH)_2$) 등을 들 수 있다. 사람의 체액은 약알칼리성을 유지하고 있다. 체내에 들어온 식품이나 약물 또는 이물질들이 산도를 크게 변화시키지 않게 하기위하여 체액에 완충작용을 하는 물질들이 함유되어 있어 산도의 변화에 따른 부작용을 최소화하고 있다. 질소는 대기 중의 약 80%를 차지하고 있으며 아미노산, 단백질을 구성하고 있는 원소이므로 태초의 동식물에서 생성되는 화석연료에도 함유되어 있다. 이들 화석연료가 연소될 때 질소 성분이 산화되어 질소산화물이 만들어지며 또한 내연기관 등에 주입되는 공기 속의 질소도 산화되어 질소산화물로 변한다. 따라서 화석연료에서 질소 성분을 제거해야 하며 아울러 배기가스에서도 제거해야 한다.

질소산화물에는 안정한 N_2O, NO, N_2O_3, NO_2, N_2O_5 등과 불안정한 NO_3이 포함되며, 이 중 NO와 NO_2가 많이 배출되고 또한 유독하므로 대기환경에서 주로 다루는 물질들이다. 이 두 물질을 보통 대기환경에서 질소산화물 (NO_x)이라 한다. N_2O는 소기 즉 웃음기체라고 하며 마취체로 사용되기도 한다. 내연기관에서 무색의 NO가 주로 생성되며 공기 중의 산소에 의하여 산화되어 곧 적갈색의 NO_2로 변한다. 질소산화물이 물에 용해되면 아질산과 질산이 만들어진다. 특히 질산은 강산이므로 산성비의 직접적인 원인이다.

연료에 포함된 황이 연소되면 이산화황이 만들어지며 이산화황은 촉매가 존재할 때 산소와 반응하여 삼산화황을 만든다. 삼산화황이 수증기와 반응하여 역시 산성비를 생기게 하는 강산인 황산이 생긴다. 공업적으로 황산을 제조하는 방법에는 연실법과 접촉법이 있으며 연실법에서는 이산화황을 납으로 만들어진 방 (연실)에서 산화질소를 촉매로 사용하여 삼산화황을 만들며 접촉법에서는 백금 촉매로 황산을 만든다.

산성비는 삼림, 야생동물들에게 피해를 주며 호수가 산성화되어 물고기와 기타 수중 생물이 사라지게 한다. 이들을 먹는 소비자 특히 새들의 수도 줄어들게 된다. 새의 식량인 곤충, 식물, 수중 생물이 산성비로 인하여 죽기 때문이다.

또한 산성비가 내리면 흙에 있는 유독한 중금속을 용해시켜 호수, 하천, 공공수원지 등으로 스며들게 하고 빌딩과 조각상들도 손상된다. 납, 수은, 카드뮴 등이 중금속에 속하여 사람이 섭취하면 중독현상을 일으키므로 극히 위험하다. 중금속 중독에 의한 병에 이타이이타이병 (카드뮴)과 미나마타병 (수은) 등이 있다. 물론 사람들의 건강에도 나쁜 영향을 준다. 알루미늄도 토양에 많이 함유되어 있으며 가볍고 견고해 많은 용도에 사용되지만 알츠하이머병이나 치매에도 약간의 관련이 있다고 한다. 산성비를 맞으면 머리가 빠져 대머리가 된다고 하는데 아직 주위에서 본 적은 없지만 가능성은 충분히 있다고 생각된다.

잎이 떨어져 쌓이면 땅 속의 작은 동물과 미생물에 의하여 분해되는데 토양이 산성화되면 분해시키는 미생물이 사라져 지표면에서 50cm의 깊이까지 영향을 미친다. 그리고 과수원에서는 잎의 반점, 과일이 만들어지는 양과 수확량의 감소, 맛이나 당도의 저하 및 모양, 껍질의 손상 등으로 과일의 상품가치가 크게 떨어진다. 황산화물이나 질소산화물들은 대기 중에서 확산이 잘 되므로 기상조건에 따라 아주 먼 거리까지 이동하여 인접국가에게까지 영향을 주게 된다. 특히 중국이 급속히 산업화됨에 따라 생성된 산성 오염물질들이 편서풍을 타고 우리나라로 날아오고 있다. 중국의 황토고원이나 사막지대에서 황사가 발생하여 계속 우리나라로 이동해 특히 봄철에 가시거리가 줄어들곤 했는데 최근에는 황사에 오염물까지 섞여오므로 잘 알고 있듯이 옷이나 몸에 묻어 손상되는 일이 자주 일어나고 있다. 이처럼 다른 환경문제도 마찬가지이지만 산성비문제도 국지적이 아닌 세계적인 문제이므로 공동으로 대처해야 할 것이다.

산성비 문제를 해결하기 위하여 여러 가지 대책이 논의되고 실행되고 있지만 예를 들면 호수에 석회를 투입해 중화시키는 시도 등이 마련되었으나 별다른 효과를 거두지 못했다. 실질적인 해결방법은 산성비를 만드는 오염물질을 제거하는 것이다. 화석연료에서 발생하는 황과 질소 산화물의 양을 감소시켜야 한다. 나 홀로 차가 아닌 카풀제의 활성화 및 자발적인 대중교통이용 등의 방법과 아울러 화석에너지의 의존도를 감소시키며 대체에너지와 신에너지의 개발, 활용이 이루어져야 산성비에 의한 피해를 줄일 수 있을 것이다.

8.3 하수도와 하수처리

가정이나 산업시설 등에서 배출되는 오폐수는 배수설비를 통해 하수관으로 흘러 종말처리장으로 보내지며, 종말처리장에서는 하수를 처리하게 된다. 하수처리에는 활성오니법이나 살수여상법 등 여러 가지가 있다. 활성오니법에 의한 하수처리를 예로 들면, 처음에 침전지에서 하수 중의 부유물질을 가라앉게 하여 제거한다. 다음 폭기조로 이동되어 공기를 불어넣고, 호기성 미생물을 이용하여 유기물을 분해하여 침전시켜 제거하고 남은 상등 액에 염소를 넣어 소독하여 강이나 바다로 방류한다. 침전지에서 침전된 오니는 추출하여 별도로 처분해야 하는데 일반적으로 하고 있는 것은 밀폐된 탱크에 약 30일 간 30 ℃로 유지하여 오니 중의 유기물을 물과 가스로 분해하는 방법이다. 이 때 발생하는 메탄가스는 열원으로 이용하고, 최종적으로 남은 오니는 수분을 가능한 한 제거하여 비료로 사용하거나 매립하는 데 사용하기도 한다.

8.3.1 생물학적 산소요구량 (biological oxygen demand, BOD)

강, 호소, 바다 등의 자연수역에 가정하수와 산업폐수가 방류될 때 함유된 유기물질을 호기성세균이 산화하는 데 소요되는 용존산소의 양을 mg/L 또는 ppm으로 나타낸 것이 생물학적 산소요구량이다. 일반적인 경우에 유기물질이 모두 산화되려면 20℃에서 약 20일이 걸리는데 이렇게 하여 얻은 것을 최종 BOD 농도라고 한다. 모든 유기물의 산화에 소요되는 시간이 너무 길기 때문에 실무현장에서는 5일간만 반응시켜서 얻은 농도 값을 사용한다. 이것을 BOD5 또는 5일 BOD라고하며, 일반적으로 BOD라고 한다. 완전히 산화시켜서 얻은 BOD 농도 값은 반드시 최종 BOD, 또는 BODL이라고 표시한다. 표 8.1에 하천수질환경기준이 수록되어 있다.

8.3.2 화학적 산소요구량 (chemical oxygen demand: COD)

유기물질을 함유한 물에 과망가니즈산포타슘 ($KMnO_4$) 또는 중크로뮴산포타슘 ($K_2Cr_2O_7$)을 넣어 유기물질이 산화시킬 때 소비된 산화제의 양을 산소의 양으로 환산한 것으로 mg/*l* 또는 ppm으로 표시한다. COD값은 산화제의 종류에 따라 달라진다.

표 8.1 하천수질환경기준

구분	등급	이용목적별 적용대상	기준				
			수소이온농도 (pH)	생물학적 산소요구량 (BOD) (mg/l)	부유물질량 (SS) (mg/l)	용존산소량 (DO) (mg/l)	대장균 균수 (MPN/100ml)
생활환경	Ⅰ	상수원수 1급	6.5~8.5	1 이하	1 이하	7.5 이상	50 이하
	Ⅱ	상수원수 2급 수산용수 1급 수영용수	6.5~8.5	3 이하	5 이하	5 이상	1,000 이하
	Ⅲ	상수원수 3급 수산원수 2급 공업용수 1급	6.5~8.5	6 이하	15 이하	5 이상	5,000 이하
	Ⅳ	공업용수 2급 농업용수	6.0~8.5	8 이하	15 이하	2 이상	—
	Ⅴ	공업용수 3급	6.0~8.5	10 이하	쓰레기 등이 떠 있지 않을 것	2 이상	—

$KMnO_4$를 산성 또는 알칼리성 시료에 가하는 시험방법은 조건에 따라서 결과치가 변하기 쉽고, 유기물질의 전량이 산화되기 어렵다. 반면 $K_2Cr_2O_7$에 의거한 시험방법은 조건에 따르는 결과 값의 변화가 무시할 만하고, 유기물질의 전량이 산화되는 장점이 있으므로 최근에는 이 방법이 국제적으로 널리 이용된다. 한국의 공해공정시험법에서는 1981년부터 $KMnO_4$ 방법을 채택하고 있으나, 그것을 $K_2Cr_2O_7$ 방법으로 대치하는 것을 검토하고 있다.

8.3.3 용존산소 (dissolved oxygen: DO)

20 ℃, 1 atm의 대기압에서 순수한 물의 DO는 9 ppm이며, 이 값은 온도가 오르면 감소하고, 대기압이 오르면 증가한다. 또 다른 용해 성분의 영향도 받는다. 물속에서 생활

하는 어패류와 호기성 미생물 등은 용존산소를 호흡하며, 물속에 있는 유기물은 이것에 의해서 산화 분해되기 때문에, 용존산소의 부족은 단지 수중생물의 사멸을 초래할 뿐만 아니라 유기물 등이 산화 분해되지 않으므로 물이 뿌옇게 흐려진다. 용존산소량을 측정하는 데는 윙클러법과 미러법 등의 적정법, 특수한 전극을 이용한 전기적 측정법 등이 있다.

8.3.4 부유물질 (suspended solids: SS)

부유 물질(suspended solids: SS)은 물에 녹지 않고 수중에 부유하고 있는 고체물질이며 여과되지 않고 여과기에 남는다. 무기물과 유기물이 모두 포함되며 침전 가능한 물질과 불가능한 물질로 분류한다. 침전이 불가능한 부유물질은 콜로이드상의 미소입자이므로 응집이나 미생물에 의한 산화처리 없이는 제거하기 매우 어렵다.

8.3.5 자정작용

자연적 또는 인위적인 원인에 의하여 생성되는 오염물질들이 흐르는 하천이나, 넓은 호수와 바다에서 정화되기도 한다. 자정작용은 주로 미생물에 의하여 유기물질들이 분해되어 일어나며 주위 환경의 영향을 많이 받는다. 수온이 높은 여름철에는 정화가 잘 되지 않으며 유속이 빠르거나 물이 많으면 잘 일어난다.

8.3.6 수질오염원

수질오염의 발생원은 오염물질이 방류되는 지점이 확실하게 식별되는 비점오염원과 확실하게 식별이 안 되거나 확산되면서 오염을 일으키는 비점오염원으로 나누어진다. 점오염원에는 가정, 산업시설 및 축산시설 등이 포함되며 비점오염원은 강수에 의한 확산으로 넓은 범위애서 발생하며 대기와 강수, 산지, 농지, 도시생활권 등이 있다.

8.3.7 부영양화

비료 등에서 유출되는 유기물, 질산염, 인산염 등의 영양물질이 과도하게 수권에 축적되어 과잉영양 상태가 되는 현상이며 식물성 플랑크톤이나 호기성 미생물 등의 발생 등으로 인하여 용존산소가 심하게 감소되면서 수질이 악화되며 또한 생태계에 심각한 나쁜 영향을 초래하고 물이 불투명하게 된다. 부영양화가 심해지면 상수원의 수질 악화로 인하여 상수원의 확보가 어려워지며 정수처리가 힘들어진다. 수질이 악화되면 인근 하천, 호수뿐만 아니라 바다에도 영향을 미쳐 적조현상이 일어나기도 한다. 매년 4월에서 10월까지 바다와 소양호 등의 내륙 호수에 적조현상이 심해지기도 한다.

8.4 상수도

가정, 산업시설 그리고 공공시설 등에 물을 용도에 적합하게 공급하는 급수설비를 상수도 또는 일반적으로 수도라고 한다. 수도는 도시생활 및 산업 활동에 필수적이며 공중위생에도 크게 도움이 된다. 즉, 수도가 보급되면 장티푸스, 콜레라, 이질 등의 수인성 전염병이 예방되며 풍토병, 안질에 잘 걸리지 않으며 유아사망률이 크게 감소된다. 수도가 널리 보급된 후 인류의 평균 수명이 길어졌다고 한다. 물론 관리가 불충분하면 막을 수 있는 전염병균이 수도를 통해 전염되기도 한다.

문명이 발달하여 도시에 사람들이 모이게 되자 생활에 필요한 물을 하천 및 지하수에만 의존하기에는 어려움이 많아지기 시작하여 수도가 건설되기 시작하였다. 유명한 로마의 수도는 BC 312년~BC 305년에 만들어진 것으로 산의 물을 연장 578 km의 수로로 끌어들여 분수, 목욕탕, 공공건물 등에 급수하였다. 로마제국이 멸망하면서 파괴되어 그 후1,000년 이상 수도가 유럽에서 만들어지지 않았다. 물의 질이 점차 악화되면서 1829년 런던에서 처음으로 모래를 사용하여 여과하였다. 우리나라에서도 토기로 만든 상수도관과 하수도관이 7~10세기경 통일신라시대에 사용되었지만 계속하여 사용되지는 못하였고 개항 시에 비로소 서양에서 도입된 기술을 이용하여 서울에 수도를 건설하여 급수를 개시하게 되었고. 이어서 인천, 평양, 부산, 대구 등 각 도시에도 점차적으로 수도시설이 보급되었다. 수도는 강이나 호수 등에서 물을 모아서 정수장으로 보낸 다음 부유물질 등을 제거하여 깨끗한 물을 만드는 공정을 거쳐 소독 후 필요한 곳에 분배하는 급수시설 등으로 되어 있다. 상수도의 수원으로는 하천, 호소, 저수지, 지하수 등이 이용된다. 취수장이 가져야 할 조건은 확실하게 취수가 되고 수질오염의 염려가 없는 지점일 것, 수생생물이나 모래, 자갈 등이 들어오지 않게 할 것, 수량을 자유롭게 조절할 수 있을 것 등이다.

수질이 좋은 지하수나 용출수는 염소소독만을 하고 급수해도 무방하지만 하천이나 호소를 수원인 경우에는 부유물질과 유해한 물질, 미생물 등을 제거하지 않고서는 수돗물로서 공급할 수 없다. 물을 정화하는 방법에는 대별하여 완속여과법과 급속여과법 및 특수처리 방법이 있다. 보통의 경우에는 앞의 두 방법 중 하나로 정화하지만 철, 망간 화합물 등의 경도를 높이거나 냄새를 나게 하는 물질들을 제거하기 위해서는 그것에 적합한 특수처리 방법을 채택해야 한다.

8.4.1 완속여과정수법

영국에서 발명된 방법으로, 유럽에서 널리 이용되고 있다. 취수장에 모은 물을 깊이가 약 4 m로 한 철근 콘크리트 저수지에 보내어 약 8시간 동안 모래 및 비교적 거친 점토 등을 침전시킨 후 상등 액을 완속여과지에 유입하여 모래층 (두께 70~90 cm)을 통과하면서 여과하면, 부유물질, 미생물 등은 완전히 제거되고 암모니아, 철, 망간화합물 등의 물에 녹는 물질들도 매우 잘 제거된다. 통상 20~30일이 되면 모래의 공극이 막혀서 여과의 능력이 떨어지므로, 모래층 표면을 1~2 cm 깎아내어 여과 기능을 회복시켜야 한다. 완속여과지에서 여과된 물은 미생물의 99 %가 제거되어 있으므로 염소소독만으로 정화의 목적을 달성할 수 있다. 완속여과법은 안전하고 맛이 좋은 양질의 물을 얻을 수 있을 뿐 아니라, 관리하기 편하고, 약품이나 동력이 필요하지 않은 장점이 있다. 그러나 반면에 광대한 면적과 인력이 필요하며 자동화하기 어려운 결점이 있기 때문에 최근에 설치되는 것은 거의 이 방법을 사용하지 않고 있는 실정이다.

8.4.2 급속여과정수법

미국에서 개발되었으며 기계여과라고도 한다. 모인 물에 황산알루미늄 ($Al_2(SO_4)_3$) 등의 응집제와 수산화칼슘 등의 보조제를 적절히 혼합하여 넣은 후 20~40분간 동안 큰 침전물로 응집시키고 나서 침전지에서 3~4시간 더 머물게 하면 대부분의 부유물질이 침전하여 제거된다. 제거되지 않고 남은 부유물은 다음 단계인 모래여과지에서 제거된다. 그러나 세균류와 미소한 생물은 완속여과법과는 달리 물속에 유출되므로, 염소소독을 하여야 한다. 보통 급속여과에서는 1~2일 동안 계속적으로 여과를 하면 막혀서 여과가 되지 않는다. 이때 위에서 압력수를 이용하여 모래층 표면에 축적되어 있는 침전물의 막을 파괴함과 동시에 아래쪽에서는 정수를 내뿜어 여과 층을 깨끗하게 역류 세척하여 여과의 기능을 회복시킨다. 최근에는 급속여과조작의 자동화가 성행되어 단순한 원리로서 자동급속여과장치가 개발되고 있다. 급속여과법은 부유물질이 많아도 정화가 가능하고 용지 면적이 적게 들며, 여과의 세정이 기계적으로 자동화되기 때문에 인력이 필요하지 않은 이점이 있다. 반면에 정화기능이 약품처리 과정의 결과에 의하여 지배되므로 안전성이 적어, 조작관리에 숙련된 인력이 요구된다는 점, 정수의 수질이 완속여과법에 비해 뒤진다는 점, 암모니아 , 브롬 및 망간 화합물 등의 제거에는 효과가 없다는 점 등의 결점이 있다.

8.4.3 특수처리정수법

일반방법으로 제거할 수 없는 성분이나 정수작업을 방해하는 물질을 함유할 경우에 특별히 처리하는 방법을 특수처리법이라 한다. 철, 망간화합물이 많아지면 적갈색이나 흑갈색이 나타나므로 제거해야 한다. 철, 망간화합물을 제거하려면 공기를 물속에 넣어 포기하거나, 염소, 과망간산칼륨 , 오존 등의 산화제로 처리한 후 모래나 특수한 여과재료를 사용한 여과처리로 제거하는 것이 일반적이다. 그리고 철이나 망간화합물을 좋아하는 박테리아를 이용하여 제거하는 방법도 있다. 또 경도가 높은 물은 보일러의 내부에 스케일을 생기게 하여 열전도율이 낮아지고 급수배관이 쉽게 부식되며 납, 카드뮴 등의 유해 중금속이 용출되기도 한다. 경수에 수산화칼슘 ($Ca(OH)_2$) 등을 가하여 칼슘이나 마그네슘이온을 침전시키거나 이온교환수지법을 사용하여 연수로 만든다. 물의 냄새를 제거하는 것은 매우 어려운데, 현재로서는 활성탄에 흡착시키거나 오존으로 분해하는 이외에 다른 확실한 방법은 없다. 또한 적당량의 플루오린 이온을 함유한 물을 유아에게 먹이면 충치예방에 효과가 있으므로 수돗물에 플루오린 화합물을 첨가하는 경우가 있는데, 영국과 캐나다에서는 널리 이용되고 유럽에서도 채택하는 수도가 많다. 플루오린 화합물의 안전성은 아직 확실하게 밝혀지지 않았다.

8.4.4 육각수

흔히 마시는 물의 화학적 구조는 6각형 고리구조, 5각형 고리구조, 5각형 사슬구조 등 세 종류인데, 그 중에서 인간의 체액과 가장 유사한 물은 6각형 고리구조를 이루고 있다. 물을 이온화하면 가장 용이하게 육각수로 만들 수 있다. 육각수를 매일 규칙적으로 마시면 뇌졸중, 심장병, 당뇨병, 간 질환 등의 성인병을 예방할 수 있고, 피부를 부드럽게 해주며 체내의 신진대사를 촉진한다. 또한 식생활 개선에 도움을 주어 비만을 막아준다고 한다. 또 육각수가 정상세포를 도와 인체의 몸속에 침입한 바이러스를 저지하거나 없애준다. 육각수가 많이 포함된 물을 많이 마시는 방법은 다음과 같다. ① 가능하면 찬 물이나 눈 섞인 물을 마신다. ② 자석으로 처리한 물을 마신다. ③ 전해질이 풍부한 물을 전기분해한 물을 마신다.

8.4.5 좋은 물을 마시자

미네랄 (Ca, Mg, Na, K, Fe, Mn 등)이 30～ 200 mg/l 정도 포함된 물이 맛있는 물이며 100 mg/l 정도인 물이 가장 좋다. 칼슘이온이나 마그네슘이온이 많이 함유된 물을 장기간 마시면 요도결석이 생긴다고 한다. 그리고 산소가 5 mg/l 이상 녹아 있는 물의 맛이 좋다. 마지막으로 온도가 10~15 ℃인 물의 맛이 가장 좋다고 한다. 보편적인 물 건강법을 소개해 보겠다. ① 물을 침과 천천히 섞어 조금씩 마시는 것이 신장과 심장에 부담을 주지 않는다. 물을 빨리 마시면 식욕이 떨어지고 위가 늘어져 소화도 안 되고 속이 더부룩한 증세가 생길 수 도 있다. ② 아침에 일어나자마자 찬물을 한두 잔 마시면 변비 치료에 큰 효과를 볼 수 있다. 위와 장에 자극을 줘 배변 운동이 쉽게 일어나도록 도움을 준다. ③ 술을 마실 때 물을 같이 마시면 물이 알코올을 묽게 하여 체내로 흡수되는 알코올양이 줄어든다. 특히 찬물을 마시면 작은창자의 연동 운동이 빨리 일어나게 하여 알코올이 소장을 빨리 지나도록 하여 체내 흡수량을 줄인다. 또 물을 많이 마시면 소변으로 혈액 속의 알코올이 몸 밖으로 배출되어 간의 부담이 줄어든다. ④ 식사 중에 물을 많이 마시면 음식물을 충분히 씹지 않게 되고 소화효소나 위산이 희석되어 소화에 지장을 초래하기 때문에 좋지 않다. 식사 전후에 마시는 반 컵 정도의 물은 위의 연동운동을 촉진하여 도움이 된다. ⑤ 여름철에는 땀으로 몸속의 나트륨 성분이 배출되므로 물 마실 때 약간의 소금을 곁들이는 것이 필요하다. 소듐 성분이 부족하면 열 경련과 열사병 등이 생길 수 있다.

8.5 물 다이어트

물 다이어트란 아무 것도 먹지 않고 물만 먹는 것이 아니라 식사 전이나 공복일 때 생수를 두 컵 마시는 것이다. 또 식사 중에도 음식을 한입 먹고 물을 먹는 것을 되풀이하는 것이다. 이렇게 하면 물을 많이 마시기 되므로 자연히 식사량이 줄고 식욕이 저하되어 밥을 빨리 먹는 습관이 고쳐진다. 물 다이어트를 하면서 가장 중요한 것은 하루에 한 되 가량의 물을 마시는 습관을 기르는 것이다. 식사 전이나 공복일 때 2리터의 물을 여덟 번에 나누어 마시는 것이 가장 좋다.

우선 아침에 기상해서 한 컵을 마시고 아침 식사를 하면서 소화 흡수를 돕기 위하여 한 컵 정도를 마신다, 그리고 오전 중에 간단한 체조와 함께 한 컵을 점심때 식욕을 억제하기 위해 한 컵을 마시며 오후에 두 컵을 마시고 저녁식사 전후에 세 컵을 물을 마시는 것이 물 다이어트의 주요 포인트이다. 공복에 물을 마시면 위액을 희석시켜 주어 식욕을 줄이므로 과식을 피할 수 있게 도와준다. 다이어트를 할 때 생수를 주로 많이 마시게 되지만 생수가 아닌 보리차나 레몬차도 자신에게 적당하면 마시도 무방하다.

아침은 주식과 우유 및 동물성 단백질을 소량 섭취하여야 한다. 고칼로리의 식사는 자제하고 이뇨작용을 위해서 오이, 수박과 해조류 등을 같이 섭취하면 효과가 더욱 크다. 지금처럼 밥, 반찬 다시 밥의 순서로 식사하는 것이 아니라 무엇이든지 한 입 먹고 난 후에는 반드시 물을 한 모금 마셔야 한다.

8.6 연료전지

연료전지에 전지란 이름이 붙어 있긴 하지만 일반적인 전지가 전기를 저장하는 장치인 것에 반하여 연료전지는 화력발전소처럼 전기를 만들어 내는 장치이다. 화력발전소에서는 석탄, 석유, 천연기체 등의 화석연료를 태워 나온 열로 물을 가열하여 수증기를 만든 후에 이 수증기에 의해 회전하는 터빈이 전기를 발생시킨다. 자기장에서 구리 도선이 터빈의 힘으로 가속도 운동을 할 때 전기가 발생한다 (플레밍의 오른 손 법칙). 전기가 만들어지는 과정에 열기관이 사용되며 이 열기관의 최대 열효율 ε는 뜨거운 열원 (T_{hot})과 찬 열원 (T_{cold})에 의해 영향을 받는다.:

$$\varepsilon = [\{(T_{hot} - T_{cold}) / T_{hot} \} \times 100] \%$$

찬 열원의 온도가 300K일 때 뜨거운 열원의 온도가 3000K이면 최대 열효율이 90%가 되는데 사실상 이 온도에서 견딜 수 있는 용기를 만드는 것이 불가능하다. 이것은 연소 엔탈피 Δ H의 변환과 관련이 있다.

연료전지는 연소의 자유에너지 ΔG를 직접 전기로 변환할 수 있는 장치이며 이때의 최대에너지는 다음 식으로 표시된다.

$$-\Delta G^0 = nF\Delta E^0$$

그리고 효율은 연소할 때 발생하는 엔탈피 (ΔH^0)와 최대에너지 (ΔG^0)로 표시된다.

$$\varepsilon = (\Delta G^0 / \Delta H^0) \times 100) \%$$

그리고 ΔG^0과 ΔH^0 사이에는 다음 관계가 성립하므로

$$\Delta G^0 = \Delta H^0 - T\Delta S^0$$

연료전지의 효율(ε)이 100%를 넘는 반응들도 있을 수 있다!

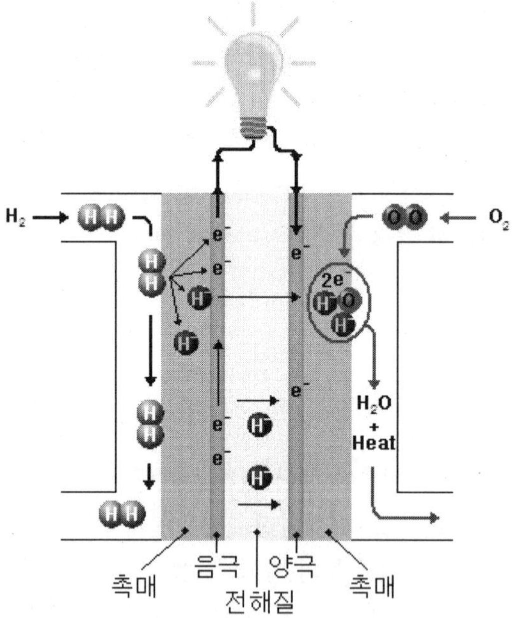

수소와 산소에서 전기를 만든다는 생각은 19세기 초에 영국의 H. 데이비 (1778~1829)에 의하여 처음으로 제기되었다고 알려져 있지만 연료전지의 발명은 1839년에 W. R. 그로브 경 에 의하여 처음으로 이루어졌다. 그는 전기분해 전지에서 물이 분해되

어 생성된 수소와 산소가 전극과 접촉한다면 전지에서 역반응이 일어나 다시 물이 생성되며 이때 전기가 발생한다는 사실에 주목하였다. 그러나 연료전지가 산업계의 주목을 끌기 시작한 것은 20세기에 들어와서부터이고 1959년에 영국의 기술자 F. T. 베이컨(1904~1992)에 의하여 5kW 연료전지가 시험적으로 운전되었다. 연료전지에서 일어나는 수소와 산소의 반응은 W. R. 그로브에 의하여 제안되었으며 다음과 같다.

$$H_2(g) + 1/2\ O_2(g) \rightarrow H_2O(l)$$

연료전지는 수소와 산소를 연소하여 전기를 만드는 장치이므로 이들의 생성, 보관 등이 반드시 연구되어야 한다. 연료전지에 필요한 산소는 대기의 약 1/5를 차지하고 있으므로 전혀 문제가 없지만 수소는 우주 전체로는 가장 많이 존재하지만 지구에는 단체로 존재하지 않고 화합물의 형태로 존재하므로 필요한 수소는 물이나 화석연료에서 화학반응을 이용하여 만들어 내고 있다. 화석연료의 개질에 의하여 수소를 생산할 때는 이산화탄소도 만들어지므로 이산화탄소의 제거가 문제가 된다. 또한 물의 전기분해나 광분해에 의해서도 수소가 생산될 수 있으며 미국의 제너럴 아트믹스사에 의하여 800℃이하에서 물을 분해하여 수소를 생산하는 IS 프로세스가 고안되어 현재 사용되고 있다. 필자의 생각으로는 수소가 풍부한 행성 즉 목성과 토성에서 수소를 가져오는 방법도 미래에는 가능할 듯하다. 시간과 경비를 고려해야겠지만. 수소의 보관 방법에는 수소의 액화, 압력을 가하여 봄베에 보관, 수소를 선택적으로 흡착하는 금속 (예: Pd, palladium)에 흡착시켜 보관 등에 사용되고 있다.

우리나라에서는 1985년에 에너지기술연구소와 한전기술연구소가 공동으로 5.9kW 인산형 연료전지 본체를 수입하여 성능시험을 수행한 것을 시작으로 LG-Caltex 정유주식회사, 한전전력연구원, 한국에너지기술연구원, 연료전지사업단 등에서 인산형 연료전지, 용융 탄산염 연료전지. 고분자 전해질 연료전지 및 직접 메탄올 연료전지 등을 연구개발하였고 지금은 조속한 시일 내에 상용화하기 위하여 연구에 박차를 가하고 있다.

연료전지 하나에서 발생하는 기전력은 1V이하로 낮으므로 실용화하기 위해서는 많은 전지를 직렬로 연결하여야 한다. 이러한 전지의 집합체를 스택 (stack)이라고 하며 자동차에는 수백 개의 전지가 겹쳐 쌓인 스택이 주로 사용되며 가정용으로는 40내지 80 정도의 전지가 모인 스택이 그리고 휴대전화나 노트북에는 평면적으로 배열된 전지들로 이루어진 스택이 사용되고 있다.

앞에서 이미 논의하였지만 연료전지의 효율 (ε)은 100%에 가깝지만 실제로는 아래의 요인들에 인하여 저하된다.

(a) 와류 반응이 (예, 연료인 탄화수소의 공급과정에서의) 전지의 에너지 출력을 감소시킬 수 있다.
(b) 모든 전지처럼 내부 전기저항은 기전력 EMF을 감소시키며 따라서 ε도 감소한다.
(c) 농도 분극에 의해 EMF가 감소할 수도 있다. 기체-전해질-전극 접촉을 개선하기

위하여 다공질 전극이 사용되며 에너지 출력의 일부는 전해질을 교반하는데 사용될 수 있다.

(d) 활성화 분극 (overpotential)은 보통 심각하다. 특히 음극에서 심한데 그 이유로는 O_2 환원에 필요한 교환 전류 밀도가 H_2 산화에서 나오는 i_0 보다 상당히 작아서 그러하며 반드시 촉매가 필요하다.

overpotential 효과를 최소화하려면 보통 다공성 지지체에 잘 갈아진 백금가루가 흡착된 음극과 전해질 수용액이 사용되어야 한다. 양극의 촉매 표면은 연료에 존재하는 CO, 올레핀, 황화합물, 그리고 다른 불순물에 의한 촉매독에 특히 영향을 받기 쉽다. 이들 물질들은 금을 제외한 금속에의 화학흡착계열에서 H_2보다 앞선다.

연료전지는 미국, 일본 등에서 1996년까지 다섯 개의 주된 연료전지들이 산업용으로 개발되었다.

(a) 인산 연료전지 (PAFCs)들은 잘 작동되며 가장 보편적인 수용성 산 연료전지이다(실제로 현재 사용되고 있는 연료전지 중에서). 그러나 많은 연구개발에도 불구하고 같은 용량의 발전소 건설보다 비용이 많이 든다. 이것의 주된 이유로는 전극에 백금이 촉매로 필요하기 때문이다. 전해질로는 주로 다공성 고체 지지체에 흡착된 진한 인산이 사용되며 운전온도는 160-220℃이다. 촉매들이 일산화탄소에 의하여 중독될 수 있지만 천연가스와 납사를 개질하면 순수한 수소가 충분히 공급될 수 있다.

(b) 알칼리 연료전지 (AFCs)의 전해질은 다공성 지지체에 의하여 고정된 34-46% KOH이며 운전온도는 60-120℃이다. 알칼리 환경에서 작동되므로 비싼 백금 대신에 Raney nickel(잘 분쇄된 니켈입자)이 사용된다. 그러나 알칼리수용액은 수소 연료에 존재하는 CO_2에 의하여 중화될 수 있으므로 개질 탄화수소 공정에는 적합하지 않지만 알코올이나 하이드라진 공정에는 사용될 수 있다. AFCs는 Apollo 우주 탐사에 성공적으로 응용되었다.

(c) 고체 고분자 막 연료 전지 (SPMFCs)에서는 H^+를 가지고 있는 Du Pont 제품 Nafion 등의 튼튼한 양이온 교환 수지막이 습기가 유지된다면 H^+를 자유로이 운반할 수 있다. 따라서 이 막들은 산성을 띠는 연료전지의 양극과 음극 사이에서 고체 전해질 역할을 한다. 운전온도는 보통 60-120℃이다. 전극에 촉매로 비싼 백금이 필요하다는 사실에도 불구하고 SPMFCs는 Gemini 우주 탐사와 Ballard Power System 버스에서 실용화되어 상업적으로 가치가 있다는 것을 보여주었다. Ballard 버스는 압축 수소 (25메가 압력에서 보관되며 0.3메가 압력의 전지 묶음으로 이동하는)를 사용하며; 20개의 전지 묶음은 90℃에서 작동하며 650 볼트에서 205킬로와트의 직류를 만든다.

(d) 용융 탄산염 연료전지 (MFCFs)는 비싸고 중독될 위험성이 있는 촉매가 필요 없

는 온도를 용융염이 제공할 수 있다는 사실을 이용하고 있다. 이 경우에 용융탄산염은 바람직한 전해질이다. 왜냐하면 개질된 탄화수소 연료(보통 타이타늄이나 프로판)에서 만들어지는 CO_2가 연료전지의 반응에 활발하게 참여하기 때문이다. 용융된 K_2CO_3/Li_2CO_3 전해질을 가진 MCFC의 운전온도는 600-700℃이며, 온도를 유지하는데 필요한 열은 약 0.3 메가 압력에서 수소를 운반하는 내연 탄화수소 개질기에서 얻어진다.

$$C_3H_8 \xrightarrow{\text{불충분한 공기}} 3CO + 4H_2$$

그리고 양극에서의 반응은

$$H_2 + CO_3^{2-}\ (\text{solvent}) \xrightarrow{700℃} H_2O + CO_2 + 2e^-.$$

분출되는 기체에는 약간의 일산화탄소가 포함되어 있는데 음극 부위로 기체가 들어가기 전에 연소되어 CO_2로 변한다.

$$CO_2 + O_2 + 2e^- \longrightarrow CO_3^{2-}\ (\text{solvent})$$

그러므로 알짜 반응은 식의 반응과 같다. 비용과 효율 면에서 PAFCs보다 더 우수하므로 연료로 메탄을 사용하는 MCFCs는 1-3 메가와트의 지역발전소용에 유력한 후보이다. 배기기체의 온도가 비교적 높으므로 이 가스는 재래식 기체 또는 스팀 터빈을 돌려 여분의 ("topping") 의 전기를 생산하는데 사용되므로 전체 효율은 높아진다. 킬로와트-시에 대한 CO_2방출량이 여타의 화석연료로 작동되는 발전방식보다 적고 NO_x, SO_x 와 연소되지 않은 탄화수소의 양도 적다.

(e) 고체 산화물 연료전지 (SOFCs)에서는 SPMFC의 막이 양극에서 음극으로 H^+를 이동시키는 것처럼 고체가 음극에서 양극으로 O^{2-} 이온을 빠르게 이동시키며 (빠른 이온 전도체) 전극 부위를 분리한다. β-알루미나가 이런 고체 전해질로 사용될 가능성이 있지만, 900-1000℃에서 좋은 이온 전도체인 혼합산화물 Y_2O_3/ZrO_2 ("이트리아로 안정화된 지르코니아")가 주로 사용되고 있다. 이 물질은 ZrO_2에 Y_2O_3이 용해된 고용체이며 약간의 Zr^{4+} 이온이 Y^{3+}이온으로 치환되어 그 결과로 산화물의 이온 배열에 정공이 생성되어 O^{2-} 이온이 이동하게 된다. 이 물질의 대표적인 조성은 $Zr_{0.9}Y_{0.1}O_{1.95}$일 것이다. 전형적인 SOFC에서는 수소 (CO가 포함)가 Ni-ZrO_2 "세르멜" (금속-세라믹 혼합물) 양극으로 이동하며 공기가 $LaMnO_3$ 음극으로 들어가고 이 두 전극 사이에서 산화물 이동이 $Zr_{0.9}Y_{0.1}O_{1.95}$ 층을 통하여 이루어진다. 아직 연구가 진행 중이지만 SOFCs는 전해질의 휘발이나 촉매-독의 문제들이 없으므로 앞으로 유망하다. 운전 온도가 높으므로 구조물질

이 제한되며 지금 제작되고 있는 전해질로 $Ce_{0.9}Gd_{0.1}O_{1.95}$ 는 800℃에서 작동이 가능하다. 반면에 고온에서 작동이 되면 배기기체가 충분히 사용되어 터빈이 작동되어 여분의 전력을 얻을 수 있고 가스 압축기가 작동될 수도 있다.

연료전지를 장착한 자동차들이 스위스 등에서 개발되어 현재 운행 중에 있으며 최근 CNN보도에 의하면 미국 보잉사에서 연료전지를 장착한 비행기가 제작되어 시험 운행 중이라고 한다. 우리나라는 상당히 뒤져 있지만 지금 KIST의 연료전지사업단 등의 여러 연구소, 학교, 및 산업체에서 열심히 연구개발 중이니 조만간에 고무적인 소식이 들릴 것으로 기대한다.

8.7 생태계 보호 유지

자연은 소중한 것이고 지구에서 살아 움직이는 모든 생명체는 피조물이며 각각의 생명은 소중한 것이다. 그러나 불행히도 우리나라 사람들 중에 일부 몰지각하고 자연의 소중함을 망각하고 정력에 좋다고 살아있는 동물에 대롱을 꽂아 피를 마시며 심지어는 외국에 나가서 웅담들을 산다는 기사를 본 적이 있다. 자신들의 잘못된 생각 때문에 살아있는 생명체를 아프게 하는 이러한 작태는 이제 그만 해야 할 때이다.

풀밭에 누워서 휴식을 취하고 있는 사람을 생각하여 보자. 지나가던 개미가 통로가 막히니까 손으로 올라와서 물어 아프게 했다. 그렇다고 그가 화가 나서 주위의 모든 개미를 밟아 죽인다면 어떻게 생각할까?. 이런 행동의 저변에는 미물인 개미 주제에 만물의 영장인 나를 물다니 이런 괘씸한 놈이 있나 라고 하는 지극히 이기적인 생각이 깔려있는 것이다.

우리 인간이 지구에 살고 있는 다른 생명체보다 우월하고 그들을 마음대로 하여도 된다는 아주 잘못된 생각 때문에 지금까지 많은 동식물이 사라졌고 앞으로도 사라질 것이다. 극단적으로 말해서 동식물이 사라진 지구에 인간만 생존하고 있다고 상상해 보자. 얼마나 삭막하겠는가? 지금도 사이코패스니 연쇄살인범이니 하는 무리들이 문제를 일으키고 있는데 인간만 남겨지면 우리가 상상도 할 수 없는 엽기적인 일이 연달아 발생하여 결국에는 인간도 모두 사라질 것이다.

자연 보호가 절실히 요구되는 예들을 간단하게 소개해보겠다.

1. 동식물들은 자신을 외부의 침입에서 보호하기 위하여 살균력, 살충력이 있거나 침입으로 생긴 손상을 치료할 수 있는 물질을 만들기도 한다. 우리가 공장에서 이들을 만들려면 대단히 경비가 드는 일이지만 생물을 이용하면 아주 간단히 얻을 수 있다. 등산을 하면 몸과 마음에 좋다는 것도 이런 물질의 작용 때문이다. 항생제 덕분에 인간의 수명이 아주 길어졌다. 물론 남용 오용의 부작용으로 내성 세균이

생겨 날 수도 있다. 이 항생제도 미생물들이 자신을 보호하기 위하여 만든 것을 인간이 이용하는 것이다. 대장균을 이용하여 인슐린을 대량으로 합성하는 것도 또 다른 예이다.

2. 우리는 녹용을 얻기 위하여 사슴을 필요로 한다. 그런데 이리는 사슴을 사냥하여 인간에게 돌아올 몫을 빼어가는 사악한 동물이므로 박멸해야 한다. 이렇게 생각한 사람들이 어느 섬에서 평화롭게 서식하는 이리를 다 없앴다. 결과가 어떻게 되었느냐? 천적이 없어진 사슴의 수가 빠르게 증가하였다. 그런데 먹이는 한정되어 있으니 몇 년이 안 지나서 사슴의 수가 격감하여 그 이전의 절반에도 못 미치는 현상이 벌어졌다. 크게 당황한 정부에서 비싼 돈을 들여 다시 이리를 수입하여 풀어놓는 일이 있었다. 인간이 생태계의 미묘한 균형을 임의로 파괴하였는데 복원할 수밖에 없었던 일인 것이다. 실제로 미국 옐로스톤 국립공원에서 사라진 이리를 다시 데리고 와야 했던 이유이기도 합니다.
3. 수족관에 가면 돌고래, 범고래, 물개들이 벌이는 쇼를 보고 우리들이 즐거워하며 피로를 풀고 재충전의 시간을 가진다. 그리고 TV 등의 매체를 통하여 자연이 생동하는 모습도 볼 수 있다. 이 모든 것이 결국은 우리 인간을 위한 것이다. 자기 혼자 보려고 귀하고 아름다운 꽃이나 바위를 집에 가져와서 정원을 꾸미는 지극히 파렴치하고 이기적인 행동과 우리나라 일부 정력만 생각하는 몰지각한 사람들의 동물 박해는 자신들이 스스로 하지 말아야 할 폐습이다.

우리 모두 인간이 모든 생명체 위에 군림하는 존재이며 우리들 마음대로 해도 좋다는 생각을 과감하게 버리자. 농촌 경제일 때는 우리로 인하여 동식물들이 그렇게 심한 피해를 당하지는 않았. 그러나 산업혁명 이후로 대량살상 무기가 등장하면서 우리는 인간을 포함한 모든 동식물을 없앨 수 있는 힘을 가지게 된 것이다. 인도 전역에 서식하던 사자들이 이제는 서부의 좁은 구역에만 남아 있다. 그리고 다 알고 있지만 우리나라의 상징이던 범이 사라졌다. 수입하여 다시 살리려면 여우, 늑대, 담비, 오소리, 곰 등의 동물들도 생태계를 고려하여 다시 복원시켜야 하는 안타까운 실정이다.

이제는 우리에게 경고한 시애틀 추장의 충고를 겸허하게 받아들여야 한다.우리는 그들과 공존해야만 되는 존재들이라는 것을 한시도 잊어서는 안 된다. 이것은 바로 우리의 미래를 위한 것이다.

연습문제

1. 눈이 내릴 때 조용해지는 이유가 무엇일까?

2. 간장에 숯을 첨가하면 좋다고 하는 이유가 무엇일까?

3. 녹조가 많이 번식하는 조건은 무엇인가?

4. 강둑을 시멘트로 하는 것과 흙으로 하는 것의 차이는 무엇일까?

5. 옛날이야기에 등장하듯이 물에 나뭇잎을 띄워 마시게 하면 좋은 점이 무엇일까?

6. 플루오린을 수돗물에 첨가하는 것에 대한 의견을 기술하라.

토양 자원과 오염

CHAPTER 09

9.1 토양의 개념

9.1.1 토양이란?

토양이란 지구 지각의 표면을 구성하는 상대적으로 얇은 표층을 말한다. 토양은 일반적으로 오랜 세월에 걸쳐 생성된 암석이 풍화된 입자에 동, 식물의 유체, 즉, 유기물이 혼합되어 이루어진 물질로 지각의 표층을 구성하는 다공성을 가지는 3차원적 구성체(토양 내 고체, 액체 및 기체 상태 물질)를 말한다.

토양은 방대한 수와 종류의 생물체가 은신처와 먹이를 확보하는 서식처로 이용하고 있다. 식물은 토양에 뿌리를 박고 있으며 토양으로부터 생명에 필수적인 물과 광물질을 얻고 있다. 식물의 성장에 필수적인 16개의 원소 중 탄소, 수소, 산소를 제외한 13개의 원소를 토양으로부터 직접적으로 얻고 있다. 지상 식물은 토양 없이는 살 수 없으며 우리 인간도 식물에 우리의 식량을 의존하고 있으므로 토양은 인류의 삶의 터전이며 생명의 근원인 것이다.

토양이란 개념은 학문 분야와 나라에 따라 그 정의를 달리하고 있다. 일반적으로 농학에서는 '식물이 뿌리를 내릴 수 있는 부드러운 흙'을 의미하나, 공학에서는 '지표면으로부터 암반층 사이에 존재하는 물질'로 규정하고 있다. 또한, 나라별로도 학문 분야에서 정의하는 토양의 의미에 국한하는 나라가 있는 반면에 대수층에 존재하는 지하수까지를 포함하는 나라도 있다.

9.1.2 자원으로서의 토양

토양은 한정 자원(Finite resources)으로 식량 생산, 생활에 밀착된 공업 원료의 채취,

환경 정화를 위한 자원으로 구분하여 생각할 수 있다.

1) 식량생산의 장으로서의

한정 자원인 토양을 효율적으로 이용할 목적으로 1979년 FAO/UNESCO에 의해 만들어진 세계토양도에 따르면, 세계 저지대의 면적은 약 10.4억 ha이지만 여름에는 저온이기 때문에 작물이 생육할 수 없는 토지 약 1.1 ha를 제외하면 경지화가 가능한 토양 면적은 약 9.3 ha에 불과하다.

그러나, 이 또한 환경적 요인에 의하여 매년 600만 ha의 농지가 사막으로 소실되고 있으며, 주거, 공장 용지, 도로, 항만과 같은 사회 간접 시설의 확충 등 인간의 사회, 경제 활동을 통하여 매년 400만 ha 정도가 점차 줄어들고 있어 토양의 이용과 관리에 대한 체계화가 절실한 실정이다.

2) 공업 원료의 생산

화장품 원료로서의 bentonite와 같은 점토, 의약품이나 농약 담체로의 천연 규산알루미늄, 연필이나 종이 등의 제조에 활석, 탄산칼슘, 이산화메탄 등이 충진용 분체로 사용되고 있다. 최근 무기 고형 재료를 일컫는 세라믹은 도자기, 유리, 타일, 기와, 내화물, 시멘트 및 단열재 생산 등 여러 분야에 이용되고 있다.

3) 환경정화를 위한

농가에서는 계분을 건조시켜 질소 비료로 사용하는 데, 이 때 발생하는 악취의 주성분인 암모니아 가스의 제거, 토양 자체의 흡착능을 이용한 오수중 오염 물질의 제거나 미생물의 대사능을 이용한 탈질, 탈인 등은 토양을 이용한 환경 정화의 대표적인 예라 할 수 있다.

9.2 토양의 생성

토양은 수천 년의 오랜 세월에 걸쳐 암석이 물리, 화학적 요인에 의하여 점차 작은 입자로 분해되는 풍화과정(Weathering process)을 거쳐 형성되며, 이렇게 생성된 토양은 지각과 생물권간의 끊임없는 상호작용인 생물학적 풍화과정(Biological weathering process)을 통하여 토양 내에 유기물이 축적되면서 암석의 구조와 화학적 조성이 서서히 변형된다.

생명체에 흡수된 무기물이 생체내 대사 과정을 거쳐 유기물을 생성하고, 이들이 다시 토양으로 재순환하면서 토양 생성이 가속화된다.

9.2.1 물리, 화학적 풍화 과정

암석 표면이 대기권에 노출되면 물리, 화학적 작용에 의하여 점차 작은 입자로 분해되는 풍화가 시작된다. 암석의 조그만 틈에 수분이 채워지고, 이 수분이 얼어 부피가 늘어나면 압력이 생기게 되어 단단한 암석이 깨지게 된다. 또한, 일교차는 암석의 신장과 응축을 반복하게 하고, 태양 광선에 직접 노출되는 표면과 빛이 닿지 않은 부분의 온도차도 암석을 갈라지게 한다. 갈라진 암석 조각들은 물에 녹거나 산화·환원되는 화학적 작용에 의해 점점 더 잘게 부서지게 된다. 이와 같이 물리적 요인과 화학적 요인들의 상호작용에 의해서 지표면 암석의 구조와 화학적 조성이 서서히 변형된다.

9.2.2 생물학적 풍화 과정

암석의 토양화 과정은 생명체가 도입되면서 가속화된다. 화학적 반응의 결과로 생성된 무기물은 생물체에 흡수된 다음 대사 과정을 통하여 유기물이 생성된다. 이 유기물이 죽으면 다른 생물들이 살아가는 데 필요한 유기 영양원이 된다. 일반적으로 세균이 이러한 유기 영양원에 부착하여 집락을 형성하면, 곰팡이와 조류 또는 곰팡이와 남조류가 혼성된 지의류가 발생한다. 조류나 남조류는 광합성을 통해 탄수화물과 산소를 공급하며, 곰팡이는 암석으로부터 물과 무기물을 흡수하여 공생하는 생물들이 건조되는 것을 막아 주고 갈라진 틈으로 생장한 지의류의 균사가 침투하게 된다. 지의류가 번성한 다음에는 이끼류가 번성하게 되고, 작은 초본 식물이 깊게 뿌리를 내리게 된다.

이와 같이 암석은 풍화작용(weathering)을 통하여 물과 바람, 나무뿌리와 같은 물리, 화학적 및 생물학적 작용에 의해 잘게 부서져서 무, 유기물을 포함한 작은 입자를 생성하게 되고, 이 작은 입자가 오랜 기간 동안 기후와 식생의 영향으로 흙의 형태를 갖추게 되는 것을 토양 생성이라 한다.

9.2.3 토양 생태계의 형성

1) 토양의 중요성

토양은 인류의 삶의 터전이며 생명의 근원이다. 기름진 토양은 대부분의 식량, 사료, 목재 등 인간 활동에 필요한 자원이 된다. 최근에는 인구의 증가로 식량 증산을 위한 기름진 토양의 필요성이 그만큼 더 증대되고 있다. 토양은 우리 인간에게 서식처를 제공하고 농경지, 산, 강 등의 거대한 주변 환경을 제공하고 있다. 인구가 증가하면서 보다 편리하고 안락한 생활환경을 만들기 위해 토양의 이용이 확대되어 가고 있다.

2) 토양 생태계

토양은 식물의 뿌리를 지탱해 주고, 이들의 생장에 필요한 에너지와 물질을 공급하는 토양 생태계를 이루고 있다.

토양은 영양소의 보유능이 우수하며, 침수능 및 보수능이 높고 물이 쉽게 증발되지 않으며, 다공성이므로 공기의 유통이 원활하고 염분의 농도가 낮은 조건을 유지하고 있다. 더구나 부식질이 많기 때문에 식물의 생장이 용이하다. 부식질은 토양 내의 세균, 곰팡이, 원생동물, 곤충, 거미 등의 복잡한 생물상을 보여주고 있다.

이와 같이 토양에서는 수많은 생물들이 서로 영향을 주고받으며 살아가고 있다. 이들은 세균, 곰팡이나 작은 동물들이 흙 속의 영양분을 섭취하고, 대사물질을 배설하며 낙엽을 썩히고 다시 분해된 물질을 식물이 용이하게 흡수하도록 해 준다.

토양의 미생물은 대부분 토양 생태계에서 유기물을 분해하는 분해자의 역할을 하여 환경이 깨끗하게 유지되도록 한다. 분해된 물질은 다른 생물의 먹이가 되거나 자연으로 환원된다.

토양에 사는 미생물은 종류에 따라 여러 가지 기능을 가지고 있다. 토양 미생물로부터 약품을 생산하기도 하고 식품이나 발효 공업에 이용되기도 한다. 그 중에는 식물과 동물에게 병을 일으키는 해로운 세균과 곰팡이가 있는가 하면, 이들 병균을 막아 주는 이로운 세균과 곰팡이도 있다. 따라서 토양은 다양한 생물의 서식처이며, 미생물이 토양에서 영원히 보존되는 곳이기도 하다(그림 9-1).

그림 9-1 **토양생물의 분포**

9.3 토양의 구성

9.3.1 토양의 3상

토양은 고상, 액상 및 기상의 3상으로 구성되어 있다. 이를 '토양 3상'이라고 하며 이 들의 용적 비를 '토양의 3상 분포'라 한다. 토양 3상이 차지하는 비율은 일정하지 않을 뿐만 아니라, 액상과 기상의 상대적인 비율은 기후 및 기상 조건의 변화에 따라서도 달라진다. 토양의 3상 분포는 식물 뿌리의 신장, 수분 및 산소의 공급 등 식물 생육에 중요한 요인으로 작용한다. 일반적으로 식물 생육에 알맞은 미사질 토양 표토에서의 용적비는 밭 토양에 있어서 고상 50%, 액상 20~30%, 기상 20~30% 정도이며, 논토양에 있어서는 고상 50%, 액상 50%로 이루어져 있다.

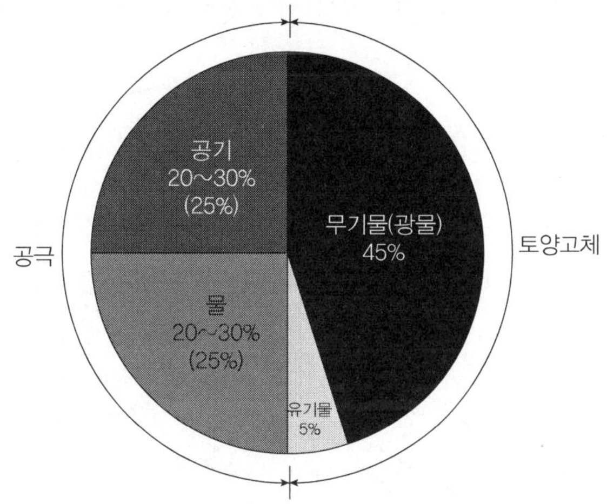

그림 9.2 미사질 양토에 있어서의 토양 3상 분포

토양 3상 중 고상은 주로 무기물과 생물체 등의 유기물로 되어 있고, 액상은 토양수, 기상은 토양 공기로 이루어져 있다. 액상으로 존재하는 토양수는 토양계 내에서 물질의 운반자로서 점토 광물의 흡착 표면이나 식물 뿌리에 있어 용질의 확산 이동을 하는 운하 역할을 한다. 토양 중 기상이 차지하는 용적은 액상 용적과 상호 보완적인 관계에 있으며, 양자의 합이 토양의 공극 체적이 된다. 생물체 유래의 산소와 이산화탄소의량은 토양 중 기상 조성의 지배적 요인으로 작용하며, 이 들 농도는 토양 중의 화학 평형에 영향을 미친다. 이 들 각 상의 주요 구성 요소는 표 9.1에 정리되어 있다.

표 9.1 토양 3상의 구성 요소

토양의 상		구성 요소	예
고상	무기성분	유사결정물이나 비결정성 물질의 광물질	Fe, Al, Mn, Si의 산화물 또는 수산화물
	유기성분	복잡한 고분자의 혼합물	부식물질, 다당류
액상		다양한 무기, 유기 용질을 함유한 물	Na^+, K^+, Mg^{++}, Ca^{++}, Cl, NO_3^-, SO_2^{-2}, HCO_3^-, 등의 이온과 유기물이 용해된 용액
기상		공기나 가스	산소, 이산화탄소, 수증기

9.3.2 토양의 구조

물리, 화학적 및 생물학적 토양 생성 과정을 통하여 형성된 토양은 성숙 과정을 거치면서 서로 구분되는 층을 형성하게 된다. 이러한 표토층 생성 과정을 그림 9-3로 도식화하였다.

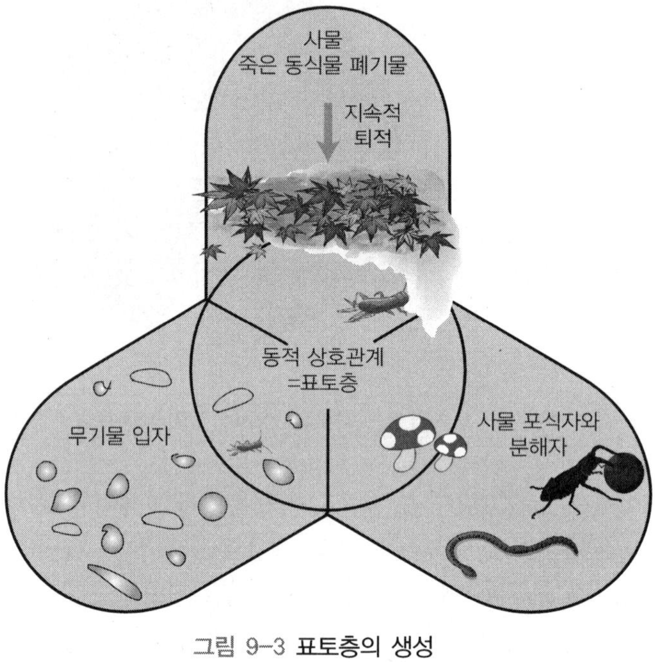

그림 9-3 **표토층의 생성**

토양 표면에서는 동, 식물 유래의 낙엽과 배설물이 혼재된 부식질층(surface litter, O층)이 형성되어, 곰팡이, 세균, 포식자 등 다양한 생물종에 영양분을 제공한다. 이 층 바로 아래에는 낙엽이 분해되어 유기물과 무기물 입자의 다공성 혼합물로 구성되는 '부식토'라 불리는 표토층(topsoil, A층)이 형성되어, 식물 생육에 필요한 양분을 제공하며, 공기가 잘 통하게 해주고 수분 보유능이 충분하게 해준다. 용탈층(zone leaching, E층)에서는 유기물의 분해 산물의 화학적 작용을 통하여 토양 입자로부터 무기물 용출을 촉진시킨다. 이렇게 용출된 무기물은 용해되어 하토층(subsoil, B층)으로 이동되어 축적된다. 이 하토층은 토양 내 대부분의 무기물을 함유하고 있으며, 모래, 침적토, 점토 및 자갈 등이 혼재되어 혼합물 형태로 존재한다. 용탈층과 하토층을 合하여 성토층이라고도 한다. 이 아래에는 모재층(parent material, C층)과 기반암층(bedrock, R층)이 있다.

표토층을 구성하는 각 층의 성상 및 상대적인 용적 비율을 단면도로 표시하였다(그림 9-4).

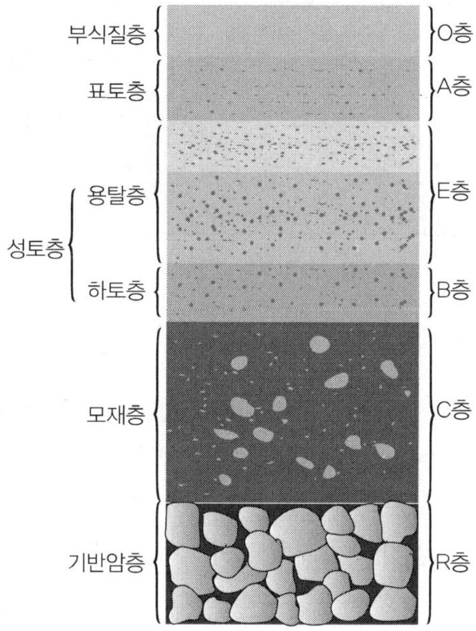

그림 9-4 토양의 수직단면도

9.3.3 입경에 따른 토양의 구분과 토성

토양에는 크기가 다른 여러 가지 광물질 입자가 들어 있다. 토양을 말린 후에 2mm의 체로 쳤을 때, 2mm 이상의 것을 자갈이라 하고, 그 이하의 것을 세토라 한다. 세토는 입경 0.02~2.0 mm의 모래, 0.002~0.02 mm의 미사, 0.002 mm 이하의 점토 로 세분할 수 있다.

한편, 광물질 입자의 입경별 조성으로 토양을 구분하는 것을 토성(soil texture)이라 하며, 모래, 미사, 점토 등의 함유 비율에 의하여 결정된다. 즉, 토양의 입경을 분석하여 모래, 미사, 점토의 비율을 산출하고 삼각도법(그림 9-5)을 이용하여 토성을 결정하게 된다.

9.3.4 토양의 입자 조성

토양은 입자 사이에 공간을 가지게 되는데, 이러한 공간을 토양 공극이라 하며, 모세관

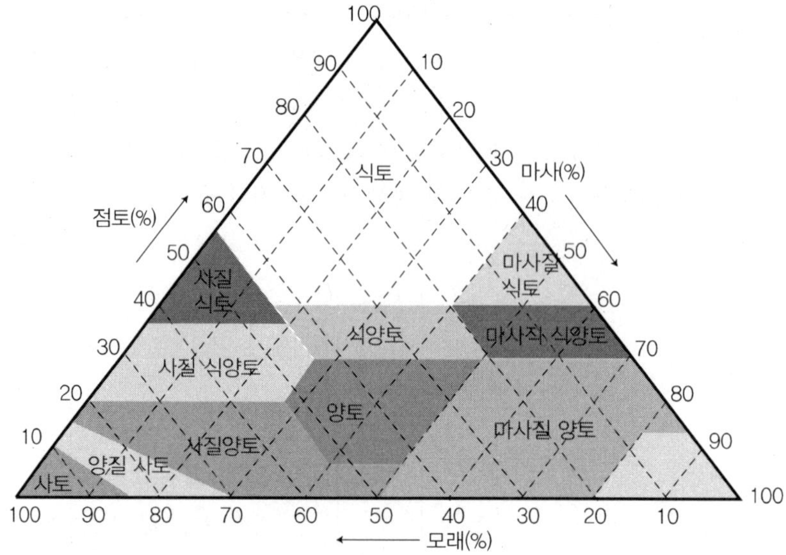

그림 9-5 삼각도법을 이용한 토성구분

공극과 非모세관 공극으로 구분한다. 비모세관 공극은 입자 사이의 공간이 넓어 공기의 이입 통로가 되는데, 공극 내에 수분이 충분히 채워지면 공기 이입이 불가능하게 되고, 중력에 의하여 물이 빠져 나가면서 다시 공간으로 남게 되는 부분을 말한다. 모세관 공극은 입자 사이의 간격이 매우 작아 주로 모세관 현상에 의하여 수분이 유지되는 부분이다.

토양의 구조는 입자의 배열 상태를 기준으로 나타낸 것이다. 토양을 구성하는 입자들이 각각 흩어져 있는 입자의 상태를 '단립 구조(홑알 구조)'라 하며, 사구지가 대표적인 유형이다. 단립 구조는 일반적으로 대공극이 많은 편이므로 통기성과 투수력은 우수하나, 양분과 수분의 보유력이 낮아 식물 생육에 적합하지 않다. 토양의 구성은 입자들이 모여서 2차 입자가 되고, 이 들이 다시 모여 '입단 구조(떼알 구조)'를 만든다. 입단 구조는 대공극과 소공극이 고르게 분포되어 있어 통기성이 좋고, 양분과 수분의 보유력도 높아 식물 생육에 좋은 구조이다.

토양의 조성과 구조적 차이에 의해 형성된 토양 공극은 수용성 영양원을 공급할 뿐만 아니라, 토양의 통기와 유용한 토양수를 보유, 토양 pH와 삼투압을 조절함으로써 고유한 토양 생태계를 유지할 수 있게 해준다. 아울러 토양 생물상 역시 토양 구조 형성에 직접적인 영향을 미치게 되는 데, 식물 뿌리의 신장은 토양 입자를 분리시켜서 토양 통기성을 확보하며, 점액성의 다당류를 분비함으로써 토양 입자와 결합하여 그물망을 형성하게 된다. 곰팡이를 비롯한 토양 미생물들도 직접적인 그물망 효과를 갖고 있어서 안정적인 토양 응집체 형성에 도움이 된다. 따라서, 식물과 토양 미생물에 의한 다당류의 생산은 토양 광물질 입자들의 응집과 물리적 힘에 의한 토양 유기물의 유실 방지에 중요한 역할을 한다.

9.3.5 토양의 물리화학적 특성

1) 토양의 완충능

순수한 물에 산이나 알칼리를 가하면 pH가 크게 변화하지만 토양은 이러한 반응에 pH의 변화를 최소화시키는 능력이 있다. 토양의 이러한 성질을 완충능이라 한다. 따라서, 산성토양을 개조하기 위해서는 예상되는 석회량보다 실제로 훨씬 많은 양의 석회가 필요하다.

토양은 비료에 의해 황산염이나 질산, 황산, 염산 등의 강산이 생성되지만 일정량의 칼슘이온(Ca^{2+})이 들어 있으면 pH의 저하를 막을 수 있다. 그러므로 토양의 완충능은 동식물과 미생물의 생장에 매우 유익하다.

2) 토양의 산성도

토양의 산성도는 pH값으로 나타낸다. pH는 토양 중에 있는 양분의 유효성에 영향을 끼치는데, 강산성에서는 유효성이 낮아지고, pH 6.5의 약산성에는 커진다.

우리나라 내륙 지방의 토양은 대부분 산성이고, 해안 지대의 간척지는 바닷물이 드나들기 때문에 알칼리성이다. 충청북도의 단양, 경상북도의 문경, 강원도의 영월, 삼척, 정선 등의 석회암 지대에서 생성된 토양은 중성에 가깝다.

3) 환경 오염 정화 기능

토양에 유입되는 각종 유해 오염 물질은 토양 구성 성분인 광물 입자의 물리, 화학적 작용과 토양 미생물의 활동에 의하여 정화된다.

토양에 유입된 각종 오염 물질은 토양 공극을 통과하면서 물리적으로 여과된다. 오염 물질은 토양 입자 사이를 통과할 때, 점토 입자(직경 2um 이하)의 정전기에 의하여 전기적 결합으로 흡착, 고정된다.

유해 오염 물질은 토양수에 용해되거나, 유해 물질간의 화학 결합을 통하여 불용성으로 침전되기도 하며, 토양 내 각종 미생물에 의하여 단순한 형태의 화합물이나 원소로 분해된다.

9.4 토양 오염

20세기에 인류 식량 문제 해결과 연관하여 가장 기여한 사건으로, 농작물의 품종 개량과 새로운 농약의 발견을 들 수 있는 데, 농약은 단위면적당 식량 생산량을 증가시킴으로서 인류의 식량 문제 해결에 공헌했음에 틀림이 없으나, 농약의 남용은 '3R 현상'이라는 토양 오염 문제를 야기시켰으며, 농작믈의 품종 개량 역시 재래종에 비해 병충해 내성에 약하고 비료를 많이 요구하므로 ...

오염원의 유입으로 토양은 화학적 변화를 일으켜 토양 미생물상의 변화를 야기, 이는 결국 토양의 황폐화와 직결되어, 식물의 생육에 장애를 주어 수확량을 감소시키거나, 먹이 연쇄를 통한 생물 농축 과정을 거쳐 생체내로 유입되어 인축에 중독을 일으킨다.

9.4.1 토양 오염의 특징

토양은 물이나 공기에 비해 조성이 복잡하여 유해 물질에 대한 반응도 다양하게 나타난다. 특히, 토양은 완충 능력을 지니고 있어 오염 물질의 이동이 완만하며 이에 따라 오염으로 인한 피해가 나타나기까지 상당한 시일이 소요되며, 오염이 쉽게 감지할 수 없어 대기나 수질 오염에 비해 인식도가 낮은 실정이다.

그러나, 토양 오염으로 인한 피해는 일본에서 발생한 '이따이이따이'병이나, 미국에서 발생한 '러브 채널 사건'에서 나타난 것과 같이 주로 오염 식품이나 오염 지하수의 섭취를 통하여 이루어진다. 물이나 공기 오염과 다른 성격을 지니는 토양 오염만의 특징을 정리해 보았다.

1) 다양한 오염 경로를 가진다.

토양 오염은 유독물 저장 시설 등 원재료의 누출이나 비위생 폐기물의 매립에 의해 토양이 침출수에 의해 직접 오염되는 경우와 사업장에서 배출되는 오멸 물질이 공기나 물을 통해 유입되어 오염되는 경우가 있다.

2) 인체 피해는 간접적이고 만성적이다.

토양은 그 자체가 완충력이 커 오염 물질이 축적되기 쉽고 오염 물질의 이동이 느려 수 십년 전의 행위에 의한 오염이 존재할 가능성이 있다. 토양 오염으로 인한 피해는 식물이나 토양 생물의 생육에는 직접식물이나나타나지만 사람의 건강에는 주로 물, 대기, 식품의 오염을 통하여 간접적이고 만성적인 형태로 나타난다.

3) 오염은 그 영향이 국지적이다.

오염의 영향이 광역적으로 나타나는 수질 오염이나 대기 오염에 반하여, 토양 오염은 그 영향이 국지적이다.

4) 오염 정도를 인지하기 어렵다.

직접 분석하기 전에는 오염 정도를 인지하기 어렵고, 토양 중 유해 물질의 축적과 환경 영향의 작용 기작이 복잡하여 토양 중 유해 물질의 축적량과 물, 대기 등 타 환경 요인으로의 이동량과의 관계가 일정하게 나타나지 않는 경우가 많다.

5) 오염 복구가 어렵다.

수질 오염과 대기 오염은 자연 현상에 의해 치유가 가능하고, 발생원과 유해 물질의 배출 상황을 연계하여 배출 시설을 개선하면 비교적 단기간에 그 영향이 나타나는 데 반하여, 토양 오염은 자연 현상에 의한 복구가 거의 불가능하며, 유해 물질 배출 시설을 개선해도 오염 상태가 장기간 계속되어 그 영향 여부를 쉽게 가늠하기 어려운 경우가 많다.

9.4.2 토양 오염원

1) 농약

R. Carson이 쓴 '침묵의 봄(Silent spring)'이래 반복된 경고에도 불구하고 심각하게 생각하지 않았던 농약의 피해가 우리의 일상에 그대로 침투해 오고 있다.

농약이란 종래에는 재배중인 농작물을 병해충으로부터 보호하기 위해 사용되는 약제로 토양 소독과 종자 살균은 물론 파종에서 수확에 이르는 경작 全기간에 일어날 수 있는 병해충와 잡초로부터 피해를 막아주는 역할을 하는 화학 물질을 통칭하는 것으로 그 구제 대상에 따라, 살균제, 살충제, 살선충제, 제초제 등으로 구분할 수 있으며, 이 들은 다시 약제의 침투 경로나 처리 대상 포장에 따라 세분할 수 있다.

최근에는 작물의 생육을 촉진, 억제하거나, 낙과 방지, 과일 품질 향상 등 작물의 경제적 효용 가치를 높이는 약제와 해충을 포식하는 천적 및 해충에 병을 일으키는 해충 병원균, 해충의 증식을 억제하는 불임화제, 해충을 유인하여 죽이는 유인제 등도 광범위하게 농약의 범주에 포함시키고 있다.

식량 증산을 위한 세계 각국의 농약 사용량은 점차 증가하여 농약 관련 산업도 급성장하고 있다. 사용 금지된 DDT는 1967년부터 그 생산량이 줄어들고 있으나, 유기 염소계와 유기 인산계 살충제의 생산량은 급격하게 증가하고 있는 실정으로, 미국의 경우, 합성 유기 살충제의 생산량은 해마다 15%씩 늘어나고 있다.

유용 생물 자원의 감소, 해충 천적의 감소, 해충의 내성 증가, 살충제의 잔류 등은 농약 중 주로 살충제의 사용에 따른 문제점으로 지적되어 왔다. 특히, 유기계 농약은 분해가 잘 안되며, 우유 내의 BHC(benzene hexachloride)가 산모의 수유 과정을 통하여 태아에 전달되는 예에서 볼 수 있듯이 생체 내에 축적되는 경향이 강한 것으로 알려져 있다.

2) 비료

식량 증산을 위한 과다한 비료의 사용은 토양 오염이라는 새로운 문제점을 야기, 화학 비료 중 가장 많이 사용하는 것이 질소와 인이다. 화학 비료는 무기 질소원으로 농작물의 생장에 필요하지만, 과다하게 사용되면 식물이 흡수하고 남은 비료는 토양 중에 잔류하여 오염원이 된다.

농축산 분뇨, 폐수, 도시 하수 슬러지, 유기 산업폐기물 등의 대부분의 유기 질소원은 토양 중에 과도하게 유입될 경우, '토양 산성화'를 초래하는 主因으로 여겨지고 있다. 질소 비료의 과잉 공급은 성숙을 지연시켜 결실을 불완전하게 하며, 황산 암모늄의 경우, 화학 반응에 의해 질산과 황산을 만들어 토양 산성화를 유발한다. 토양 산성화는 영양염류의 보유능이 저하되고 미생물에 의한 질소 고정이 감소되며 식물의 내병성의 저하를 가져오게 된다.

식물 등에 흡수되고 남은 질소 비료는 질산염 형태로 전환되어, 인간의 경우, 45mg/L 이상을 섭취하게 되면, 소화 기관에서 아질산염 형태로 환원되어 유아의 청색증(blue baby syndrome)을 야기하기도 한다.

토양으로부터 유출된 질소나 인은 하천이나 호수에 유입되어 조류나 수중 생물이 급속하게 생장하는 부영양화(eutrophication)를 유발하므로서 용존 산소 고갈, 탁도 증가 등의 수질 오염을 초래하게 된다.

3) 중금속

중금속이란 비중이 5이상인 원소 주기율표상에서 전이원소에 속하는 금속으로 토양 속에서 분해되지 않고 장기간 잔류하며 농작물을 오염시켜 가축과 인체에 축적되기 때문에 만성적인 피해를 주게 된다.

중금속은 토양 미생물에 의해 분해가 잘 안되고 불용성으로 잔류성이 강하며, 생물농축 과정을 거쳐 농작물 및 인체에 유입되어 각종 대사 과정을 저해함으로서 치명적인 피해를 입히게 된다. 대표적인 중금속 오염 원소로는 광산, 제련소, 화학, 금속공장, 전기 부품 공장에서 나오는 Cd, Cu, Hg, Cr, Zn, As 등을 들 수 있다. 표 9.2에 중금속 오염원과 그 폐해를 정리하였다.

표 9.2 산업체에서 유출되는 중금속에 의한 피해

중금속	유출원	농작물	인 체
카드뮴	합금, 전자, 전지, 도금, 안료 등	뿌리 발육 저해, 잎의 황백화	복통, 위염, 인후염, 비염, 불면증 등
구리	전기, 합금, 배수관, 화폐, 주물, 화학 약품 등	뿌리 발육 저해, 잎의 황백화	구토, 설사, 소화 기관 장애 등
비소	반도체, 살충제 등	뿌리 발육 저해, 잎의 황백화	구토, 설사, 시각 장애, 간경변 등
수은	금은 추출, 의약, 농약 등	뿌리 발육 저해	단백뇨, 구내염 등
납	합금, 활자, 전지, 살충제 등	잎의 황백화	복통, 구토, 빈혈 등
6가 크롬	도금, 산화제 등	생육 저하	폐암 등

4) 유독성 물질

유해 폐기물의 불법 투기나 유기 독성 물질의 운반 중 사고로 토양 중으로 유출되면 토양이 오염된다. 유기 독성 물질은 흡착성이 강하여 토양 내로 쉽게 흡착되면서 서서히 지속적으로 지하수까지 오염시킨다.

한편, 이들 유기 독성 물질들은 대부분 휘발성으로 대기 중으로 배출되므로 장기간 노출되면 암 유발의 원인이 될 수 있다.

5) 산성비

화석 연료의 연소 과정에서 발생하는 황 산화물(SO_x)과 질소 산화물(NO_x)은 대기 중에서 빛 에너지에 의해 수증기, 산소 및 그 밖의 화학 물질과 결합, 황산염과 질산염으로 변환되어 pH 5.6 이하의 '비' 형태로 지상으로 내려오게 되면 '산성비(acid rain)라 한다.

산성비는 토양 산성화의 원인중 하나로 토양을 황폐화시켜 토양 생태계의 평형을 유지할 수 없게 하며, 토양 산성화로 인한 삼림의 황폐화이 주된 요인이다. 유럽의 경우, 현재 상태의 산성 강하물이 계속 진행될 경우, 석회질이 적은 산성 토양에서는 수십년 이내에 염기 포화도 이하의 알루미늄 용출과 토양 pH가 3 정도 까지 이르러, 이로 인한 삼림의 황폐화는 심각한 수준에 이를 것으로 예상된다. 우리 나라의 경우, 전반적으로 pH 5 정도의 산성비가 내리는 것으로 보고되었다. 그림 x는 산성비의 생성 과정의 도식화하였다.

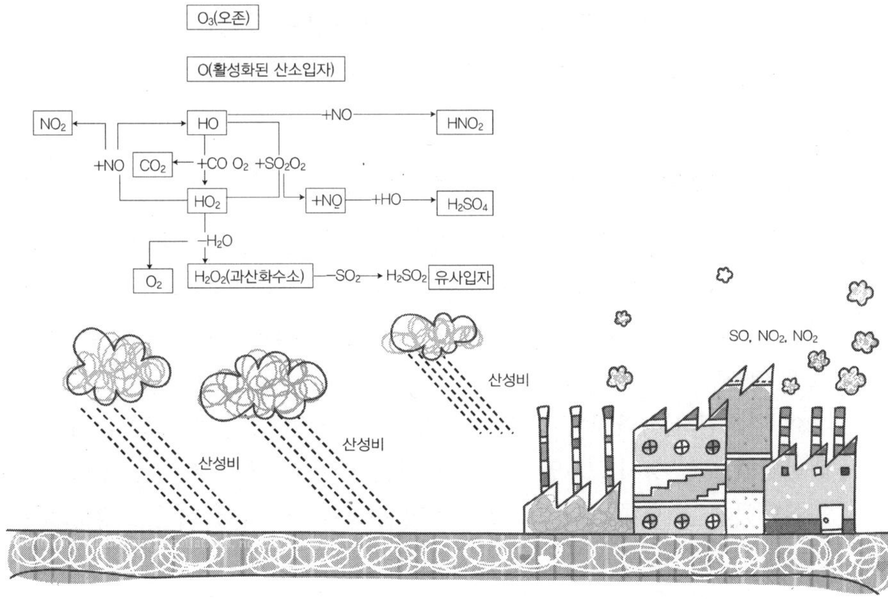

산성비의 생성과정

6) 유류 오염

석유 제조 과정이나 주유소와 같은 저장 시설로부터 유류가 직접 유출되거나, 석유 화합물을 원료로 하는 중성 세제 제조 과정에서 실수로 유출된 원료는 토양이나 하천으로 유입되어 환경을 오염시키게 된다. 오염된 토양은 유류 분자의 피복 효과로 토양 내로의 산소 공급을 방해 받아 농작물이나 미생물의 생장을 저해, 토양 생태계의 불균형을 초래하게 된다.

7) 방사성 물질

원자력 발전소에서 나오는 방사성 폐기물이 지구 생태계를 위협하는 중요한 요인으로 인식되고 있다. 방사성 폐기물은 일반 폐기물 처리에 사용되는 소각이나, 매립 등으로 해결 할 수 없으며, 시간이 지나면서 자연적으로 방사능이 소멸되기를 기다려야 하므로, 사람과 동,식물을 포함한 모든 생물에 직접적인 피해를 줄 수 있으며, 생물의 유전자를 변형시켜 돌연변이를 야기할 수도 있어 매우 위험하다. 따라서, 방사성 물질의 이용과 관리 및 폐기물의 처리는 국제 원자력 기구(International atomic energy agency, IAEA)의 철저한 감시와 규제를 받고 있다.

9.4.3 토양 오염에 의한 피해

토양 오염은 농작물과 수목 등 토양에 서식하는 동, 식물에 직접적인 피해를 주거나, 먹이 연쇄 과정을 통한 생물 농축 등에 의하여 체내로 유입될 경우, 건강에 나쁜 영향을 미친다.

또한, 토양 오염은 단순하게 오염 물질의 토양 축적으로 끝나지 않고, 지표수 및 지하수의 오염, 토양의 비산에 의한 오염 물질의 대기 중으로의 방출 등의 부수적인 연쇄 반응을 일으키기도 한다.

1) 카드뮴에 의한 이타이이타이 病

1960년 일본의 신쓰 강 유역에서는 뼈가 구부러지거나 금이 가며, 심한 경우, 기침만 해도 뼈에 금이 가는 공해병인 이타이이타이 病이 발생하였다. 이 病의 주된 증상은 관절염, 오리와 같은 소리, 신장 장애에 의한 단백질과 당의 과다 배출, 뼈의 탈칼슘화 등으로 나타난다.

이 병의 직접적인 발병 원인은 농경지로 유입된 광산 폐수로부터 유출된 카드뮴으로 확인되었으며, 당시 200명 정도가 영향을 받아, 피해자의 절반 정도가 사망한 것으로 확인되었다. 全세계적으로는 약 50만명 정도가 카드뮴에 의한 신장병으로 고통을 받고 있다.

2) 러브 캐널 사건

1976년 미국의 러브 캐널에서 발생한 사건으로, 후커 케미칼社가 1942년부터 1950년 사이에 약 22,000 톤의 유독성 화학 물질을 매립, 은폐한 상태로 1953년에 나이아가라 시 교육 위원회에 매각하였다. 시 교육 위원회는 몇 년 후 이곳에 초등학교를 세웠고,

일부는 주택지로 사용하였다.

이 후, 이 지역에 사는 주민들에게는 피부병과 두통이 자주 발생하였으며, 타 지역에 비하여 유산율이 높은 것으로 나타났다. 또한, 1976년 대홍수 이 후 가로수와 정원에 있던 식물이 고사하고, 수영을 즐기던 연못과 지하수에서 유해 화학 물질이 다량으로 검출되었다.

미 환경처는 문제의 심각성을 인식하고, 1978년 8월 미 역사상 처음으로, 이 지역을 환경 재난 지역으로 선포, 238 가구의 모든 주민들에게 이주 명령을 내렸다. 초등학교는 폐쇄되었으며, 주민들은 수십억 달러에 달하는 손해 배상 소송을 제기하였다. 카터 행정부는 1980년 5월 주변 800세대를 환경 재난 지역에 추가, 이 후 이 지역을 정화하기 위해 1억 달러 이상을 소모하였으나, 이곳은 지금까지도 아무도 들어가지도 살지도 못하는 유령 지역으로 남아 있다.

미 정부는 이 사건을 계기로, 1980년 12월 대단위 기금법(Superfund)을 제정, 향후 5년에 걸쳐 러브 캐널과 같은 유해 지역을 정화하기 위해 약 160억 달러 상당의 연방 기금을 조성, 유해 지역에 대한 조사를 통하여 적절하게 보상하였다. 이 법의 시효 만기일인 1985년 9월말까지 미 환경처는 2,766개의 유해 지역을 발굴, 507개의 매우 위험한 지역을 대상으로 유해 물질 제거 작업을 실시하였다. 5년 간의 한시적인 이 법은 1986년 10월 레이건 행정부에 의해 연장, 시행되어 1990년까지 정화 및 와 이주에 250만 달러를 지출하였다.

3) 타임즈 비치 사건

미국 중부 미주리주의 타임즈 비치라는 작은 시골 마을의 주민들은 여름이 되면 비포장 도로에서 날리는 먼지로 겪는 고통을 해소하기 위해 1971년부터 수 년에 걸쳐 도로에 기름을 살포하였다.

이 후, 마을에 이상한 일들이 일어나기 시작하였는 데, 기름 살포 다음날 수 십 마리의 참새가 떨어져 죽었고, 한 달 이내에 개와 고양이가 죽어 나갔다. 도로 옆에 있던 목장의 말 43마리가 1년 이내에 죽었으며, 임신한 말들은 모두 사산하였다. 또한, 목장 주인은 두통, 설사, 가슴 통증 등으로 고통을 받았고 다른 가족들도 비슷한 증세로 입원 치료까지 해야만 하였다. 주민들의 신장암, 폐암, 후두암 및 간질환 발생율 또한 높아졌다.

1982년 미 환경처는 타임즈 비치 주민들의 심각한 상태를 보고 받고 그 원인을 조사한 결과, 비포장 도로에 뿌렸던 기름 속에 다량의 다이옥신이라는 유독성 물질이 포함되어 있음을 알아내었다. 주민들은 그 동안 이 유독성 물질이 들어 있는 공기를 마시며 살아 왔던 것이다. 이후 주민들은 모두 다른 곳으로 이주하였고 마을은 통행마저 금지된 불모의 지역이 되었다.

9.5 토양 복원

환경 매체의 오염이 증가함에 따라 오염 물질의 확산을 막거나, 오염 매체를 정화하는 여러 가지 기술들이 개발되었다.

주위의 토양이나 지하수로의 오염 물질의 확산을 막는 방법으로 매몰 오염물의 제거, 오염 지층의 제거, 지반 피복법 등이 있다.

오염 토양을 정화 또는 복원하기 위한 방법에는 물리, 화학적 처리 방법으로 토양 증기 추출법(Soil vapor extraction, SVE), 토양 세척법(Soil washing treatment), 화학적 산화법(Chemical oxidation treatment) 등이 있으며, 오염 토양을 소각이나 열분해를 통해 유해 물질을 분해시키는 열 처리법(Thermal treatment) 및 미생물을 이용하여 유해 물질을 분해, 최종적으로 이산화탄소와 물로 전환시키는 생분해법(Bioremedation) 등이 있다.

9.5.1 물리, 화학적 처리

토양의 유해 물질이 생분해 속도가 느리거나 분해되지 않을 때는 물리, 화학적 처리 기술을 이용한다. 휘발성이 큰 물질에 의해 오염되었을 때는 토양 증기 추출법, 정화 대상이 비휘발성, 생물학적 난분해성 물질, 중금속 등으로 오염되었을 때는 주로 토양 세척법을 이용한다.

9.5.2. 열 처리

휘발성 유기 물질로 오염된 토양의 복원에 널리 쓰이는 방법으로 오염된 토양을 소각이나 열 분해를 통해 토양 중의 유해 물질을 분해시키는 기술이다.

열 처리법은 정화 효율은 가장 높으나, 타 처리 기술에 비해 비용이 많이 든다는 것이 단점이다. 이 방법은 토양 형태나 오염 물질의 종류에 관계없이 적용 범위가 넓어, 할로겐, 비할로겐, 휘발성 물질 및 비휘발성 물질, PCB, 농약 등 유기성 오염 물질은 모두 처리가 가능하다. 유류 오염 토양에 대하여 열 처리 기술을 적용할 때에는 열 분해 방법이 주로 채택된다.

그러나, 카드뮴이나 수은을 제외한 중금속은 일정한 온도에서 처리되지 않고 온도를 높이면 유리화가 될 뿐이다.

표 9.3 토양 복원을 위한 열처리법의 종류 및 그 특성

기술	공정 개요	비고
지중 유리화법	오염 토양 및 슬러지를 전기적으로 용융시켜, 용출이 잘 안되는 소결정으로	
저온 열 탈착법	폐기물 내의 수분 및 유기 오염 물질을 휘발시키기 위하여 400~800℃로 가열, 가스 처리	
소각법	산소가 존재하는 상태에서 800~1,200℃의 고온으로 소각, 분해	가장 저렴

9.5.3 생물학적 처리

생분해법(Bioremedation)이라고도 하며, 미생물에 의해 유해 물질을 처리하여 최종적으로 이산화탄소와 물로 전환시키는 것을 목표로 한다. 자연 상태에서는 이러한 과정이 오랜 시간에 걸쳐 서서히 이루어진다.

생물학적 처리기술은 액상 오염 물질, 슬러지, 오염된 토양 등에서 발견되는 유해 물질을 분해시키기 위하여 미생물, 박테리아, 조류의 효소 활동을 이용한다. 따라서, 이 처리 기술은 주변의 환경, 즉 pH, 온도, 공기 농도, 영양 물질 농도, 오염 물질의 농도 등에 많은 영향을 받으며, 처리 비용은 비교적 적은 편이다. 몇 가지 생물학적 처리 방법을 표 9.4에 정리하여 보았다.

표 9.4 생물학적 토양 복원법의 종류 및 그 특성

기술	공정 개요	비고
생분해법	산소와 양분을 함유한 수용액을 오염 토양 내로 순환, 토착 미생물의 활성을 자극, 유기물 분해능을 증대	
생물 주입 배출법	오염 토양에 강제적으로 공기를 주입, 산소 농도를 증대, 미생물의 분해능을 증진	
토양 경작법	오염 토양을 채취, 지표면에 깔아 놓고 정기적으로 뒤집어 줌으로써 공기를 공급, 호기적으로 분해	

9.5.4 고형화 및 안정화에 의한 처리

Clay, silicate 등의 화학 물질을 첨가하여 토양의 유독성 물질의 이동성과 용출성을 최소화시키는 방법이다.

토양중의 고형화 및 안정화 대상 오염 물질은 중금속과 같은 무기물이지만, 최근에는 유기물을 처리할 수 있는 장치도 개발되고 있다. 이 기술은 최종 또는 중간 처리 기법으로 사용되며 방사성 물질을 포함한 무기 물질 처리에 효과적이다.

연습문제

1. 사막에서 모래가 만들어지는 이유가 무엇일까?

2. 산불이 토양에 미치는 영향을 기술하라.

3. 토양을 이루고 있는 입자의 크기와 보습 정도를 비교하라.

4. 적조 현상을 설명하라.

5. 토양의 산성화가 상당히 심각한 결과를 초래하고 있다. 산성 토양을 작물 재배에 적합하게 하려면 어떻게 하여야할까?

6. 아직도 토양에 잔류농약이 남아 있는데 제거하는 방법이 무엇일까?

내분비계 장애물질

CHAPTER 10

10.1 내분비계(internal secretion system)

생체 내에서 각종 호르몬을 생산하고 분비, 방출하는 계통을 통틀어 내분비계라 한다. 내분비계는 생체 호르몬을 분비하는 내분비샘((endocrine gland), 내분비 샘으로부터 분비되어 혈액을 통해 체내를 순환하며 표적이 되는 기관의 세포에 정보 및 지령을 전달하는 생체 호르몬(hormone) 및 세포 표면에 수용체(receptor)를 가지고 있어 특정한 생체 호르몬을 인지, 식별하여 정보를 수신하는 표적 기관(target organ)의 3 요소로 구분할 수 있다.

10.2 생체 호르몬

척추동물은 일반적으로 생체 호르몬과 유관한 표적 기관과의 상호 작용에 의해 항상성(homeostasis)을 유지한다.

생체 호르몬은 내분비계라 부르는 생물의 특정 기관이나 조직의 세포에서 분비되는 유기 화학물질을 통칭하는 것으로, 내분비샘(endocrine gland)으로부터 직접 혈액 속에 분비되어 혈액을 통해 체내를 순환하며 목표로 하는 표적 기관에 정보 및 지령을 전달한다. 척추동물은 모두 내분비계를 가지고 있으며, 신경 계통과의 협력 과정을 통하여 영양, 대사, 분비, 수분과 염의 균형 유지 등 체내의 항상성 유지, 외부 자극에 대한 반응, 성장, 발육, 생식 조절, 에너지 생산과 이용 및 저장 의 대사 등 생체내 전반적인 생리 활동에 관여한다. 인체의 주요 내분비 기관과 이로부터 분비되는 생체 호르몬을 그림 10-1에 나타내었다.

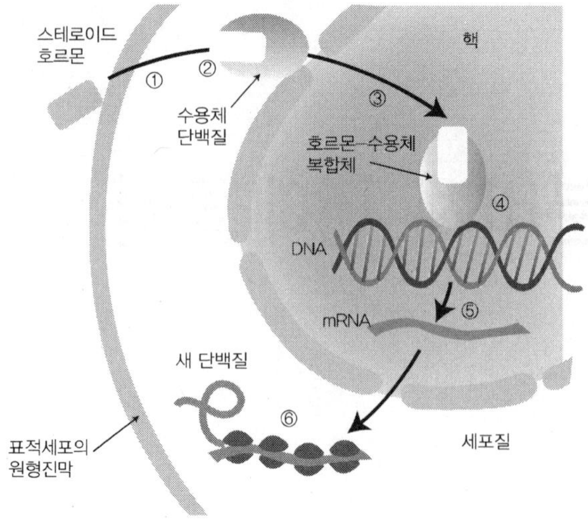

그림 10-1

표적 기관은 주로 세포 표면에 있는 수용체라 하는 장치에 의해 분비된 생체 호르몬을 인지, 식별하게 된다. 이 수용체는 주로 단백질로 되어 있으며, 선택성이 높아 생체 호르몬 분자를 효소와 기질의 관계처럼 정확하게 인지, 결합하므로서 10^{-5}~10^{-10} 단위의 지극히 낮은 농도에서도 호르몬으로부터의 정보를 정확하게 수신하게 된다.

10.3 내분비계 장애물질(Endocrine disrupter)

10.3.1 내분비계 장애물질이란?

내분비계 장애물질은 생체 호르몬을 분비하는 내분비계의 정상적인 기능을 방해하는 외인성 화학물질로, 체내 유입시 각종 암을 유발하거나, 생식 이상, 기형을 초래한다.

美 환경보호국(EPA, Environmental protection agency)은 '체내의 항상성 유지와 발생 과정을 조절하는 생체내 호르몬의 생산, 분비, 이동, 대사 결합 작용 및 배설을 간섭하는 외인성 물질로, 경제협력개발기구(Organization for economic cooperation and development, OECD)는 '내분비계 기능에 변화를 일으켜 정상적인 개체 또는 그 자손의 건강에 위해한 영향을 끼치는 외인성 물질로 정의하고 있다.

10.3.2 내분비계 장애 물질의 특성

내분비계 장애물질이란 생체 내에서 정상적으로 생성, 분비되는 물질이 아니라 인위적인 요인에 의해서 외부로부터 생체내로 유입되어 생체호르몬의 정상적인 기능을 방해하는 물질로 환경호르몬이라고도 한다.

미국, 유럽, 일본 등에서 인간 및 동물 수컷의 정자수를 감소시키거나 수컷의 암컷화, 차세대의 성장 억제 등을 초래하는 인위적인 물질이 발견되었다. 이러한 물질을 학술적으로는 내분비계 장애 물질이라고 부르는 데, 1997년 5월 일본학자들이 NHK에 출연하여 '환경 중에 배출된 화학 물질이 생물체내에 유입되어 마치 생체내 호르몬처럼 작용한다'고 하여 환경호르몬이란 신조어가 생겨나게 되었다. 내분비계 장애물질에는 광범위한 합성화학물질 의약품 및 일부 천연 물질들이 포함되어 있으며 생체내의 섬세한 호르몬계에 영향을 주기 때문에 극미량으로도 생식 기능에 이상을 가져올 수 있으며 독성물질과는 달리 차세대에 영향을 미칠 수도 있다는 점에서 인류에게 중요한 위해 요소로 인식되고 있다.

최근 내분비계 장애물질은 생태계 및 인간의 호르몬계에 영향을 미쳐 생식 기능 저하, 기형 유발, 성장 장애, 암 등을 유발하는 위험 물질로 지구 온난화, 오존층 파괴와 함께 세계 3대 환경 문제로 인식되고 있다.

환경호르몬은 당대는 물론 자손의 건강에도 영향을 미칠 수 있는 외인성 물질로 특히, 성호르몬의 기능에 영향을 주기 때문에 건강은 물론 생식능력을 감소시켜 생물군의 개체수 감소를 야기할 수도 있어 생태계의 존속을 위협하는 물질로 인식되고 있다.

환경호르몬은 기존의 독성 화학물질들보다 훨씬 더 낮은 농도에서 생체에 영향을 미칠 수 있으며, 대부분 지방 친화성이 있어 먹이 사슬을 통해 체내 지방 조직에 추적되는 것으로 알려져 있다. 또한, 생체 호르몬과 달리 쉽게 분해되지 않고, 잔류 독성이 강하여 생체 내에 수년간 지속되기도 하며, 환경호르몬의 종류에 따라 저해 기전이 다르고 검색 및 시험 방법 등이 확립되어 있지 아니하여 잠재적 위험성이 더욱 더 크다.

10.4 내분비계 장애물질의 작용 기전

10.4.1 생체 호르몬의 작용 기전

생체 호르몬의 작용은 외부 자극에 대한 적절한 호르몬의 합성, 방출, 표적 기관으로의 수송, 수용체의 인식 및 결합, 신호 전달 및 유전자 발현 단계 등의 일련의 과정을 거쳐 필요한 단백질의 합성을 통한 자극에 대한 대응으로 이루어진다.

10.4.2 내분비계 장애 물질의 작용 기전

내분비계 장애 물질은 생체 호르몬의 정상적인 작용 기전 중 어느 한 단계 이상의 과정을 저해 또는 교란함으로서 장애를 나타낸다. 예를 들면, styrene dimer나 trimer의 경우, 호르몬 합성 단계를 저해하고, PCB, DDE 및 Nonyl phenol 등은 수용체 인식 및 결합 단계를 저해하며, 다이옥신류는 유전자 발현 단계를 저해하는 것으로 알려져 있다.

내분비계 장애물질의 작용 기전은 종류에 따라 호르몬 유사 작용, 호르몬 저해 작용, 호르몬 촉발 작용 등으로 구분할 수 있다.

1) 호르몬 유사 작용

내분비계 장애물질이 정상 호르몬 대신 수용체와 결합하여 마치 호르몬처럼 작용하는 것으로 호르몬 유사 물질로 불리며, 대표적인 예가 DES, PCB, nonyl phenol, 프탈레이트 등이 있다. 이러한 유사 물질은 정상 생체 호르몬보다 강하거나, 약한 신호를 보내 내분비계의 교란을 야기할 수 있다.

구체적인 예로는 nonylphenol과 같은 estrogen 유사 호르몬의 작용을 들 수 있다. 1988년 미국 보스턴에 있는 터프트 대학 의대 실험실에서 유방암 세포 증식 실험을 하고 있던 중, estrogen을 투여하지 않았는데도 이상하게 유방암 세포가 증식되는 배양 플라스크를 발견했다. 원인을 추적해보니 유방암 세포 배양에 사용한 모 회사의 플라스틱 시험관으로부터 nonylphenol이라는 화학 물질이 용출되어 나왔기 때문인 것으로 밝혀졌다.

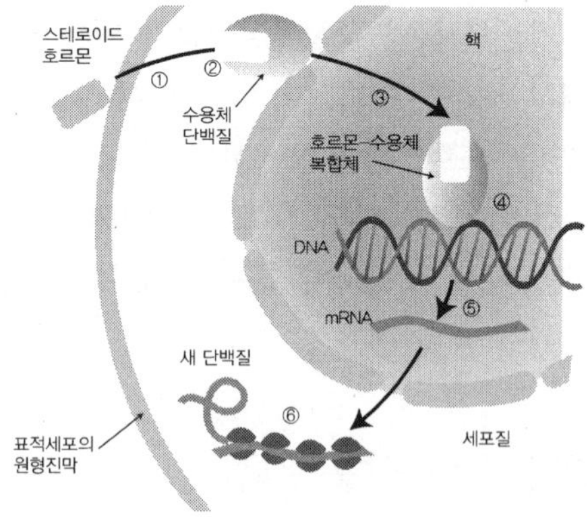

그림 10-2

2) 호르몬 저해 작용

내분비계 장애물질이 정상 호르몬의 수용체와 결합하는 것을 차단하여 내분비계가 제 기능을 못하게 하는 것으로 '호르몬 저해물질'이라고도 한다. 대표적인 예로는 DDT의 분해 산물인 DDE (노출시, 악어의 남성 호르몬이 제 기능을 못하여 수컷이 생식 불능으로), 딸기, 오이 등의 잿빛곰팡이병 방제용 살균제인 vinclozolin 등이 있다.

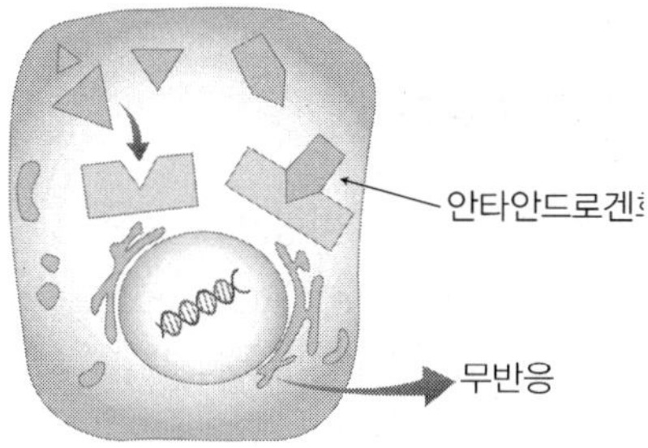

3) 호르몬 촉발 작용

내분비계 장애물질이 내분비와 전혀 무관한 수용체와 결합함으로써 암과 같은 비정상적인 생장 대사 이상, 불필요하거나 해로운 물질의 합성 등 왜곡된 대사 작용을 유발한다. 대표적인 예로는 다이옥신 및 다이옥신 유사 물질이 있다.

10.5 내분비계 장애 물질의 종류

내분비계 장애를 일으킬 수 있는 것으로 추정되는 물질로는 각종 산업용 화학 물질, 살충제 및 제초제 등의 농약류, 중금속류, 식물에 존재하는 phytoestrogen 등의 호르몬 유사물질, 유산 방지제로 사용되어 온 diethyl stilbestrol(DES)과 같은 합성 에스트로젠류 및 식품, 식품 첨가물, 피복 전선이나 페인트 성분이 들어 있는 화합물을 소각할 때 발생하는 다이옥신류, 비스페놀A, DDTs, PCBs, hexachlorocyclohexane(HCH), 선박 바닥의 조개 및 어패류 부착 방지용 도료 성분인 유기 주석 화합물(tributyl tin, TBT), 합성 세제의 원료인 알킬 페놀, 일회용 용기로 쓰이는 스티로폼의 주성분인 스티렌 이량체 등을 들 수 있다. 현재까지 세계 야생 동물 보호 기금(World Wildlife Fund, WWF) 목록에는 67종, 일본 후생성에는 142종, 미국에서는 73종의 물질이 내분비계 장애 물질로 분류, 등재되어 있다(표 10.1).

표 10.1 내분비계 장애 물질의 분류

세계생태보전기금(67종)	일본후생성(142종)
다이옥신류 등 유기염소물질 6종	프탈레이트 에스테르 등 가소제 9종
DDT 등 농약류 44종	플라스틱 유래 물질 17종
Pentanonyl phenol 류	다이옥신류 21종
비스페놀 A	DDT 등 농약류 75종
프탈레이트류 8종	수은 등 중금속 3종
스티렌 이량체 및 삼량체	DES 등 합성 에스트로젠 8종
벤조피렌	식품 및 식품 첨가물 3종
2,4-dichlorophenol 등 5종	Phytoestrogen 등의 유사 호르몬 6종

국립환경연구원 환경위해성연구과, 1998. 6

10.5.1 유기 염소계 화합물

인체내의 잔류 독성이 높고 극미량으로 독성을 나타내므로 잔류성 유기 오염물질(persistent organic pollutants, POP)라고도 하며, 다이옥신류, polychlorinated benzene(PCB), dichloro- diphenyl- trichloro- ethane(DDT), hexachloro cyclohexane(HCH) 등이 잘 알려져 있다.

1) 다이옥신류

다이옥신류는 현재까지 인류가 만들어낸 약 1,000만종의 화합물중 가장 독성이 강한 물질로 청산칼리보다 1,000배나 강하여, 다이옥신 1g으로 성인 약 2만명을 살상할 수 있을 정도이다. 대표적인 다이옥신인 polychlorinated dibenzo-*p*-dioxin (PCDD)와 polychlorinated dibenzo furan (PCDF)의 화학 구조를 그림 X에 나타내었다. 현재 탄소에 부가되는 염소의 위치와 수에 따라, PCDD 75 종, PCDF 135종으로 총 210종이 보고되었다.

PCDD　　　　PCDF

이 물질이 체내에 들어가면 간 및 신장을 파손시키고, 면역성 저하, 피부병, 암, 성격장애 및 정서 불안 등을 초래하는 것으로 알려져 있다. 이는 이미 베트남 전쟁 당시 사용되었던 고엽제에 불순물로 포함된 다이옥신류를 통하여 널리 알려진 사실이다. 다이옥신의 대부분은 도시 쓰레기와 폐기물의 소각 중에 발생하는 것으로 추정되고 있으며, 대기를 통하여 광범위한 대규모의 오염으로 확산된다. 이렇듯 다양한 경로를 통하여 환경에 유입된 다이옥신은 육류, 유제품 등의 식품을 통하여 인체에 유입되는 것으로 알려져 있다.

최근 다이옥신이 갑상선 호르몬을 과잉 분비시킴으로서 구개열이라는 기형을 유발하고, 성 호르몬인 estrogen과 progesteron의 불균형을 초래하여 생식 기능에 영향을 줄 수 있다는 것이 보고되었다.

2) Polychlorinated benzene

Polychlorinated benzene(PCB)는 화학적으로 매우 안정하고, 내열성 및 전기 절연성이 뛰어나 각종 콘덴서의절연유, 공업용 열매체, 윤활유, 인쇄 잉크, 복사지, 도료 등에 광범위하게 이용되고 있는 물질로, Aroclor, Kaneclor, Clophen 등의 상품명으로 생산, 사용되고 있다.

PCB는 동물 실험을 통하여 주로 생식기, 면역계, 뇌신경계, 간 조직 및 호르몬 대사 등에 영향을 미치는 것으로 알려져 있다. 특히, estrogen의 분해를 촉진, 성 호르몬의 불균형을 초래, 생식 기능에 영향을 줄 수 있다는 것이 보고되었다. 또한, 자연 생태계에서 분해가 잘 안되고 생체내에 농축되는 특성으로 인하여 대부분의 OECD 국가들은 1990년 초부터 PCB의 유통 및 사용을 전면적으로 금지시킨 물질이다.

3) 살충제류

Dichloro- diphenyl- trichloro- ethane(DDT)은 유기염소계 살충제로 환경 중에서 분해 속도가 늦고 잔류 독성이 강하며, 생물 농축을 야기, 인체에 유입되어 지방 조직에 축적되어 조직을 파괴하고 칼슘 대사 장애을 유발하는 것으로 알려져 있다. DDT의 강한 독성 때문에 HCH와 함께 1972년부터 전세계적으로 사용이 전면 금지 되었지만, 아직도 일부 열대 및 아열대 지방에서 말라리아 예방용으로 계속 사용되고 있다.

Hexachloro cyclohexane(HCH) 역시 강력한 살충제로 DDT와 비슷한 특성을 지니고 있으나, DDT에 비해 훨씬 빠르게 나타나는 살충 효과 때문에 목재 처리시 흰개미 구제용으로 사용되고 있다. 하지만, 강한 독성으로 인하여 농약이나 가정용 살충제로는 1972년부터 사용이 금지되어 왔다. 인체에 축적되었을 경우, 주로 신경계에 작용하여 경련, 호흡 곤란 및 흥분 등을 유발하는 것으로 알려져 있다.

이 들 내분비계 장애 물질로 분류되는 염소계 유기 화합물을 종류별로 발생원과 그 특징을 표 10.2에 정리하여 보았다.

표 10.2 유기 염소계 화합물의 종류 및 그 특성

화학 물질	발생원	폐 해
다이옥신류	도시 쓰레기와 폐기물의 소각 중	갑상선 hormone의 과잉 분비로 인한 구개열 기형 성 호르몬 불균형으로 생식 기능 이상
PCB	콘덴서 절연유, 열매체, 윤활유, 인쇄 잉크, 복사지, 도료 등	생식기, 면역계, 뇌 및 간 조직에 영향 에스트로젠의 분해 촉진으로 성 호르몬의 불균형 초래
DDT	유기염소계 살충제	지방 조직에 축적, 지방 조직 파괴와 칼슘 대사 장애 및 암 발생 유발 성 호르몬의 구조나 분비에 변화를 유발, 생식 이상
HCH	목재 처리시 흰개미 구제용 살충제	신경계에 작용, 경련, 호흡곤란, 흥분 등을 유발

10.5.2 Estrogen 유사 물질

Estrogen은 여성 호르몬의 하나로 난포나 태반에서 생성되어 여성의 2차 성징 발현을 촉진하고 자궁 점막의 증식에 관여하는 것으로 알려져 있다.

식물 estrogen은 호주에서 클로버를 먹은 방목양들의 대량 불임 사건이후 널리 알려지게 되었으며, 콩, 알팔파, 클로바 등의 콩과 식물에 함유되어 있다. 이 들은 인체 잔류성은 없지만, estrogen과 유사 작용을 하는 것으로 알려져 내분비계 장애 물질로 분류되어 있다.

합성 estrogen의 일종인 diethylstilbestrol(DES)은 임산부의 유산 방지를 위해 개발, 사용되었으나, estrogen과의 유사 작용에 의한 2세의 생식기 이상을 초래하는 것으로 알려져 있다. 이를 복용한 임산부에게서 태어난 2세의 생식능 감소는 물론, 딸의 경우, 자궁 기형 및 불임을 초래하는 것으로 보고되었다.

10.5.3 유기 주석 화합물

선박의 바닥, 양식장 그물, 어망 등에 해초류나 조개 퇴치용으로 칠하는 도료에 포함되어 있는 tributyl tin(TBT), triphenyl tin(TPT) 등을 들 수 있으며, 이들은 연안에서 생산되는 어패류 오염의 주범으로 알려져 있다. 이들은 고래의 경우, 웅성 호르몬인 androgen을 자성 호르몬인 estrogen으로 전환시키는 효소 기능을 저해, 암컷 체내에 수컷 생식기가 만들어지는 현상을 초래한다.

1980년대초 프랑스의 굴 양식장에서 기형 발생, 1986년 일본 방어 양식장의 기형 방어 소동, 1990년 일본 연안에서 발견된 암컷 고동에 수컷의 생식기가 발생하는 현상, 최근 우리나라 연안의 대수리의 imposex 발생 빈도의 증가 등은 유기 주석에 의한 폐해로 알려져 있다.

10.5.4 비염소계 유기화합물

비이온성 계면 활성제에 포함되어 있는 물질로 가정용 및 산업용 세제에 포함되어 폐수와 함께 수계로 유입되는 nonyl phenol을 들 수 있다. Bisphenol A는 플라스틱인 polycarbonate (PC) 및 epoxy 수지의 합성 원료 물질로, 통조림 캔의 내부 코팅제, 치과 치료용 충진재 및 플라스틱 물통 등에 포함되어 있으며, 젖병, 식판 등 polycarbonate 수지로 만든 제품에 뜨거운 것을 담거나 가열하면 용출되어 나온다. 이외에도 수혈용 혈액 bag, 호일, 플라스틱 용기로부터 플라스틱에 유연성 증대와 고무풍선의 신축성을 높이기 위해 사용하는 가소제류에 포함된 프탈산 화합물, 플라스틱 고온 가공시 산화 방지용 첨가제로 사용하는 butyl hydroxy toluene(BHT), 발포성 스티롤을 원료로 하는 컵라면 용기 등에 포함되어 있는 Styrene dimer & trimer 등을 들 수 있다.

이 들 내분비계 장애 물질로 분류되는 비염소계 유기 화합물을 종류별로 발생원과 그 특징을 표 10.3에 정리하여 보았다.

표 10.3 비염소계 유기 화합물의 종류 및 그 특성

화학 물질	발생원	특 징
Nonyl phenol	가정용 및 산업용 세제인 비이온성 계면 활성제 플라스틱류	생물 농축 estrogen 유사 작용
Bisphenol A	polycarbonate (PC) 및 epoxy 수지 젖병, 식판, 통조림 can 등	estrogen 유사작용 유방암 세포 증식에 용출량이 극미량으로 만성적
Diethylhexyl pthalate(DEHP)	플라스틱류 가소제, 수혈용 혈액백, 호일, 플라스틱 용기, 고무 풍선	체내 지방 조직에 축적 기화 용이, 난분해성으로 도처에 존재
Butyl hydroxy toluene(BHT)	플라스틱 고온 가공시 산화 방지용 첨가제	estrogen 유사작용
Styrene dimer & trimer	컵라면 용기 발포성 스티로폼을 원료로 하는 용기류	estrogen 유사작용

10.6 내분비계 장애 물질의 폐해

내분비계 장애 물질은 1996년 3월 '도둑맞은 미래(Our stolen future)'라는 책이 발간되면서 全세계적으로 주목받게 되었으며, 1991년 세계 야생 동물 보호 기금(World Wildlife Fund, WWF)이 야생 동물의 생태 조사 결과를 보고하면서 그 폐해가 본격적으로 알려지게 되었다.

내분비계 장애 물질은 생체 호르몬의 기능을 교란, 저해하여, 조류 및 어류의 갑상선 질환, 조류 및 어패류의 생식력 감소 및 대사 이상, 포유류의 생식력 감소 및 대사 이상, 조류, 어류 및 포유류의 수컷의 탈남성화와 면역 계통 이상 등을 유발한다. 대부분의 과학자들은 이와 유사한 양상으로 사람의 경우도 영향을 미칠 것으로 생각하고 있다.

인간을 포함한 자연 생태계에서 나타날 수 있는 내분비계 장애 물질의 대표적인 폐해는 호르몬 분비의 불균형으로 인한 생식능의 저하 및 생식 기관의 기형, 생장 저해, 암 유발 및 면역 기능 저해 등으로 요약할 수 있다.

10.6.1 야생 동물에 대한 폐해

어패류에 대한 영향으로는 주로 수컷의 생식능 저하와 수컷의 암컷화 현상으로 인한 개체수의 감소로 나타난다. 미국 오대호 연안의 연어의 경우, 비정상적인 갑상선이 발달하고, 2 차 성징이 나타나지 않는 것으로 보고되었다. 영국에서는 1980년대 후반에 암수 구분이 어려운 어류를 대량으로 발견하였는 바, 이는 비이온성 계면활성제의 분해

산물인 alkyl phenol에 의한 것으로 확인되었다. 또한, 1986년 일본의 방어 양식장에서 TBT나 TPT에 의해 등뼈가 굽은 기형 방어가 발견된 이래, 생식기 이상, 임포섹스, 산란 장애, 불임 등으로 인한 개체수가 급격하게 감소하는 것으로 나타났다.

양서 파충류가 생식 및 발생 과정에서 내분비계 장애 물질에 노출되면 부화율 감소 및 기형 발생이 현저하게 증가하는 것으로 알려져 있다. 대표적인 사례는 1980년 미국 플로리다 주의 아포프카 호수에 타워 화학회사가 사고로 유출한 살충제 dicopol에 함유된 DDE(DDT의 분해 산물)에 의한 오염으로 악어 알의 부화율 감소, 수컷 악어의 암컷화, 수컷 악어의 60% 이상의 생식기 기형 현상이 발생하였다.

대부분 먹이 연쇄의 최상위 포식자에 해당하는 조류의 경우, 생물 농축 과정을 거쳐 생식능의 저하, 성적 습성의 변화, 면역 기능의 저하, 알의 부화율 저하, 기형 등으로 나타난다. 구체적인 예로는 동성 짝짓기를 하고 알을 포기하는 청어 갈매기, 둥우리를 만들지도 않고 둥우리로 귀소하지 않고 새끼를 버리는 미국 플로리다의 흰머리 독수리, 여러 마리의 암컷이 둥지 하나에 공동으로 산란하는 세인트 니콜라스 섬의 태평양 갈매기 등을 들 수 있다.

포유류의 경우, 수달의 급격한 감소, 어린 밍크의 사망률 증가, 백곰의 개체수 감소, 대서양 해안의 병코 돌고래(Bottlenose dolphines) 및 시베리아 바이칼 호수의 물개 의 수많은 죽음, 지중해 얼룩 돌고래(Striped dolphins) 수천 마리의 죽음, PCB와 DDT 오염으로 인한 면역 기능의 저하로 바이러스나 세균 감염으로 죽은 바다 표범, PCB나 DDE 오염 사료를 먹은 미국 플로리다 아메리카 표범의 발육과 생식기 이상 등에서 볼 수 있듯이 개체수 감소, 생식기 이상, 수정율 감소, 수컷의 암컷화, 면역 기능 저하 등으로 요약할 수 있다.

야생 동물에 대한 내분비계 장애 물질의 구체적인 피해 예를 그림 10.3에 정리하였다.

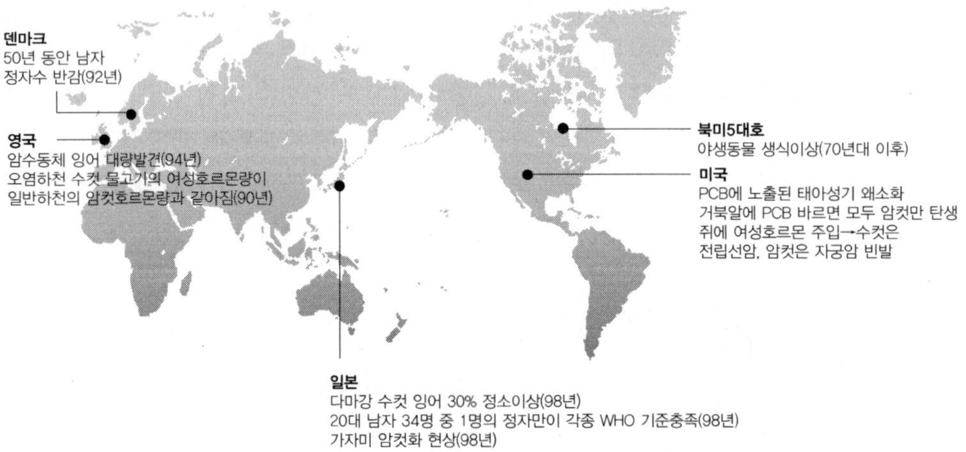

그림 10-3

10.6.2 사람에 대한 영향

사람의 경우에도 내분비계 장애 물질에 노출되면 정자수의 감소, 호르몬 분비의 불균형, 생식 능력 저하 및 생식기관 기형, 생장 저해, 면역 기능 저해, 암의 유발 등을 야기시키는 것으로 알려져 있으며, 현재는 물론 미래의 인간 건강에 대해서도 심각한 영향을 미칠 것으로 생각되고 있다.

1) 남성의 경우

내분비계 장애 물질에 노출된 남성의 경우, 정자수 및 정액량의 감소, 정자 운동성의 저하, 기형 정자수의 증가, 생식기 기형, 정소암, 정류고환, 전립선 비대증 등의 현상으로 나타난다. 덴마크 남성의 경우, 1942년 대비 1992년 50년 사이에 정자수가 50%로, 정액량은 25%로 감소한 것으로 나타났다. 1945년생과 1962년생 30세 남성의 정자수를 비교한 프랑스 연구에서도 불과 20년 사이에 정자수가 50%로 감소한 것으로 나타났다. 이는 정액 1ml 내의 정자수가 2,000만 개 이하가 되면 불임의 원인이 된다는 점을 감안할 때, 이러한 추세는 심각한 실정이다.

정소암의 경우, 50년 전에 비해 4배로 증가하였으며, 정류고환은 20년 사이 2배 정도 증가한 것으로 나타났다. 이외에도 기형 정자의 발생율 증가, 정자의 운동성 저하 등도 인류 미래에 심각한 불안 요인으로 생각되고 있다.

내분비계 장애 물질에 노출된 남성은 암 발생율도 현저하게 증가하였는 바, 고엽제에 노출된 남성의 연조직 육종, 양성 림프종, 호치킨병 등은 그 대표적인 예라 할 수 있다. 한편, 1979년 대만의 PCB 오염 사고 당시 노출된 남성의 2세들의 경우, 왜소한 음경, 운돈 장애 및 지능 장애, 행동 이상 및 발달 지체 등의 현상이 나타났으며, 지능 또한 5점 정도 낮은 것으로 밝혀졌다.

2) 여성의 경우

내분비계 장애 물질에 노출된 여성의 경우, 유방 및 생식 기관의 암, 유방 섬유 세포 질환, 골반 염증성 질환, 유산, 불임, 자궁외 임신, 자궁 섬유종, 임신 여성의 태아 발생 저해, 기형아 출산, 동성 또는 양성애적 성향 등을 유발하는 것으로 나타났으며, 내분비계 장애 물질은 노출된 여성으로부터 출생한 2세에 까지 영향을 미쳐, 자궁 기형, 불임, 생식능 및 면역 기능 저하 등으로 나타났다.

인간에 대한 내분비계 장애 물질의 구체적인 피해 예를 그림 10.4에 정리하였다.

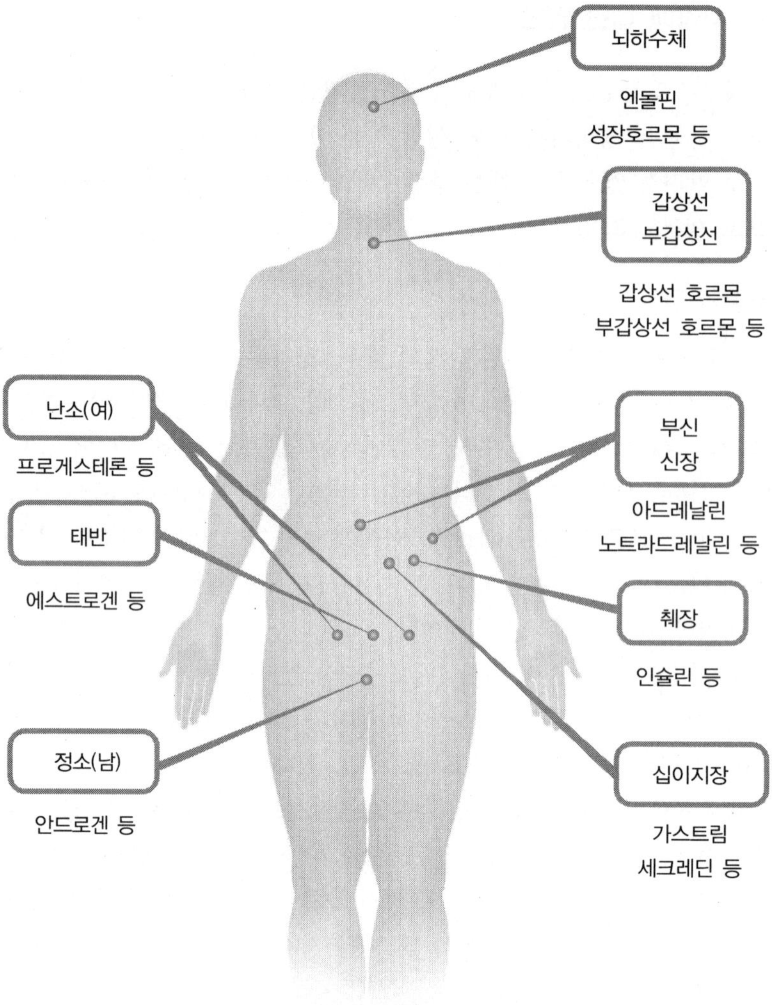

그림 10-4 내분비계 장애물질

10.7 내분비계 장애 물질에 대한 대처 방안

10.7.1 내분비계 장애 물질 배출의 최소화

대부분의 환경 문제가 그러하듯이 내분비계 장애 물질을 줄이고 예방하는 방안도 정부 차원의 정책을 통하여 생산과 소비를 규제하고 감시하는 것이 바람직하나, 산업체와 개인 차원에서 내분비계 장애 물질의 발생을 최소화하고, 내분비계 장애 물질에 노출되지 않도록 예방하는 노력이 필요하다.

1) 정부 차원에서

국가 차원에서의 내분비계 장애 물질의 위해성을 지속적으로 홍보하고, 내분비계 장애 물질 용출 우려 제품의 생산과 소비를 규제하고 감시할 수 있는 적절한 법규의 제정, 시행하도록 한다.

2) 산업체 차원에서

내분비계 장애 물질 용출이 우려되는 생활용품으로는 플라스틱 용기, 음료캔, 병마개, 수도관의 내장 코팅제, 치과 치료용 코팅제, 합성 세제, 플라스틱 가소제, 일회용 용기 등 이루 헤아릴 수가 없을 정도이다. 따라서, 산업체에서는 생산품에 대한 내분비계 장애 물질 용출 정도 및 독성에 대한 엄정한 평가를 통하여 소비자에게 제품의 위해성에 대한 정보를 제공해야 한다.

또한, 제품 생산에서 폐시에 이르기까지의 全과정에 청정 기술을 도입하고, 생산 제품에 대한 엄정한 평가, 관리를 통하여 오염을 방지하도록 노력해야 한다.

3) 개인 차원에서

우리가 일상 생활을 통하여 흔히 사용하는 생활 용품으로부터 용출이 우려되는 내분비계 장애 물질을 표 10.4에 정리하여 보았다.

표 10.4 일상 생활 용품에서 용출되는 내분비계 장애 물질

내분비계 장애 물질	생활용품
비스페놀 A	플라스틱 용기, 음료캔, 병마개, 수도관의 내장 코팅제, 치과 치료시 이용되는 코팅제 등
알킬페놀	합성세제
스티렌다이머 및 트라이머	컵라면 용기, 스티로폴류
프탈레이트 에스터	플라스틱 가소제
수은	폐건전지

국립환경연구원 환경위해성연구과, 1998. 6

일상 생활에서 개인 차원에서 내분비계 장애 물질의 발생을 최소화하고, 노출을 예방할 수 있는 방안을 아래와 같이 요약하여 보았다.

- 외출 후 손을 자주 씻는다.
- 깨끗한 물을 마시도록 노력한다.
  수돗물과 지하수의 오염을 점검해야 하고, 정수기는 위해 물질을 제거해주지 못하므로 과신하지 않는다.
- 플라스틱 제품의 사용을 자제한다.
- 1회용 식품 용기의 사용을 가능하면 피한다.

- PVC 재질의 어린이용 장난감이나 생활용품은 조심하여 사용한다.
  특히, PVC 재질의 어린이용 놀이 매트 등을 뜨거운 스팀 청소기로 닦는 것을 피한다.
- 음식을 데울 때는 랩보다는 유리 뚜껑을 사용한다.
  특히, 컵라면을 전자 레인지에 넣고 끓이는 것은 금물이다.
- 방향제나 공기 청정기보다는 하루에 5번 이상 창문을 활짝 열어 환기시킨다.
- 새 옷을 구입하면 한번 세탁 후에 입어 포름알데히드 노출을 줄인다.
- 디자인이 복잡한 옷을 피한다.
  디자인이 복잡할수록 섬유 가공에 사용되는 발암 물질인 포름알데히드가 들어갈 가능성이 높다.

10.7.2 식이 요법을 통한 대처 방안

일상 생활에서 내분비계 장애 물질을 줄이고 예방하는 여러 가지 diet 방안을 아래와 같이 요약하여 보았다.

- 지방이 많은 육류와 생선 껍질은 가급적 먹지 않는다.
  먹이 사슬의 위쪽에 있을수록 많이, 특히 지방 조직에 집중적으로 축적되어 있다.
- 야채, 채소 등의 농산물은 흐르는 물에 깨끗이 씻어 먹는다.
  내분비계 장애 물질 67종 가운데 40종 이상이 농약 유래 물질인 점을 간과해서는 안된다.
- 음료수나 통조림 캔류의 음식은 데워 먹는 것을 피한다.
  캔의 내부 코팅제에는 내분비계 장애 물질인 비스페놀A가 포함돼 있다.
- '카테킨'과 클로로필 성분이 다량 함유된 차를 많이 마신다.
  차내의 식이 섬유와 클로로필 성분은 다이옥신과 결합하기 쉬운 형태로 되어 있어 소화 기관으로의 다이옥신 유입을 막아 준다.
- Vitamin A, B, C, E 등이 풍부하게 함유된 식품을 많이 섭취한다.
  일상에서 손쉽게 구할 수 있는 vitamin이 풍부하게 함유된 식품을 정리하여 보았다(표 10.5).

표 10.5 Vitamin 함유 식품

Vitamin	식 품
Vitamin A	당근, 파슬리, 시금치, 고구마, 브로콜리 등
Vitamin B	맥주효모, 견과류, 콩, 쌀눈, 육류 등
Vitamin C	파슬리, 케일, 풋고추, 토마토, 오렌지 주스 등
Vitamin E	식물성 기름과 계란노른자, 현미, 콩, 간, 연어 등

연습문제

1. 생장 호르몬이란?

2. 아이오딘이 부족하면 무슨 병에 걸리기 쉬울까?

3. 환경 호르몬 방출을 감소시키는 방법은?

4. 고엽제 후유증에 대하여 조사하라.

5. 다이옥신의 독성을 조사하라.

6. 등푸른 생선이 건강에 좋은 이유가 무엇일까?

SECTION 04

에너지와 지구환경

지구의 화학

CHAPTER 11

11.1 지구의 내부 구조

지구는 지각. 맨틀. 그리고 핵의 세부분으로 이루어진다. 지구의 내부 구조의 연구에는 지진파가 흔히 이용되는데, 지진파에는 종파인 P파와 횡파인 S파가 있으며, P파는 고체, 액체, 기체를 모두 통과하지만 S파는 고체만 통과하므로 핵, 맨틀, 지각의 상태와 깊이를 알 수 있다.

핵은 지구의 중심에서 3,500km(지표에서는 2,900km)보다 안쪽 부분이며 주로 철과 니켈의 합금으로 구성되어 있다. 지진파 관측에 의하면 외핵과 내핵으로 구분되고, 외핵은 용융상태인 액체, 내핵은 고체 상태이다. 유체인 외핵은 약 4,000℃의 고온이고, 지구의 회전력에 의해 유체운동을 하며, 전기전도율이 높고 지구자기장의 발생원이 된다. 때때로 흐르는 모양이 변하므로 관성 때문에 지구 자전에 영향을 미친다.

맨틀은 지구의 고체부분 중 지각을 제외한 부분이며 지표에서 깊이 30km의 모호로비치치 불연속면에서 지하 2,900km의 구텐베르크 불연속면까지이다. 대부분이 철과 마그네슘 등의 규산염을 주성분으로 하는 암석일 것으로 알려져 있다. 맨틀은 층 구조로 이루어져 있으며 상부맨틀, 중간층 그리고 하부맨틀로 나누어진다. 상부맨틀은 지각 바로 아래부터 수십 또는 100km의 부분이며 약 20개 미만의 부분으로 나뉘어 지구를 둘러싸고 있다. 그 각각은 판(plate)이라고 하며, 그것들이 서로 상대운동을 함으로써 여러 가지 지질현상이나 지진이 일어난다고 한다(판구조론). 맨틀내부의 온도는 아직 확실하게 밝혀져 있지는 않으나, 철이나 규산염의 녹는점으로 보아 최상부는 약 1,000℃, 최하부는 약 5,000℃인 것으로 추정된다.

지각은 지구의 내부구조를 층으로 구분했을 때 가장 바깥쪽의 표면을 구성하는 부분으로 지표부터 모호로비치치불연속면 (모호면)까지의 부분이다. 지각은 대륙지각과 해양지각으로 나눈다. 대륙지각은 20~60km의 두께에 2.7g/cm^{3}의 평균 밀도를 가지고,

해양지각은 약 5km의 두께에 3.0g/cm^3의 평균 밀도를 가진다. 대륙지각은 Si (규소), K (포타슘) 및 Na (소듐)이 많고 밀도가 작은 화강암질 암석으로 이루어지고, 해양지각은 Fe (철), Mg (마그네슘) 및 Ca (칼슘)이 많고 밀도가 큰 현무암질 암석으로 이루어진다. 두 지각의 밀도 차이로 인해 밀도가 큰 해양지각이 상대적으로 밀도가 작은 대륙지각 아래로 내려가 해구가 형성된다. 지각은 암석권 (lithosphere), 수계와 대기의 세 부분으로 이루어져 있다. 암석권에 존재하는 원소들의 존재 백분비를 클라크수라고 하며 9가지의 많이 존재하는 원소들이 표 11.1에 수록되었다.

표 11. 1 지각에 존재하는 주요한 원소들의 퍼센트 비

원소기호	이름	퍼센트 비
O	산소	49.5%
Si	규소	25.7%
Al	알루미늄	7.4%
Fe	철	4.7%
Ca	칼슘	3.4%
Na	나트륨	2.6%
K	칼륨	2.4%
Mg	마그네슘	1.9%
H	수소	0.9%
Ti	티타늄	0.6%

11.2 자석이야기

어릴 때에 흙을 책받침위에 놓고 위에서 자석을 움직이면 흙들이 일어서서 춤을 추는 것을 재미있게 구경한 기억이 있을 것이다. 그 때는 이유를 모르고 신기하여 몇 번이고 되풀이한 기억이 난다. 자석에 의하여 흙 속의 철분이 끌어당겨지는 현상에 의한 것이라는 것은 몇 년이 지나서야 알게 되었다. 자석에 끌리는 물질이 있고 안 끌리는 물질이 있다는 것도 그쯤에 알게 되었다. 특히 지구도 일종의 자석이므로 항해를 할 때 나침반을 사용하였다는 것을 알게 되니 자석이 대단한 힘을 가지고 있고 우리가 일찍부터 실생활에 사용했다는 사실에 과거에도 기본적인 과학지식은 있었구나하는 생각이 막연하게 들곤 하였다. 이렇게 자석에 대해 글을 쓸 줄은 꿈에도 생각 못하였다.

그러면 자석이 무엇인가에 대하여 간단하게 설명해보려고 한다. 본론에 들어가기 전에 자석에 얽힌 옛날이야기를 조금 하려고 한다. Magnet (자석)이라는 말의 유래는 소아시아의 고대국가 마그네시아 (magnesia)의 언덕에서 처음으로 자석에 의해 금속이 붙게 되었다는 사실이 알려졌기 때문에 magnesia에서 magnet이 생겼다고 한다. 지구의 내핵은 철과 니켈로 이루어져 있고 지구의 자전 및 공전에 의하여 내핵이 자기력을

만들어 내게 되어 지구주위에 자기장이 형성되어 있다. 이 지구 자기장에 의해 외계 (주로 태양)에서 날아오는 고에너지를 가지며 전기를 띤 입자들이 차단된다. 또한 자석이 스스로 움직여 남북을 가리키게 된다. 자석의 이러한 성질을 이용하여 이미 기원전 3000년경에 중국에서 지남철을 만들어 처음에는 풍수 점에 사용하다가 항해에 응용했다고 전해진다. 지남철은 아랍세계를 거쳐 유럽으로 들어가 유럽이 대항해 시대를 여는데 지대한 공헌을 하였다고 한다. 지남철 즉 나침반의 N극은 북쪽을 향하지만 지리적 북극과 일치하지 않고 대략 위도 80°정도인 캐나다 최북단 엘레프 링그네스 섬의 북서쪽으로 향하며 이 지점을 자북극이라고 한다. 자북극의 위치는 고정되어 있지 않으며 수년에 걸쳐 조금씩 이동한다. 나침반 바늘이 지리적 북극에서 벗어난 각도를 편각이라고 하며 자기장과 임의 지점의 지표면이 만드는 각도를 복각이라고 한다.

자석이 쇠를 끌어당기는 힘을 가지고 있다는 것에서 만들어진 재미있긴 하지만 신빙성이 없는 이야기가 아라비안나이트에 수록되어 있다. 중세에 아랍인들이 인도양을 건너 중국까지 왕복하는 항해를 했기 때문에 만들어진 이야기인 듯하다. 인도양 연안에 있는 어떤 섬은 그 근처를 지나가는 배에서 쇠로 된 모든 물체를 끌어당기므로 배가 난파된다는 이야기이며 배를 난파시키는 검은 섬이 인도양 이외에도 지중해, 그린란드에도 있었다고 전해지며 16세기까지도 남아 있었다.

어떤 물체가 자석에 끌리게 되면 상자성체(paramagnetic), 자석에 끌리지 않으면 반자성체(diamagnetic)로 분류할 수 있다. 물체 내의 모든 전자들이 짝지어 있으면 방향이 외부 자기장의 반대이며 아주 약한 자기장이 유도된다. 이 현상을 반자성 효과라고 하며 모든 물질에 존재하는 성질이다. 이런 물체들을 반자성체라고 하며 외부 자장에 의해 아주 약간 뒤로 움직인다. 물체에 짝지어지지 않은 전자가 있으면 외부자장과 같은 방향의 자기장이 유도된다. 전자들의 궤도 운동과 스핀 운동에 의하여 단위 자석이 만들어진다. 짝지어 지지 않은 전자에 의한 상자기 효과는 반자기 효과 보다 크므로 상자성체는 자석에 끌리게 된다. 상자기 효과는 외부 자기장이 존재할 때만 나타나며 외부 자기장이 없어지면 분자에 의한 단위 자석들의 방향이 무질서하게 되어 사라진다. 또한 외부 자기장에 의한 단위 자석의 배열은 열운동에 의해 방해를 받으므로 상자기 효과는 온도가 올라가면 감소하게 된다. 일반적으로 상자성체를 일시자석이라고 부른다.

상자성체에 있는 단위자석들이 서로 양의 상호작용을 하게 되면 모든 배열이 동일하게 되며 자성이 강해지며 외부 자기장에 관계없이 자성을 가지게 된다. 이런 물체를 강자성체 (ferromagnetic) 또는 영구자석이라고 한다. 강자성체의 예로 철, 니켈, 코발트, 크롬산화물 그리고 알니코 (알루미늄, 니켈, 코발트의 합금)가 있다. 강자성체를 가열하여 어떤 온도 이상이 되면 자성을 잃고 상자성체로 변화된다, 이온도를 큐리 온도라고 하며 철의 경우에는 768℃, 코발트는 1127℃. 니켈은 3588℃로 보고되어 있다.

전기는 플러스 전기와 마이너스 전기를 따로 분리할 수 있지만 자석의 경우에는 반드시 N극과 S극이 같이 존재한다. 전기장에서 전하가 가속도 운동을 하면 자기장이 유도

되며 유도된 자기력의 방향은 플레밍의 오른쪽 법칙에 의해 결정된다. 이 원리를 이용하여 자기장의 세기가 큰 전자석이 만들어지고 있다. 또한 발전기에서는 자기장에서 도선을 가속도로 움직이면 전기가 만들어지는 플레밍의 왼손 법칙을 이용하여 발전하고 있으며 도선을 움직이는 에너지에 따라 화력, 수력, 원자력, 지열, 풍력 발전소로 나누어진다. 전동기는 전기장과 자기장에서의 입자 운동을 응용한 것이다. 전기장의 방향이 일정하면 1/2바퀴만 회전하고 정지하므로 계속하여 회전시키기 위해서는 1/2바퀴마다 전기장의 방향이 바뀌어야한다.

자석을 이용하여 소리를 자기 테이프에 기록할 수 있기 때문에 음악테이프, 중요한 증언의 녹음 등을 기록하는 것이 가능하게 되었다. 오늘날 물리학에서 흥미로운 분야 중 하나는 기본 입자들에 관한 연구인데, 이 기본 입자들은 모든 물질을 구성하는 건축용 블럭과 같다. 기본 입자에 대한 중요한 정보는, 거품 상자로 알려진 장치의 도움을 받아 자기장 속에서 입자 운동으로부터 얻을 반 입자에 거품 상자는 초고온으로 가열되어 거품 상태가 된 수소, 프로판과 같은 액체를 담고 있다. 전기적으로 대전된 입자가 거품 상자를 통과할 때 흔적 속에 가는 거품 궤적을 남긴다. 이 궤적은 자기장이 입자의 운동에 어떻게 영향을 주는가를 보여주기 위하여 사진으로 찍을 수 있다.

자기장을 이용한 다른 장치로 질량분석기가 있다. 질량분석기는 동위 원소들의 상대적인 질량과 존재 비를 측정할 수 있고 화학반응에서 생성된 분자들을 확인할 수도 있다. 외과에서도 질량분석기를 이용하는데 마취의사에게 환자의 폐 속에 있는 마취제를 포함한 기체에 대한 정보를 제공한다. 또한 초전도체를 이용한 자기 부상열차와 자기유체 역학 (MHD) 추진력 등에 이용되고 있다.

11.3 암석권

11.3.1 암석권

지각과 상부 맨틀의 일부로 이루어져 있다. 상부 맨틀의 암석권은 약 100km 깊이까지이며 감람암질로 되어 있다. 지각을 구성하는 주된 원소는 산소, 규소, 알루미늄, 철, 칼슘, 마그네슘, 소듐, 포타슘 등이다. 암석은 이들 원소들이 결합한 규산염, 탄산염, 산화물, 황화물 등으로 존재한다. 지각은 대륙 밑에서는 상층과 하층으로 이루어져 있는데, 두께는 평균 30~40km(큰 산맥 밑에서는 50~70km)이다. 대양 밑은 하층만으로 되어 있으며, 두께는 5~6km이다. 상층은 화강암질, 하층은 현무암질로 되어 있다.

규산염은 일반식 $xM_2O \cdot ySiO_2$ (M은 1가의 금속) 으로 표시된다. 자연계에서 다량으로 산출되며, 조암광물의 주성분으로서 지각의 대부분을 차지하고 있다. 일반적으로 녹는점이 낮고, 용해된 것이 냉각되면 유리를 형성하기 쉽다. 산·알칼리에는 용해되지 않으나, 플루오르수소산에 의해서 분해된다. 구조적으로는 SiO_4^{4-}의 정사면체가 단위이며, 이것이 규칙적으로 배열되고 그 틈에 양이온이 들어가서 결정이 구성된다. SiO_4^{4-}가 단독으로 존재하는 경우는 오르토규산염으로, 감람암 $(Mg\cdot Fe)_2SiO_4$ 등이 그 예이다. 또 SiO_4^{4-} 단위가 연결되어 고리 모양을 이룬 것 (녹주석 등), 긴 사슬 모양을 이룬 것 (휘석류), 2차원으로 무한히 펼쳐진 층상구조인 것 (운모류), 3차원으로 퍼져 그물구조를 이룬 것 (석영)도 있다. 규산염의 안정성은 이와 같은 거대이온 때문이다. 일상생활에서 흔히 이용되는 물질에는 규산염이 많이 포함되어 있는데, 요업의 주체인 유리·내화물·시멘트·도자기 등은 모두 규산염의 특수성을 이용한 것이다.

석영은 육방정계에 속하는 광물이며 화학식은 SiO_2 으로 표시되고, 다른 광물들과 달리 화학적으로 매우 순수하다. 주로 육각기둥 모양의 결정을 만들고, 쪼개짐은 없다. 순수한 것의 비중은 2.65이고 무색이지만 불순물에 따라 회색에서 검정색 (연수정), 황색 (황수정), 보라색 (자수정)등의 색을 가진다. 보통은 투명하거나 반투명한데, 때때로 거의 불투명한 것도 있다. 유리상 광택이 강하며, 플루오린화수소산을 제외한 산 및 알칼리에 대해 안정한 편이다. 이러한 광택과 화학적으로 안정한 성질 때문에 유리의 재료로 많이 쓰인다. 석영결정이 수정이며 보석으로 사용된다.

운모의 경도는 2.5~4이고 비중은 2.75~3.2이다. 2차원 판상의 결정형을 이룬다. 쉽게 얇고 투명한 판으로 벗겨진다. 분자식은 $X_2Y_{4\sim6}Z_8O_2(OH, F)_4$ 으로 표시될 수 있다 (X=K, Na, Ca, Y=Fe, Mg, Al, Ti, Li, Z=Si, Al). 백운모는 내화성이 강하고 전기의 부도체이므로, 전기절연물, 내화재 특히 난로의 창 등에 사용된다. 리튬을 함유한 홍운모와 진발다이트에서 리튬을 추출한다.

장석은 포타슘 K, 소듐 Na, 칼슘 Ca, 바륨 Ba을 함유한 알루미늄 규산염광물이며. 화학성분은 (K, Na, Ca, Ba) $(Al, Si)_4O_8$이다. 포타슘장석 $(KAlSi_3O_8)$과 칼슘장석 $(CaAl_2Si_2O_8)$은 거의 고용체를 이루지 않지만, 포타슘장석과 소듐장석 $(NaAlSi_3O_8)$ 및 소듐장석과 칼슘장석은 고용체를 이룬다. 각각을 알칼리장석 및 사장석이라 총칭한다. 알칼리장석은 포타슘장석과 소듐장석의 고용체이며 미사장석 (삼사정계)· 정장석 (단사정계)이 속한다. 사장석은 소듐장석과 칼슘장석의 고용체이며 칼슘의 양이 증가하면 염기도가 증가한다. 장석이 풍화되면 도토로 변하며 도자기의 원료로 사용되고 있다.

11.3.3 암석의 종류

1) 화성암

화성암은 지하 깊숙한 곳에서 용융상태에 있던 암석이 굳어져서 만들어진 것이다. 화산이 폭발할 때 분출된 용암이 굳어진 것은 화산암이며 상대적으로 빨리 굳어졌기 때문에 결정이 작다. 지표 밑에서 서서히 응고된 것을 심성암이라고 하며 결정이 상당히 크다. 그리고 화성암은 포함된 SiO_2의 양에 따라 산성암 (66% 이상), 중성암 (66~52%), 염기성암

(52% 이하)으로 분류된다. 화성암에서 중요한 암석들을 표 11.2에 수록하였다.

표 11.2 중요한 화성암의 분류

구분	산성암	중성암	염기성암
심성암	화강암	섬록암	반려암
반심성암	석영반암	섬록반암	휘록암
화산암	유문암	안산암	현무암

2) 퇴적암

퇴적암은 대류작용으로 만들어진 암석 파편의 충적에 의해 만들어진다. 시간이 흐름에 따라 이런 파편들은 아래에 가라앉고 압력에 의하여 굳어져 암석으로 변한다. 퇴적암은 일반적으로 층으로 존재하며 (층리) 화석이 포함되어 있는 경우가 많다. 재료에 따라 만들어진 암석의 이름이 정해진다. 예를 들면 모래가 퇴적되어 만들어지면 사암, 자갈에서 만들어지면 역암, 탄산칼슘이 원료이면 석회석, 산석, 방해석 등으로 명명되며 점판암 (셰일에서 생성됨), 석고, 암염 등도 퇴적암에 속한다.

3) 변성암

변성암은 화성암이나 퇴적암이 지하에서 열과 압력에 의하여 새로운 암석으로 변화되어 만들어진다. 변성이 일어날 때 보석이 암석들 안에서 성장할 수 있다. 예를 들면 가넷은 이암이 변성되어 만들어진 운모편암에 포함된 보석이다. 탄산칼슘이 퇴적되어 만들어진 석회석이 압력과 열로 변성되면 대리석으로 변한다. 대리석이란 이름은 중국 남부에 거주하던 타이족들이 건국한 나라 대리국에서 유래되었다고 알려져 있다. 암석이 높은 압력을 받아 변성될 때 압력의 방향에 수직으로 광물들이 배열되어 만들어지는 평행한 줄무늬를 편리라고 하며 열에 의해 암석이 용융된 후 다시 굳어질 때 재결정 작용에 의하여 결정이 커지는 현상과 함께 변성암을 확인할 수 있는 특징이다.

11.4 생활 속의 규산염 제품들

11.4.1 세라믹

규산염이 포함된 쉽게 구할 수 있고 가격이 저렴한 천연원료를 세형한 후 열처리한 무기재료를 요업제품이라고 하며 최근에는 과학기술의 진보로 고 순도로 만들어진 인공원료를 사용한 재료들이 많이 제조되어 사용되고 있으며 보통 세라믹이라고 부른다. 여기에는 세라믹전자재료, 세라믹반도체 및 세라믹초전도체 등이 속한다. 세라믹스전자재료는 가전제품, 컴퓨터 부품, 감지기 등에 사용되고 있다. 세라믹반도체는 결함을 가지고 있는 결정 또는 불순물이 포함되어 반도체의 성질을 가지고 있다. 세라믹초전도체는 전기저항이 없으며 또한 반강자성을 가진 재료이다. 지금까지 연구개발이 계속되어 110K에서 초전도성을 가지는 $Bi_2Sr_2Ca_2Cu_3O_{10}$ 가 개발되었다.

11.4.2 시멘트

시멘트는 토목공사와 건축현장에서 여러 물질들을 굳히고 결합시키는 데 사용되며 주로 포틀랜드 시멘트가 사용되므로 좁은 의미의 시멘트는 포틀랜드 시멘트를 의미한다. 실리카, 알루미나. 석회 및 산화철을 적당한 비율로 충분히 혼합하여, 그 일부가 용융·소성된 클링커 (clinker)에 적당량의 석고를 가하여 분말로 만든 것이다. 시멘트 자체는 나쁘지 않지만 제조공장에서 대기오염이 심하게 생길 수 있으며 온도와 강수량에 영향을 미친다.

11.4.3 유리

모래, 탄산소듐과 석회석을 혼합하여 가열하여 녹인 후 냉각하면 생기는 투명한 물체를 유리라고 하며 이집트에서 만들어진 것으로 보인다. 페니키아 해안에서 우연히 만들

표 11.3 여러 가지 유리들의 조성과 특성들

유 형	조 성	특성과 용도
소다-석회 유리	소듐과 칼슘의 규산염 (모래 + 소다 + 석회)	일반 유리 (창문, 병 등)
보로실리케이트 유리 (파이렉스, 키맥스)	산화붕소(석회 대신)	열 저항 (실험실용, 오븐용 제품)
알루미노실리케이트 유리	산화알루미늄(석회 대신)	열 저항이 더 큼 (난료용 조리기구, 유리 섬유)
납유리	산화납(석회 대신)	높은 굴절률 (광학유리, 아트 글라스, 장식용 크리스털)
알라바스터 유리	염화소듐 첨가	흰색, 불투명(“우윳빛 유리”)
채색 유리	셀레늄 화합물 첨가 코발트 화합물 첨가 크로뮴 화합물 첨가 망가니즈화합물 첨가 황화카드뮴 첨가 탄소와 산화철 첨가	붉은색(루비유리) 푸른색(코발트유리) 녹색 보라색 노란색 갈색(호박유리)
광변색 유리	염화은 또는 염화브로민 첨가	감광성, 빛에 노출 시 어두워짐 (썬글래스, 병원의 창)
레이저 유리	네오디뮴 함유	강한 레이저
불투명 유리	플루오린화수소산으로 식각	부드럽게 연마된 표면

어졌다는 이야기도 전해지기는 하지만. 가열하면 점차로 연해지며 결정 구조를 가지고 있지 않다. 유리를 가열하면 점차로 연해지는데 연한 상태에서 불고, 굴리고, 눌러서 여러 가지 형태로 만들 수 있다. 원료 성분을 변화시켜 다양한 유리들이 제조되고 있으며 여러 용도에 사용되고 있다. 유리는 분해되지 않으므로 처리하기가 쉽지는 않다, 다른 종류와 분리하여 얻은 폐유리를 녹여서 재활용하면 새로운 유리를 제조하는 것 보다 아주 많이 에너지가 절약된다.

11.4.4 유리섬유

오늘날 유리에 관한 연구로 많은 훌륭한 신제품들이 만들어졌으며 그 중에서 가장 두드러진 결과 중 하나는 실제로 보이지 않는 제품으로 이것은 사람의 모발 정도의 두께를 가진 매우 순수한 유리섬유로 이루어져 있다. 광학섬유 또는 광파도자로 불리우는 이들 섬유는 이미 오래된 많은 전화선을 대체하고 있다. 한 다발의 유리섬유는 같은 크기의 구리선에 비해 수백 배의 정보를 전달할 수 있다. 광학섬유는 실제로 빛을 전달하는데 광학섬유가 전달하는 정보는 빛의 단속적인 발진이다. 전화로 통화할 때 사람의 음성은 전기적 신호로 변환되고 이 신호에 맞추어 레이저 펄스를 발진시키면 유리섬유를 통하여 빛의 정보가 전달된다. 유리섬유의 끝에서 전달된 빛의 펄스가 음성으로 다시 변환되어야 한다. 이들 놀라운 유리섬유는 전화선 이외에도 컴퓨터 인터페이스, 인체 내에서의 여러 의과 수술에 이미 사용되고 있다.

11.4.5 레이저

어떤 계가 빛을 흡수하면 빛의 에너지에 의하여 들뜨게 되어 안정한 낮은 에너지 상태(바닥상태)에서 불안정한 높은 에너지 상태(들뜬상태)로 올라가는데 일반적으로는 바닥상태에 존재하는 입자의 수가 들뜬상태로 올라가는 입자의 수보다 아주 많다. 그런데 들뜬상태 중에 준안정상태가 존재하고 외부에서 주어지는 빛에너지가 많아지면 준안정상태의 입자수가 바닥상태의 입자수보다 더 많은 경우가 생긴다. 이 경우를 밀도반전(population inversion)이라고 하며 레이저가 발생하려면 반드시 이 현상이 일어나야한다. 밀도반전이 계속 유지되려면 외부에서 에너지가 공급되어야하며 이것을 광펌핑(photon pumping)이라고 한다.

레이저발생장치에는 빛을 방출하는 물질이 가운데 존재하며 양쪽 거울 중 하나는 불투명하고 다른 거울은 반투명하여 방출된 빛이 내부에서 유도방출에 의하여 점차로 증폭되며 또한 정상파의 간섭현상에 의하여 파장이 선택되어 단파장의 빛이 발생하게 된다. 생성된 레이저의 일부가 외부로 방출된다. 빛 대신 마이크로파가 증폭되면 메이저가 발생한다. 1954년 암모니아를 사용한 마이크로파 발진기가, 1955년 고체를 사용한 마이크로파 증폭기가 최초의 메이저로서 탄생하였다.

최초의 레이저는 1960년에 미국 캘리포니아 (California)주에 있는 휴즈비행기회사의 연구소에서 T. H. 메이먼 (1927~)에 의하여 만들어진 루비레이저이다. 그 후 기체레이저, 액체레이저, 고체레이저, 반도체레이저 등이 개발되어 광범위하게 사용되고 있다 (예: 레이저show, 수술, 지시봉, 미세한 구멍 뚫기 등). 레이저는 단일한 파장을 가지는 (monochromatic)빛이며 개개 광자의 위상이 동일하므로 (in phase), 에너지 밀도가 아주 크고 공간에서 거의 분산되지 않고 한 방향으로 진행한다.

레이저는 홀로그래피, 레이저가공, 의학 분야 및 통신에 광범위 하게 이용되고 있다.

① 홀로그래피: 레이저가 동일한 위상을 가진다는 성질을 이용한 기술이 홀로그래피이다. 1947년 영국의 D. 게이버 (1900~1979)에 의하여 위상이 동일한 빛의 간섭현상을 이용하여 입체적인 상을 볼 수 있을 것이라는 것이 예언되었고 이 입체사진기술 (홀로그래피)은 1960년 레이저가 발명된 후에 실현되었다. 물체에 비추어져 반사된 레이저광과 같은 위상을 가지는 레이저광 (기준파)의 간섭무늬를 사진건판에 기록한 것을 홀로그램이라 한다. 홀로그램에는 레이저광을 받은 물체의 형태, 깊이, 위치 및 명암 등의 모든 특징이 간섭무늬에 기록된다. 만들어진 홀로그램에 기준파와 동일한 레이저를 같은 방향에서 비추면 원래 물체의 3차원 상이 원래위치에 나타난다. 홀로그래피는 상의 기록이나 재생뿐만 아니라, 물체 형상의 미소변화를 측정하거나 스피커 등의 진동 해석, 컴퓨터의 메모리 등에 응용되고 있다. 화폐의 위조 방지에도 홀로그램이 응용되고 있다.

② 레이저 가공: 레이저광의 큰 에너지밀도를 이용하여 딱딱한 보석에 구멍을 뚫거나, 시계 부품의 구멍을 신속하고 정확하게 뚫는 기술은 비교적 일찍이 실행되었다. 또 양복을 대량으로 만들 때에 옷감의 재단에 레이저가 사용되고 있다. 사람이 한 장 한 장 가위나 커터로 재단하기보다 매우 빠르고 옷감의 낭비도 없으며, 자른 자리에 실밥이 생기지 않게 재단할 수 있으므로 이용이 증가하고 있다. 철판의 절단이나 용접 등에도 널리 응용된다. 또한 담배의 권련지와 필터종이에 아주 미세하고 균일한 기공을 만들 수 있으므로 유해성분을 상당히 감소시킬 수 있다.

③ 의학에서의 응용: 레이저로 백내장 환자의 손상된 조직을 잘라 내거나 녹내장 환자의 안압을 낮추기 위하여 각막에 미세한 구멍을 내는 데 사용한다. 그리고 라식수술 (LASIK:은 Laser Associated Stromal Insitu Keratomil)에 의하여 각막을 깎아내어 근시를 치료할 수 있게 되었다. 또 레이저를 사용하는 수술용 메스가 개발되어 위 속에 생긴 암이나 종양을 제거할 수 있다. 즉, 입으로 광섬유를 삼키게 하고 여기에 레이저를 통하여 암이나 종양 부분만을 태우고 잘라내는 방법이다. 피부에 나타나는 주근깨, 사마귀, 검은 반점, 문신 등의 제거에도 레이저가 사용되어 좋은 효과를 거두고 있다.

④ 레이저 통신: 레이저는 전화회선 등에 사용되고 있는 마이크로파에 비하여 주파수가 수만 배에서 수십만 배나 높으므로 이것을 반송파로 쓰면 마이크로파의 수만

배, 수십만 배나 되는 음성, 화상 및 데이터 등의 정보를 동시에 전송할 수 있다. 주파수가 약 4.7×10^{14}Hz인 헬륨네온 레이저를 사용하면 한 번에 10억 회선 정도의 통화가 가능하며 20억 인이 동시에 통화를 할 수 있다. 현재의 기술 수준으로는 이만큼 많은 정보 전송은 불가능하지만 전파 대신 레이저광선을 사용하는 통신이 실시되는 것은 비교적 가까운 장래의 일이라고 생각된다.

11.5 광석

광상에서 채굴된 유용한 광물 또는 그 집합체이며 유용 광물과 함께 경제적인 가치가 적은 맥석이 섞여 있다. 광석 중에는 몇 가지 금속이 함유된 것도 있다. 금과 은, 은과 납과 아연은 서로 수반되는 일이 흔하다. 비스무트, 카드뮴, 셀레늄 등의 희유금속은 단일광석을 이루지 않고 다른 금속의 광석 중에 혼합되어 있어서, 제련 때에 부산물로서 얻어진다. 광석은 주로 산화물로 이루어져 있지만 탄산염 (석회석, 방해석, 산석, 대리석 등), 황화물 (황화수은 등), 할로젠화물 (소금, 아이오딘화소듐, 형석 등) 및 단체 (금, 백금 등)으로 존재하기도 한다. 광석에서 유용한 금속을 만들기 위해서는 선광 및 화학처리가 요구된다. 문명 발달하면 더욱 많은 금속 재료가 요구되지만 광석은 빠르게 고갈되므로 아껴 쓰는 소극적인 방법뿐만 아니라 재활용하는 적극적인 대책 및 우주에서 가져오는 방법들이 빨리 확립되어야 할 것이다.

11.5.1 금속

금속은 회백색 광택 (구리는 빨간색이고 금은 노란색이다)을 가진 결정고체 (수은은 액체)이며 전기 및 열을 잘 전달하며, 전성 및 연성을 가지고 있으므로 얇은 판이나 가는 실을 만들 수 있다 (알루미늄 포일, 구리선 등). 금속의 결정에서는 각 원자의 최외각전자가 자유롭게 움직일 수 있는 상태이며, 이 최외각전자를 제외한 나머지 원자는 규칙적으로 배열되어 있다. 이 자유로이 움직이는 전자를 자유전자라고 하며, 음전하를 띠고 있으므로 외부로부터 전압을 걸어 주면 일정 방향으로 이동할 뿐 아니라, 금속의 양끝에 온도 차이가 생기면 전자는 온도가 높은 곳에서 낮은 곳으로 열을 전달한다. 따라서 금속은 전기와 열을 잘 전달한다. 그러나 이러한 자유전자는 규칙적으로 배열된 원자 사이를 움직이게 되므로, 온도가 높아져서 원자의 열진동이 심할수록 자유전자의 흐름은 방해를 받게 된다. 그러므로 금속의 전기저항은 온도가 높을수록 증가하게 된다.

금속의 결정은 주로 면심입방 (body centered cubic), 체심입방 (face centered cubic), 및 최밀 육방 (hexagonal closest packed)으로 되어 있다. 면심입방에는 금, 은, 구리. 납, 알루미늄 등이 속하며 전성 및 연성이 뛰어나다. 특히 금은 1g을 약

3,000m의 금실로 뽑을 수 있고, 두께 100만분의 1cm인 얇은 박으로 펼 수도 있다. 철은 상온에서는 체심입방이지만 온도를 높여 900~1,400℃가 되면 면심입방으로 변하고, 1,400℃에서 다시 다른 형태의 체심입방으로 변하여 액체가 될 때까지 이 형태로 머물게 된다. 이와 같이 금속이 온도에 따라 결정형태를 바꾸는 것을 전이라 한다. 또한 체심입방에는 텅스텐, 몰리브덴, 니켈, 탄탈륨, 바나듐 등도 체심입방이나, 전이가 일어나지 않는다. 체심입방인 금속에는 탄소, 수소, 질소, 산소와 같은 작은 원소가 그 결정 속의 틈새에 잘 들어가서 틈새형 합금을 만들며 합금에서 전성 및 연성은 크게 떨어지므로 이런 현상이 일어나지 않도록 진공 속에서 녹이거나 가열해야 한다. 최밀 육방에 아연, 카드뮴, 마그네슘, 티타늄, 지르코늄, 베릴륨 등이 속한다. 이 중에서 티타늄, 지르코늄, 베릴륨은 특정온도 이상에서 체심입방으로 변한다. 최밀 육방의 전성 및 연성에 관해서는 크게 2개의 형태로 나눌 수 있다. 즉, 티타늄, 지르코늄은 면심입방과 비슷하지만, 아연, 카드뮴, 마그네슘, 베릴륨은 그 전성 및 연성이 저온에서는 작으나 어떤 온도 이상에서는 증가하게 된다.

금속에 다른 원소가 혼합되어 있는 물질을 합금이라 하며 혼합된 원소의 상대적 크기에 따라 치환형과 틈새형으로 구분한다. 치환형은 원소들의 크기가 비슷한 경우에 만들어 진다. 치환형 합금의 예를 들면 구리와 아연의 합금. 금과 은의 합금 등이 있다. 금속 철의 틈새에 작은 탄소가 들어가 있는 강철, 연철, 선철 등은 틈새형 합금이다. 합금을 만들면 강도, 녹는점. 내부 구조 및 성질 등이 변할 수도 있다. 강철의 탄소함량을 조절하면 성질을 크게 변화시킬 수 있다. 고 탄소강은 단단하고 강하며 저 탄소강은 연성과 전성이 있다. 철에 텅스텐을 가하면 고온 강도가 높아지며 크롬과 니켈을 혼합하면 내부 구조 및 성질이 향상된 스테인레스강이 된다. 구리에 주석, 아연이 혼합된 황동, 청동 등도 많이 사용되고 있다.

광석은 주로 산화물이나 황화물, 탄산염 등으로 존재한다. 금과 백금은 원소 상태로 존재하기도 한다. 광석을 채굴하여 선광하면 금속화합물들을 얻을 수 있다. 이 금속화합물을 탄소 , 수소 등의 환원제와 함께 가열하여 순수한 금속을 만든다 (철, 구리, 텅스텐 등). 텅스텐광석은 $CaWO_4$가 함유된 실라이트인데 이것을 부유선광법으로 처리하면 순도가 60~70% 정도인 $CaWO_4$가 얻어지며 진환황산과 함께 고온에서 반응시키면 WO_3가 만들어진다. 그 다음 단계에서 수소로 환원하여 순수한 금속 텅스텐을 얻는다. 나트륨이나, 알루미늄 등의 반응성이 큰 금속들은 용융된 광석을 전기분해하여 얻는다.

11.5.2 구리

주기율표 11족의 구리족 원소에 속하는 금속. 원소기호 Cu 원자번호 29 원자량 63.546 녹는점 1084.5℃ 끓는점 2595℃ 비중 8.92 (20℃) 동이라고도 하며, 금, 은 등과 함께 메달, 화폐를 만드는 데 쓰인다.

적색 광택을 가진 금속으로, 전성 (얇게 펴지는 성질), 연성 (가늘고 길게 늘어나는 성질)이 뛰어나 비교적 가공하기가 쉽고 적당한 강도도 가지고 있다. 열 및 전기전도율은 은 다음으로 금속 중에서 두 번째로 커서 전선이나 열선의 주재료로 쓰인다. 산화력이 없는 산에는 녹지 않으나 산화력이 강한 가열된 진한 황산이나 질산에는 녹는다.

그 자체로도 널리 이용되지만 아연을 첨가한 황동, 주석을 첨가한 청동, 주석과 알루미늄을 첨가한 알루미늄청동 등 합금으로도 많이 쓰인다. 특히 구리선은 전선에 많이 쓰이고 구리판은 구리의 우수한 열전도성과 내식성을 이용하여 냄비와 일반 용기를 만드는 데도 사용되며, 청동은 동전을 만들 때 사용된다.

구리는 자연적으로도 산출되고 광석에서 추출하는 방법도 비교적 간단한 편이어서 여러 금속 중 가장 먼저 이용되었다. 이것은 고대 유적에서 구리가 발굴되고 석기시대 다음으로 청동기시대를 이룬 것에서 알 수 있다. 중세에는 전쟁에 필요한 무기 등을 제작하는 데 이용하였고 산업혁명 시기에는 각종 기계의 발달로 기계용 재료로 널리 사용되었다. 그리고 19세기 말 전기가 산업적으로 이용되면서 주로 전선을 비롯한 전기재료로 쓰였고 20세기에 들어와서 채광, 제련, 가공기술이 발달함에 따라 산업계에서 더욱 중요한 위치를 차지하고 있다.

구리는 천연으로는 드물게 단체 (자연구리)로서 산출되기도 한다. 예를 들어 경상북도 영양 지구의 현무암 구멍 속에 자연구리가 채워져 있다. 하지만 대부분 산화물, 황화물 또는 탄산염으로 산출되며 이것을 제련하여 사용한다. 우리나라에서는 황동석이 주요광물로 산출되며 경상남도 마산, 고성, 함안 지역이 구리광 지대로 알려져 있다.

11.5.3 철

주기율표 제8족 원소에 속하는 철족원소이며 원소기호 Fe 원자번호 26 원자량 55.847 녹는점 1535℃ 끓는점 2750℃ 비중 7.86 (20℃)이다. 오랜 옛날부터 알려져 있는 원소로, 이집트, 아시리아 등의 유적 등에서도 발견되고 있다. 주철의 제조는 16세기경에 시작되었고, 순철의 제조는 근대에 와서 시작되었으며, 전해철은 20세기에 들어와서 실용화되었다. 원자기호의 Fe는 라틴어 'ferrum'에서 온 것인데, 명칭의 유래는 알 수 없다. 영어의 'iron'은 광석을 뜻하는 라틴어 'aes'로부터, 독일어의 'Eisen'은 철의 광택이 얼음과 유사하여 얼음 뜻하는 'Eis'에서 유래된 것이라 알려져 있으나 명확하지 않다.

금속원소로는 알루미늄 다음으로 다량으로 존재한다. 클라크수는 제4위, 유리금속의 상태로 산출되는 일은 극히 드물며 운석이나 지구 내부에는 다량으로 존재한다고 알려져 있다. 주요 광석으로는 적철석, 자철석, 갈철석, 황철석, 능철석 등이 있다.

순수한 철은 백색의 광택을 가진 금속이다. 전성·연성이 풍부하고, 굳기는 4.5, α,β,γ,δ의 동소체가 존재한다. α철은 상온에서 안정하며, 강자성이지만 769℃ 이상에서는 상자성이 되는데 예부터 이것을 β철이라 부르고 있다. 또한 906℃에서 전이점이 있고 이온도에서 1,401℃까지를 γ철, 1,401℃의 전이점 이상을 δ철이라 한다. 결정격자는 α 및 δ철은 체심입방격자, β철은 면심입방격자이다. 상온에서는 공기 중에서 변화하지 않지만 습기가 있으면 녹이 슨다. 산소 중에서 가열하면 타며, 뜨거울 때에 수증기와 반응해서 모두 산화철 Fe_3O_4로 된다. 탄소 및 규소와는 화합하며, 탄소는 강철의 성질을 좌우하기 때문에 매우 중요하다. 또한 규소철도 여러 가지 용도를 가지고 있다. 묽은 무기산에는 수소를 발생하면서 녹지만, 진한 질산에는 부동태를 만들며 녹지 않는다.

용광로에서 철광석과 석회석과 코크스를 가하여 가열하면 선철이 만들어 진다. 이와 같이 얻은 선철을 평로, 전로, 아크로 등으로 적당히 조작하여 연철, 강철 등으로 만든다. 철은 여러 가지 용도에 사용되는 금속이며 합금을 만들면 특수한 용도에 사용된다. (니켈, 크롬, 철의 합금인 스테인레스강과 텅스텐과 철의 합금인 고속도강 등)

11.5.4 알루미늄

주기율표 3B족에 속하는 금속원소로, 은백색의 가볍고 무른 금속이다. 원소기호 Al원자번호 13 원자량 26.9815 녹는점 660.4℃ 끓는점 2467℃ 비중 2.70 (20℃) 알루미늄은 지구의 지각을 구성하는 주요원소로써 8%를 차지할 정도로 매우 광범위하게 분포되어 있으며 그 매장량은 철에 이어 두 번째로 많다고 알려져 있다.

알루미늄의 가벼운 특성을 이용해 항공기, 선박, 차량의 주요재료로 사용되고 전기의 양도체인 점을 이용하여 송전선을 만든다. 또 산화물이 치밀하여 내부를 보호하므로 식품공업이나 식기류 등을 만들기도 하며 그밖에도 페인트, 건축재료 및 원자재 등의 용도로 사용하기도 한다. 또한 잘 늘어나는 성질 (연성)이 있어서 매우 얇게 만들 수 있으므로 주방용 호일이나 인쇄판, 고급포장용지, 통신장비, 반도체 및 컴퓨터의 전기, 전자부품, 레저용품 등을 만드는 등 다양하게 이용하고 있다.

지구상에 다량으로 널리 존재하는데, 각종 금속의 알루미노규산염으로서 암석, 토양의 주성분이 되어 있다. 광석으로는 장석, 운모, 빙정석 등이 있으며, 이들이 풍화한 점토 외에, 산화물로는 루비 (홍옥), 사파이어 (청옥), 강옥 (코런덤) 등 보석도 많다. 현재 알루미늄의 원료로는 수반토 등을 주성분으로 하는 보크사이트를 사용하며 이것으로 산화알루미늄 (알루미나)을 만들고, 이것을 전기분해하여 알루미늄을 만드는 방법이 흔히 행해진다. 클라크수 7.56이다. 산소, 규소에 이어 제3위이며, 금속원소로는 제1위이다.

은백색의 부드러운 금속으로 전성, 연성이 크므로 포일이나 철사로 만들 수 있다. 시중에서 판매되는 알루미늄은 98.0~99.85 %의 순도이며, 주요 불순물은 규소와 철이다. 성질은 순도에 따라 다른데, 전기의 양도체로, 비저항은 구리의 약 1.6배이다. 또 비중으로 보아 전형적인 경금속이다. 공기 중에 방치하면 투명하고 치밀한 산화물의 피막을 생성하여 내부의 산화를 막는다. 산에도 녹고 알칼리에도 녹는 양쪽성 원소이다.

산화알루미늄과 빙정석을 혼합하여 용융된 혼합물을 전기분해하면 음극에는 알루미늄, 양극에는 산소가 생기는데, 산소는 양극의 탄소와 반응하여 이산화탄소 및 일산화탄소를 발생시킨다. 전기분해 온도는 약 970℃, 전압은 4.5~6.5볼트(V)이다. 이때의 제품의 순도는 99.7~99.9%이다.

전성, 연성이 크고 비중이 작으며, 열과 전기를 잘 통하며 대기 중에서의 내식성이 강하기 때문에, 많은 용도로 이용된다. 가벼운 점을 이용하여 항공기, 자동차, 선박, 철도에 사용되고, 전기의 양도체인 점을 이용하여 송전선 등에 사용된다. 또, 식품공업, 식기류 등에서 알루미늄이 많이 이용되는 것은 내식성과 인체에 해가 없는 점 때문이다.

11.5.5 귀금속

금, 은, 백금등과 같이 대기 중에서 안정되어 녹이 잘 슬지 않고, 아름다운 금속광택을 가지고 있는 금속을 귀금속이라고 하며 산출량이 적어 값이 비싸다. 이들 귀금속은 순금속으로는 너무 물러서 장식품, 고급 기구 등에 사용하기 어렵기 때문에 금에는 은, 구리를 첨가하고, 은에는 구리, 팔라듐을 첨가하는 경우도 있다. 흔히 사용되는 금, 구리의 합금에서는 순금을 24로 하여 금의 순도를 나타내며, 캐럿이라는 뜻으로 K자를 붙여 표시하며, 18 K는 금이 75%, 동이 25%라는 뜻이다. 은의 경우도 구리와의 합금이 많은데, 이 경우에는 순은을 1000으로 하고, 995와 같이 순도를 표시하는 경우가 많다. 은은 산화력이 강한 산에만 녹으며 금과 백금은 왕수에만 녹는다.

11.5.6 다른 중요한 금속들

많은 금속들은 생물들의 대사에 필요하며 인간의 활동에도 아주 중요하다. 예를 들면 마그네슘은 엽록소에 포함되어 있으며, 칼슘은 골격을 이룬다. 생활용품에도 금속들이 사용되고 있다 (예, 전지, 통조림 캔 등). 방사능 원소인 우라늄, 플라토늄 등은 원자폭탄, 원자로 등에 이용된다. 수은, 카드뮴, 납 등의 중금속은 생명체에 유독하므로 취급 및 폐기할 때 주의해야한다. 금속들의 성질 및 용도 등이 표 3. 2에 수록되어 있다. 산업이 점점 발달하고 인구가 급증하면서 많은 금속이 필요하다. 지표에 매장되어 있는 양질의 광석매장양이 점점 감소하고 있다. 저 품질의 광석을 비교적 적은 비용으로 이

표 11.4 중요한 금속들

금속	원자기호	주요 광석	특징	용도
크로뮴	Cr	$FeCr_2O_4$	광택, 내부 구조 및 성질	크롬도금
납	Pb	PbS	낮은 융해점, 고밀도, 연함	납축전지
마그네슘	Mg	$MgCl_2$	가볍고 강함	자동차 바퀴
수은	Hg	HgS	고밀도 액체	온도계, 기압계
니켈	Ni	NiS	내부 구조 및 성질	스테인레스강
소듐	Na	NaCl	반응성이 큼	환원제, 조미료
주석	Sn	SnO_2	내부 구조 및 성질	강철 캔의 코팅용
텅스텐	W	$CaWO_4$	융해점이 매우 높음	전구의 필라멘트
우라늄	U	U_3O_8	핵분열	원자로
아연	Zn	ZnS	보호용 코팅 형성	아연도금코팅

용할 수 있는 기술 개발이 필요하다. 바다에는 망가니즈, 구리, 니켈, 코발트가 함유된 단괴가 풍부하므로 채굴하여 이용할 수 있는 기술이 개발될 것으로 기대한다. 국가 간의 분쟁, 환경오염 등의 난제 또한 해결되어야 한다. 또한 사용한 금속제품들을 재활용하면 부족한 자원문제를 상당 부분 해결할 수 있을 것이다.

희토류 금속 화합물들은 형광을 발하고 또한 인체에 무해하므로 인체 내부 기관의 이상을 진단할 수 있는 조영제에 사용되고 있다.

11.6 반도체

전자 또는 정공 (홀, hole)이 이동하면 전기가 흐르게 되는데 이 때 분자. 원자 및 전자들에 의하여 방해를 받게 되며 이것을 전기저항이라고 한다. 물질에 따라 저항의 크기는 달라지며 전기저항의 역수인 전기 전도도의 크기에 의해 물질을 도체, 반도체 그리고 절연체로 구분한다. 전기전도도가 10^3에서 10^7 S/m이면 도체이고 10^{-3}에서 10^4 S/m 이면 반도체라고 한다. 전도도가 10^{-3} S/m보다 작은 물질이 절연체이며 전기가 거의 흐르지 않는다. 도체에서는 전자가 각 분자나 원자에 구속되어 있지 않고 자유로이 움직일 수 있으며 금속이나 전도성 고분자들이 이에 속한다. 반면에 절연체에서는 모든 전자들이 분자에 구속되어 있다.

이들 현상이 띠이론 (band theory)으로 쉽게 설명될 수 있다. 띠이론을 간단히 설명하면 다음과 같다. 전자들은 두 개의 띠를 만들며 에너지가 낮은 것을 원자가 전자대 (valence band), 높은 것을 전도대 (conduction band)라고 한다. 원자가 전자대의 전자들은 분자에 구속되어 있으므로 전기를 통하지 못하며 전도대에 있는 전자들은 자유로이 이동할 수 있으므로 전기를 통할 수 있다. 도체의 경우에는 원자가 전자대와 전도대 사이의 에너지 차이가 0, 즉 이 두 띠가 서로 붙어있고 절연체에서는 이 두 띠 사이의 에너지 차이가 아주 커서 높은 온도에서도 전자가 원자가 전자대에서 전도대로 에너지를 얻어 이동할 수 없다. 반도체 역시 두 띠가 떨어져 있지만 에너지 차이가 비교적 작아 온도를 올리면 전자가 에너지를 얻어 원자가 전자대에서 전도대로 이동할 수 있어 전기가 흐르게 된다.

도체에서는 온도가 올라가면 전자의 열운동이 활발해져 전도도가 감소하지만 반도체에서는 위에서 설명한 이유로 인하여 온도가 높아질수록 전도도가 증가한다. 반도체는 원소 자체의 성질에 의한 진성반도체 (intrinsic semiconductor)와 불순물이 조금 첨가된 (이것을 doping이라고 함) 외래 반도체 (extrinsic semiconductor) 및 물질을 구성하고 있는 성분 원소의 비가 일정하지 않고 변할 수 있는 비양론적 반도체 (nonstoichiometric semiconductor) 등으로 나누어진다.

주기율표에서 중간에 위치한 4족 원소들 중 가장 가벼운 원소인 탄소 (절연체)와 가장 무거운 원소인 납 (금속 즉 도체)을 제외한 세 원소, 규소 (Si), 저마늄 (Ge), 주석 (Sn)은 단체로 존재할 경우에 전자들이 하나의 원소에 구속되어 있지 않고 10개 내외의 원소들에 퍼져있어 작기는 하지만 무시할 수 없는 전도도를 가지므로 진성반도체로 분류된다. 화학적 성질에 있어서도 이 세 원소들은 비금속과 금속의 중간 성질을 가지고 있으므로 준금속이라고 불리고 있다. 진성반도체의 25℃에서 측정된 전도도는 다음과 같다.

진성반도체	전도도 (S/m)
실리콘	0.002
저마늄	2
주석	100

외래 반도체는 실리콘이나 저마늄에 가전자가 하나 적은 갈륨, 인듐이나 가전자가 하나 많은 비소 또는 안티몬이 doping된 반도체이다. 갈륨, 인듐이 doping된 것을 p형 반도체, 비소, 안티몬이 doping된 것을 n형 반도체라고 한다. p형 반도체에서는 전자가 부족하므로 정공이 이동하며 n형 반도체에서는 여분의 전자가 이동한다. 외래 반도체는 온도가 상승하여도 전도도는 크게 변하지 않지만 어느 온도이상에서는 진성반도체가 되며 온도가 상승하면 전도도가 증가하기 시작한다.

1948년에 미국의 벨연구소에서 개발한 트랜지스터가 반도체를 처음으로 상용화한 제품이라고 한다. 그전까지의 라디오에서는 진공관을 사용하였는데 반도체가 등장하면서 라디오의 크기가 작아졌다. 그 뒤 반도체 기술은 눈부시게 달하여 지금은 컴퓨터의 메모리 칩, 캠코더와 디지털카메라의 촬영소자인 CCD (charge-coupled device) 등에 이용되며 특히 최근에는 초LSI (large scale integrated circuit)라고 하는 초고밀도전기화로가 완성되었다. 초LSI를 이용하면 1cm^{2}에 회로소자를 100만개 이상 넣는 것이 가능하다. 이것의 완성으로 라디오, TV의 소형화는 물론이고 트랜지스터를 사용한 거의 모든 전기회로를 소형화할 수 있게 되었다. 또한 컴퓨터, 계측분야 그리고 사회생활의 전 분야에 응용될 것이고 전자기기의 소형화, 고밀도화가 활발하게 진행될 것이다.

연습문제

1. 지구 자기장이 가까운 미래에 역전된다는 즉 지구 자장의 남북극이 서로 바뀐다는 주장이 제기되고 있다. 그리고 지금은 점차로 자장의 세기가 감소하고 있으며 완전히 사라지는 경우도 곧 온다고 한다. 만약에 지구 자장이 사라지면 우리에게 어떤 영향이 오겠는가?

2. 도자기의 장점을 기술하라.

3. 부동태가 어떤 것인가?

4. 왕수는 어떻게 만드는가?

5. 알루미늄은 산에도 녹고 알칼리에도 녹는데 식기 등에 사용되는 이유는?

6. 조영제를 설명하라.

에너지

CHAPTER 12

12.1 에너지

에너지는 일을 할 수 있는 능력을 뜻하며 모든 생명체가 활동하게 하는 원천이며 인류문명의 원동력이다. 산업혁명 이후 문명이 급격하게 발전하면서 에너지에 대한 수요도 크게 증가하였다. 석탄, 석유 등이 지금까지 주로 이용되어왔으며 앞으로는 보다 효율이 좋고 환경에 미치는 영향이 적은 새로운 에너지들이 개발되어 이용될 것이다. 에너지는 가정에 전기를 공급하고, 산업 시설의 동력으로 그리고 난방연료로 사용되어 산업의 발달과 문화생활을 뒷받침하고 있다. 이미 정보화 사회에 들어와 있고 자동차. 에어컨, 컴퓨터, 통신기기, 인공위성 등이 작동되어 우리들의 문화, 사회, 경제 활동들을 보다 더 편리하게 이루어지도록 지탱하고 있는데 이런 활동들의 원동력이 바로 에너지이다.

12.2 에너지는 어디에서 오는가?

지구의 모든 생명체가 사용하는 모든 에너지는 태양에서 온다. 태양은 지구에서 가장 가까운 항성 (주계열성)으로, 표면의 모양을 관측할 수 있는 유일한 것이다. 지구에서 평균거리 1억 4960만km에 있으며, 기체로 이루어져 있으므로 평균밀도는 지구의 약 1/4인 1.41 g/cc이다. 대부분이 수소와 헬륨이고, 원소 약 70종이 기체 상태로 극히 적은 양으로 존재하는 것이 확인되었다. 수소의 핵융합반응에 의하여 방대한 에너지를 생산하고 있다.

12.2.1 광합성

녹색식물과 광합성박테리아 등에 의하여 대기 중의 이산화탄소와 수증기가 반응하여 에너지로 사용될 수 있는 포도당이 만들어 지며 부산물로 산소가 발생하는 과정을 광합성이라고 하며 약 33억 년 전부터 일어나고 있다고 한다. 태양 빛을 흡수한 엽록소에 의하여 물이 분해되어 높은 에너지를 가지는 활성화된 수소가 생성되며 이 수소가 이산화탄소와 반응하여 포도당이 생성된다. 전체적인 식은 다음과 같다.

$$6CO_2 + 12H_2O \rightarrow C_6H_{12}O_6 + 6H_2O + 6O_2$$

광합성의 반응속도는 빛의 강도, 온도 및 이산화탄소 농도의 영향을 받는다. 포도당은 저장되거나 좀 더 복잡한 음식물이나 구조 물질로 변환될 수 있다. 광합성을 하지 않는 모든 다른 생물들은 생존과 활동에 녹색식물 등의 저장에너지를 이용하고 있다.

12.2.2 열역학 제 1 법칙

자연계의 에너지의 합은 일정하게 유지되며 없어지지도 새로 만들어 지지도 않는 다는 것이 열역학 제 1법칙이다. 예를 들면 물이 가지고 있던 위치에너지가 물이 떨어지면서 운동에너지로 변하며 위치에너지와 운동에너지의 합은 일정하게 유지된다. 열역학 제1법칙에 위배되는 즉 외부 에너지의 공급 없이도 일을 할 수 있는 영구기관을 제1종 영구기관이라 한다.

12.2.3 열역학 제 2 법칙

바닥에 있는 공이 주위에서 에너지를 모아 뛰어오르는 일이 일어날까? 이 과정은 열역학 제 1 법칙에는 위배되지 않지만 실제로는 불가능이다. 또한 열은 뜨거운 물체에서 찬 물체로 이동하며 찬 물체에서 뜨거운 물체로 열이 자발적으로 흐르지 않고 반드시 에너지를 주어야 일어난다. 여기에서 에너지가 흐르는 방향에 어떤 제약이 있다는 것이 밝혀졌으며 열역학 제 2 법칙으로 정리되었다. 자발적인 반응에서는 항상 엔트로피 (무질서도)가 증기한다. 따라서 이 법칙에 의하면 하나의 열원에서 열을 받아 이것을 일로 바꾸되 어떤 외부의 변화도 일으키지 않는 열기관인 제 2종 영구기관의 제작은 불가능하다고 할 수 있다.

12.3 화석연료

인간의 현재 생활을 유지하기 위하여 사용되는 에너지의 대부분은 석탄, 석유, 천연가스 등의 화석연료이다. 화석연료는 동식물에 축적된 태양에너지의 통조림이라고 생각할 수 있겠다. 연료는 산소와 빠른 속도로 격렬하게 결합하여 산화되면서 에너지를 열과 빛으로 방출한다. 지구에 매장되어 있는 화석연료는 한정되어 있고 에너지 수요는 계속 증가할 것이므로 조만간에 고갈될 것이므로 미리 대비를 해야 한다. 화석연료는 오랜 기간에 걸쳐 지구가 만든 것인데 우리 인간이 무분별하게 탕진하고 있다. 계속하여 이런 식으로 낭비한다면 멀지 않은 장래에 화석연료가 사라질 것이다.

12.3.1 석탄

석탄은 지질시대에 생존한 식물들이 퇴적되어 오랜 세월 동안 열과 압력에 의하여 휘발성 성분은 없어지고 주로 탄소만 남은 흑갈색의 암석을 말한다. 석탄은 탄화도에 따라 탄소분이 60%인 토탄, 70%인 토탄 및 갈탄, 80~90%인 역청탄, 95%인 무연탄으로 나뉜다. 석탄을 형성한 식물로는 수생식물보다 주로 육생식물이라 보고 있으며, 생성연대는 세계의 모든 탄전의 약 1/3이 고생대 (5억~2억 년 전)로서, 유럽과 북아메리카 및 아시아 대륙의 석탄이 대부분 이에 속한다. 이 밖의 석탄은 중생대 (2억 년~5000만 년 전)와 신생대 (5000만 년 전 이내)에 생성된 것으로 보고 있으며 가장 석탄이 많이 생성된 시기는 석탄기 (고생대 말엽)로 알려져 있다. 석탄이 생성되는 과정은 식물이 퇴적된 후 공기와 차단되면 압력과 열에 의하여 건류작용을 받아 오랜 시간이 지나면 석탄이 된다. 석탄화가 일어날 좋은 조건은 일반적으로 압력은 수천 기압이며 온도는 수십에서 200℃ 까지 이라고 한다. 지금도 탄화가 일어나고는 있지만 속도가 아주 느리다. 토탄을 고온, 고압의 상태에서 공기의 접촉을 차단하면서 가열하여 화석연료를 만드는 연구가 이루어지고 있다.

표 12.1 여러 종류의 건조된 석탄이 가지고 있는 대략적인 무게 조성 비

종류	탄소	수소	산소	질소
나무	50	6	43	1
토탄	59	6	33	2
갈탄	69	5	25	1
역청탄	88~89	5	5~15	1
무연탄	95	2~3	2~3	극소량

석탄은 고체이므로 채굴하여 수요지로 운반하기가 매우 힘들고 비용이 많이 든다. 그리고 석탄에는 무기물질이 석유나 천연가스보다 많이 함유되어 있어 연소 시 미립자가 많이 생기고 황성분이 상당히 존재하여 산성비 등의 원인이 되는 황산화물과 황산을 만들므로 연소하기 전에 황을 제거해야 한다. 운반과 사용 등이 더 편리한 액체나 기체로 변환시킬 수도 있다. 석탄을 공기를 차단하고 가열하면 철의 제련에 사용되는 코크스가 만들어 진다.

12.3.2 석탄의 액화

석탄은 풍부한 연료이고 여러 분야에 많이 사용되고 있지만 석탄은 고체이므로 석유나 천연가스보다 운반, 사용 등이 불편하므로 액화 연구가 활발히 진행되고 있다. 석탄액화는 고체연료에 비하여 에너지밀도가 높고 저장이나 운송 등이 더 용이한 청정에너지 액체연료를 제조하는 공정으로 기존의 석유를 대체하기 위하여 개발되고 있다. 석탄액화는 1920년대 독일에서 처음으로 이루어졌으며 2차 세계대전 중 독일에서 석유가 부족해지자 연구에 박차를 가하게 되었다. 12개의 석탄액화공장이 가동되어 항공기 연료의 98%와 총 탄화수소제품 연료의 47%를 공급하였지만 석탄액화유가 석유보다 경쟁력이 아주 약하므로 전쟁이 끝난 후에는 가동이 중단되었다. 1960년대에 액화반응 메커니즘이 밝혀지게 되면서 보다 경제적이고 완화된 반응조건하에서 석탄액화유의 제조가 가능해졌으며 두 차례에 걸친 석유파동 이후 석탄액화에 대한 관심이 한층 높아지고 있다. 석탄액화공정은 석탄을 고온 고압 하에서 열분해한 후 수소에 의하여 안정화시켜 저분자 탄화수소를 만드는 직접액화와 석탄을 일단 가스화 시킨 후 생성된 CO를 promoted iron cobalt 촉매를 사용하는 Fischer-Tropsch 반응에 의하여 탄화수소를 제조하는 간접액화로 분류되며 직접액화반응의 경제성이 큰 것으로 판단되어 이 분야에 연구가 집중되고 있는 추세이다. 현재는 미국, 일본, 영국, 서독 그리고 캐나다와 같은 선진국을 중심으로 경제성 향상을 위하여 국가적인 차원 하에서 반응조건의 완화와 품질개선을 위한 연구가 중점적으로 수행되고 있다. 석탄을 고온 (430-460℃) 및 고압 (약 100-280기압)의 반응조건 하에서 수소를 첨가시켜서 생성물의 수소/탄소-비를 1.5 ~ 2.0 정도로 증가시킴으로써 에너지 밀도가 높고 수송 및 보관이 용이한 청정 액체연료를 제조한다. 특히 대표적인 석탄액화공정으로는 미국의 경우 촉매이단공정인 CTSL (catalytic two stage process)과 일본의 NEDOL 공정으로서 각기 DOE 및 New-Sunshine계획의 지원 하에 Pilot 규모로 개발되어 연구되고 있으며, 주요개발대상 핵심기술로는 반응효율의 극대화 및 최적화를 위한 활성이 큰 촉매 개발기술 및 공정최적화라 할 수 있다. 우리나라에서도 한국에너지기술연구소에서 1kg/hr 용량의 연속식 액화 시험설비를 통해 반응 및 공정효율 개선연구가 수행되고 있다.

12.3.3 석유

기원전부터 중동지방에서 원유, 아스팔트가 의약, 종교의식, 접착제, 토건, 조선, 공예, 미라의 보존 등에 약간씩 사용되어왔지만 19세기 후반부터 경제발전과 기술이 진보됨에 따라 용도가 다양해지고 중요성도 커져 갔다. 자동차, 선박, 항공기 등의 연료 , 보일러용 연료 그리고 가정 난방용, 취사용으로서도 사용되고 있으므로 에너지원으로서 천연가스를 포함한 석유수요의 비중은 50% 이상이다. 또한 석유화학공업의 발달로 많은 석유화합제품 들이 개발되고 있다. 석유의 생성원인은 여러 가지가 있지만 지질시대의 생물이 얕은 바다나 호수의 물밑에 퇴적된 후 지하 깊이 매몰되어 높은 압력과 열에 의하여 석유로 변화하였다는 설이 가장 보편화 되어 있다. 이상과 같은 물리·화학적 여러 변화를 거쳐 실제로 석유광상에 석유가 채워지게 되려면 지질지층학적 환경도 필요하다 유정에서 채굴된 원유는 증류탑에서 끓는점의 차이를 이용해서 분리되어 휘발유 등의 석유제품이 만들어진다. 경질 휘발유, 중질 휘발유, 등유, 경유, 중유, 아스팔트 등이 이에 속한다.

표 12.2 석유의 끓는점에 의한 분류

분류	탄화수소의 범위	끓는 점 범위(℃)	용도
천연가스	CH_4~C_4H_{10}	40 이하	연료, 플라스틱의 원료
휘발유	C_5H_{12}~$C_{12}H_{26}$	40~200	연료, 용매
등유	$C_{12}H_{26}$~$C_{16}H_{34}$	175~275	디젤 연료, 가정용 난방
경유	$C_{15}H_{32}$~$C_{18}H_{38}$	250~400	공장난방
중유	$C_{17}H_{36}$ 이상	300 이상	윤활유
아스팔트	$C_{20}H_{42}$ 이상	350 이상	파라핀, 아스팔트

12.3.4 옥탄가

휘발유의 안티노크 정도를 표시하는 수치이며 이소옥탄의 옥탄가를 100, 그리고 노르말헵탄의 옥탄가를 0으로 정의한다. 이들의 혼합물의 옥탄가을 이소옥탄의 부피 % (예를 들면, 이소옥탄 90 %, n-헵탄 10 %의 표준연료를 옥탄값 90으로 한다)로 나타낸다. 사용되는 휘발유의 옥탄가는 동일한 안티 노크 정도를 가지는 표준연료의 옥탄가로 정한다. 옥탄가는 휘발유에 포함된 탄화수소의 구조와 밀접한 관계가 있으며, 예를 들면 포화탄화수소의 경우, 가지가 많아지면 옥탄가가 증가하며 고리를 가지고 있는 방향족계 탄화수소의 옥탄가가 최대이다. 옥탄가을 높이기 위하여 안티 노크제 (사에틸화납)가 사용되었지만 납의 독성으로 지금은 사용이 금지되었고 개질에 의한 나프텐계 탄화수소의 방향족화, 포화탄화수소에 포함된 가지의 수를 크게 하는 이성질화 등의 방법을 사용한다.

12.3.5 석유의 정제공정

가치가 비교적 낮은 석유유분을 여러 화학반응을 거쳐 부가가치가 높은 제품으로 바꾸는 공정을 정제공정이라고 한다. 이러한 전환공정에는 다음의 방법들이 속한다.

① 열분해(thermal cracking)
② 접촉분해(catalytic cracking)

③ 접촉개질(catalytic reforming)
④ 수소화 분해(hydrocracking)
⑤ 이성화(isomerization)
⑥ 알킬화(alkylation)
⑦ 중합(polymerization)

1) 열분해공정

감압증류공정에서 분리된 가스오일이나 상압증류공정에서 나온 잔사유를 고온에서 분해하여 옥탄가가 높은 휘발유를 제조하는 공정을 열분해공정이라고 한다. 열분해공정에는 온도가 500℃ 전후, 압력이 12 ~ 25kg/cm^{2}인 조건에서 상압이나 감압증류에서 분리된 잔사유에서 점도가 낮은 중유와 경유를 만드는 viscosity breaking공정과 중질유를 분해하여 코크스와 가스, 휘발유, 경유 등을 제조하는 coking 공정으로 나누어진다. coking공정에는 delayed공정, 접촉공정, 유동공정 등이 있으며 반응온도는 약 480 ~ 570℃이고 압력은 대기압에서 5kg/cm^2 정도의 낮은 압력에서 비교적 장시간 반응시킨다. 열분해공정에서는 결합이 균일하게 끊어져 라디칼을 생성하는 방향으로 반응이 진행된다.

2) 접촉분해공정

접촉분해공정에서는 촉매를 사용하여 끓는점이 높은 석유를 고온에서 분해하여 옥탄가가 높은 휘발유를 만드는 공정이며 수율이 높다. 촉매로는 고체 산으로 작용하는 실리카-알루미나계 또는 합성 제올라이트 등이 사용된다. 열분해공정와는 달리 접촉분해공정에서는 결합이 불균일하게 끊어지므로 카르보늄이온이 생성된다. 생성된 카르보늄이온은 고체 산촉매 의해 안정화된다. 초기에는 촉매가 반응기 안에서 고정된 고정상식이 주로 사용되었으나 점차로 이동식, 유동식으로 발전하여 지금은 유동식공정이 많이 활용되고 있다.

3) 접촉개질공정

휘발유의 옥탄가는 가지가 많은 파라핀계 탄화수소 또는 방향족계 탄화수소인 경우에 높으므로 가지가 적은 파라핀계 탄화수소나 나프텐계 탄화수소를 옥탄가가 높은 휘발유로 변환시키는 공정을 개질공정이라고 하며 이 때 촉매가 사용되면 접촉개질공정이라고 한다. 접촉개질공정에는 아래의 반응들이 포함되어 있다. 주로 사용되는 촉매는 백금이 담지된 알루미나이다.

a) 나프텐의 탈수소반응

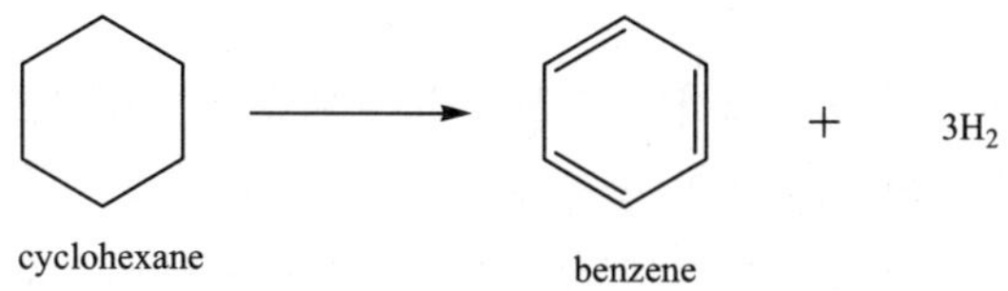

b) 나프텐의 이성화탈수소반응

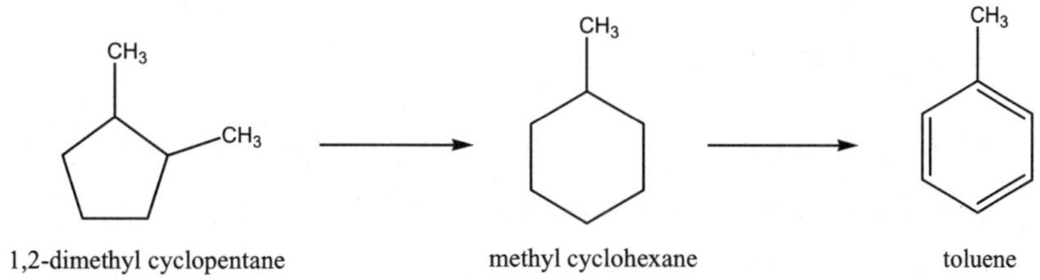

c) 파라핀의 탈수소 고리반응

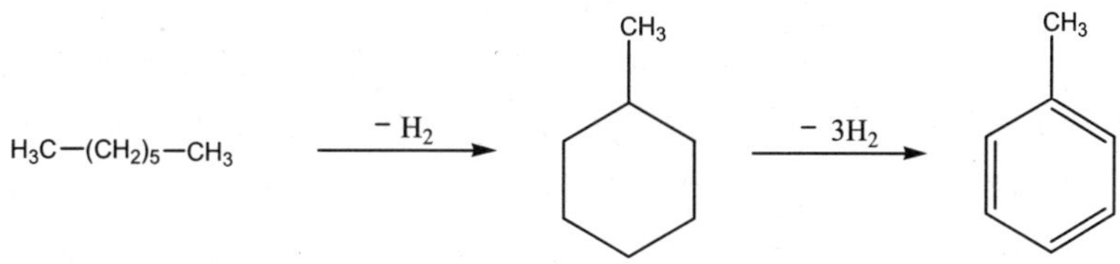

d) 파라핀의 이성화반응

e) 파라핀의 수소첨가분해반응

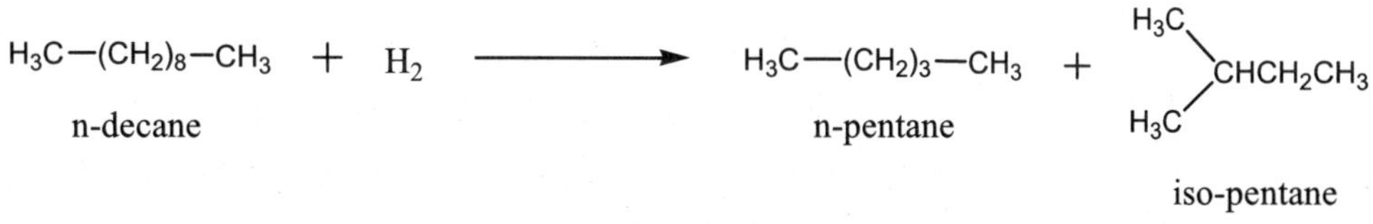

4) 수소화 분해공정

중질유에 수소를 첨가하여 부가가치가 높은 경질석유제품을 만드는 공정을 수소화 분해공정이라 하며 고온, 고압이 필요하며 촉매가 분해를 용이하게 한다. 특징은 다음과 같다.

① 처리할 수 있는 석유의 범위가 넓다.
② 제품수율의 조절이 용이하다.

③ 분해되어 얻어지는 석유의 수율이 높다.

그 외에도 이 공정에서는 중질유가 분해될 때 황화물도 제거되므로 별도의 탈황장치가 필요하지 않다는 등의 장점을 가지고 있다.

이 들 공정 이외에도 이성화공정과 알킬화공정들이 활용되고 있으며 옥탄가가 높은 휘발유를 제조하는데 유용하다.

12.3.6 천연가스

탄화수소를 주성분으로 하는 가연성 기체를 천연가스라고 하며 석탄이나 석유보다 오염물질의 배출량이 적고 이산화탄소는 절반정도만 발생하므로 새로운 에너지원으로 생산량이 크게 늘어나고 있다. 유전가스는 원유 속에 녹아 있으며 채유 때 채취된다. 가스전가스에는 원유로부터 유리된 가스가 다른 곳으로 이동하여 특정한 지질구조에 괸 것이라고 생각되는 것 (유리형), 생성과정도 석유와 다르며 젊은 지층 속에서 지하수에 녹아 있는 것 (수용형) 등이 있다. 탄전가스는 석탄층 속에 갇혀 있는 가스가 채탄 때 방출되는 것이다. 수용형 가스의 생산규모는 일반적으로 작고, 주로 일본, 이탈리아 일부에서 채취된다. 그 성분은 대부분이 메테인 (그 밖에 미량의 이산화탄소 ·산소 ·질소를 함유)이며, 간단한 정제 후 연료, 화학공업용 원료로 사용된다. 세계의 주요 천연가스는 유전가스, 유리형 가스이며, 규모가 거대한 것이 많다.

메테인이 주성분인 외에 에테인, 프로페인, 부테인 등을 함유하며, 상온, 상압에서 액체가 되어 분리되는 고급탄화수소를 함유한 것도 있다. 액체인 고급탄화수소는 분리하여 휘발유로 이용하며 프로페인 ·부테인 등은 분리되어 LP가스로 사용된다. 분리된 에테인은 에텐의 원료로 사용되기도 하며. 주성분인 메테인(일부 에테인을 함유한다)은 연료 , 화학공업용 원료로 사용된다. 옛날부터 천연가스는 미국 , 러시아에서는 석유와 마찬가지로 중요한 에너지원이었다. 지금은 중동, 유럽, 북아프리카 등에서 대규모로 천연가스가 생산되어 파이프라인 수송의 발달, 액화천연가스 (LNG)의 해상수송의 실용화와 함께 천연가스자원이 빈약한 나라들에서도 천연가스를 양질의 1차 에너지로 이용한다. 우리나라에는 1986년 인도네시아로부터 액화천연가스가 최초로 도입되어 다음해부터 수도권에 공급되기 시작하였다. 냄새가 없으므로 저장 탱크에 넣어 냄새가 강한 화학물질과 혼합한다. 이는 가스가 누출되었을 때 쉽게 냄새로 감지하기 위해서이다. 천연가스는 저장 탱크에서 지하의 파이프를 통해 가정이나, 공장 등으로 보내진다.

12.4 원자력에너지

인위적으로 원자핵을 변환할 때 얻을 수 있는 에너지를 일반적으로 원자력에너지라고 한다. 원자핵 변환에는 우라늄, 플라토늄 등의 무거운 원자핵을 연쇄적으로 분열시키는 방법 (핵분열)과, 중수소 등 가벼운 원소의 원자핵을 융합시키는 방법 (핵융합)이 있다. 원자폭탄, 원자로는 이들 중 핵분열을 이용한 것이고, 수소폭탄은 핵융합을 이용한 것이다. 태양의 에너지는 핵융합에 의해 만들어지므로 인류의 생활과 깊은 관계가 있지만, 플라즈마 상태에서 가능하므로 이것을 제어하여 에너지원으로 이용하는 방법은 아직 확립되어 있지 않다. 우라늄 원자핵에 중성자를 충돌시키면 원자핵이 2개의 원자핵으로 쪼개지는 반응이 연쇄적으로 일어나 막대한 에너지가 방출된다. 원자력에너지는 원자로에서 핵분열 연쇄반응을 서서히 일어나게 하여 만들어 내는 에너지이다. 연료로는 보통 우라늄 235를 2~5 %정도로 농축한 것을 사용하며 연쇄반응이 감속제를 사용하여 서서히 일어나게 한다.

12.4.1 원자력발전

현재 사용되고 있는 상업용 원자력 발전기에는 가압 경수로형, 비등 경수로형, 고온가스 냉각로형, 그리고 가압 중수로형이 있다. 원자로형이나 제작회사에 따라 원자로 운전특성이 약간씩 차이가 있기 때문에 주변계통이나 기기가 다소간 상이한 점이 있지만 어느 것이나 발전의 기본 원리는 동일하다. 원자로의 중심부에 우라늄 235를 2~5%정도로 농축한 것을 피복관 속에 차곡차곡 채운 후 양단을 용접하여 밀폐한 연료봉을 모아 다발로 만들어 연료로 사용하고 있다. 핵연료 내에 존재하는 235-U가 적절히 제어된 중성자와 충돌하여 나오는 에너지를 이용하여 물을 가열하여 증기를 만들고 이 증기로서 터빈을 돌려 발전을 한다. 감속제는 연료봉 사이에 채워지며 중성자의 속도를 감소시키는 동시에 냉각 작용도 한다. 원자력 발전은 온실효과를 일으키는 이산화탄소를 배출하지 않으며 또한 매연이나 재, 황산화물, 질소 산화물 등이 생기지 않아 지구온난화나 대기오염, 산성비 과는 무관하다. 원자로를 외부와 차단하기 위하여 금속과 콘크리트로 된 다중의 보호시설이 설치되어야 하며 냉각수가 부족하면 원자로 내부가 용해될 수 있으므로 비상용 보조 냉각 장치가 설치되어야 한다. 또한 방사능이 누출되지 않도록 사전 안전 점검을 주의 깊게 해야 한다.

12.4.2 원자핵반응

우라늄과 같은 무거운 원자핵에 중성자가 충돌하면 핵이 둘이상의 가벼운 핵으로 쪼개지는 반응을 핵분열이라고 하며

$$ {}_{92}U^{235} + {}_{0}n^{1} \rightarrow {}_{56}Ba^{139} + {}_{36}Kr^{94} + 3{}_{0}n^{1} $$

가벼운 원자핵들이 합해져 다른 핵 하나가 만들어지면 핵융합이라고 한다.

$$_1H^3 + {}_1H^2 \rightarrow {}_2He^4 + {}_0n^1$$

핵분열반응은 연쇄적으로 일어나므로 연쇄반응의 속도를 조절하여 에너지를 얻는 장치를 원자로라고 하며 연료로는 우라늄 233, 우라늄 235, 플루토늄 239 등이 사용된다. 핵융합은 항성의 주요 에너지를 만드는 방법인데 고온을 유지해야하며 또한 플라즈마를 공간에 모아야하므로 이에 대한 연구는 상당한 시간이 필요할 듯하다. 핵분열과 핵융합이 일어날 때 일반적으로 질량이 감소하며 (질량결손) 감소된 질량이 에너지로 변환된다. Einstein의 상대성이론에 따르면 물체가 가속되어 속도가 광속도 c ($c = 3 \times 10^8$ m/sec)에 가까워지면 물체의 질량이 증가한다고 한다. 즉, 물체의 속도가 v일 때의 질량을 m_v, 정지하고 있는 물체의 질량을 m_0라고 하면 다음 식이 성립한다.

$$m_v = m_0\left(\frac{1}{\sqrt[2]{1-\frac{v2}{c2}}}\right)$$

이 식에서 $E = mc^2$가 유도될 수 있다. 한 예로 1원자단위가 핵반응에 참여하여 모두 에너지로 변환된다면 방출되는 에너지

$$\begin{aligned} E &= 9.1 \times 10^{-31} \times 1840 \times (3 \times 10^8)^2 \text{ J} \\ &= 14.94 \times 10^{-11} \text{ J} \\ &≒ 4.14 \times 10^{-7}\text{kWh} \\ &≒ 931\text{MeV} \end{aligned}$$

로 계산되는 막대한 양의 에너지가 방출된다.

12.4.3 핵융합

지구에서 핵융합을 일으키려면 고온과 아울러 생성된 플라즈마를 가둘 수 있는 방법이 확립되어야 한다. 플라즈마를 만들어 핵융합 반응이 계속하여 일어나게 하려면 온도를 수억 도로 유지하고 만들어진 플라즈마를 유지해야 하는데 여러 가지 방법이 제안되고 있다. 자기장으로 용기를 만들어 플라즈마를 모으는 방법이 연구되고 여기에는 제다 장치, 토카막 장치, 스텔러레이터 장치 등이 있다. 핵융합을 일으키는 다른 방법으로는 레이저나 전자빔을 이용하여 중력으로 가두는 방법이다.

핵융합로의 모델 가운데 토카막 장치는 1960년대 소련의 쿠르차토프 연구소에서 처음으로 개발된 것이다. 그 뒤, 1991년 유럽연합 (EU)은 'JET'라는 토카막 장치를 만들어 최초로 1.7 MW의 전력을 얻는 데 성공하였다. 일본의 'JT60', 미국의 'TFTR' 등도 이와 같은 수준의 성과를 올렸다. 한국에서도 소형 토카막 운영을 통해 핵융합 기초연구와 인력양성이 1990년대 후반 들어 활발하게 진행되고 있는데, 1980년 서울대학에서

'SNUT79'를 비롯하여 원자력연구소의 'KT1토카막', 기초과학연구소의 '한빛' 등의 토카막 장치가 있다.

토카막 (tokamak)이란 러시아말인 toroiid kamera (chamber) magnit (magnet) katushka (coil)의 첫 자를 따서 만든 합성어이다. 플라즈마를 구성하는 이온과 전자가 자기력선 상에서 서로 반대방향으로 나선운동을 하며 진행하는데, 이때 자석을 도넛 형태로 배열하면 자기력선의 진행경로가 갇혀지게 돼 그 주위를 회전운동 하는 플라즈마를 구성하게 된다. 이때 다양한 가열장치를 통해 플라즈마를 가열하면 불안정성을 제어하게 되어 핵융합 반응이 일어날 수 있는 태양의 중심과 같은 환경이 만들어 진다.

토카막의 구조는 플라즈마를 발생시키고 가둬 둘 진공용기, 플라즈마를 구속하는 토로이달 (Toroidal) 자석, 플라즈마 진공 용기 내에서 안정적인 상태를 유지하기 위해 제어하기 위한 폴로이달 (Poloidal) 자석으로 이루어져 있으며 자석은 장시간 가동하여도 전력손실이 거의 없는 초전도 자석이 주로 사용되고 있다. 또한, 플라즈마 전류를 구동하기 위한 중앙 솔레노이드 코일과 진공상태를 유지하기 위한 진공 배기계통과 고온 플라즈마가 직접 맞닿는 부분인 플라즈마 인접 부품 및 용기보호 장치가 필요하다. KSTAR와 같이 초전도 자석을 사용하는 토카막의 경우는 추가로 저온 냉각 상태보호를 위한 cryostat라는 저온장치가 추가로 필요하다.

12.4.4 상온 핵융합

상온 핵융합 (cold fusion)에 대한 이야기가 널리 유포된 적이 있었다. 1989년 봄 미국 유타대학의 S. 폰스 교수와 영국 사우스햄턴 대학의 M. 플레이쉬먼 교수가 실험실의 상온에서 핵융합 반응을 달성하였다고 발표하였으며 곧 상온 핵융합이라고 불리게 되었다. 그들이 행한 실험은 팔라듐 전극을 이용한 중수 (수소대신 중수소와 산소가 결합된 물)의 전기분해였다. 수소와 마찬가지로 중수소 역시 팔라듐 금속에 잘 흡착된다. 충분한 시간동안 전기분해를 하면 생성된 중수소가 팔라듐 금속에 포화되고 팔라듐 격자 내의 중수소들은 매우 가깝게 접근하게 된다. 이들은 음극에서 전기분해에 사용된 에너지보다 더 많은 양의 에너지가 방출되었다고 보고하였다. (한 실험에서는 음극이 녹기도 하였다.)

다른 많은 과학자들이 이 실험을 반복하였다. 어떤 과학자들은 최소한의 성공을 하였지만 다른 과학자들은 성공하지 못하였다. 과량의 열이 언제나 관측되지는 않았다. 또한 과량의 열이 관측되었지만 곧 멈추곤 하였다. 어떤 경우에는 몇 달 동안 계속해도 과량의 열리 관측되지 않다가 며칠 동안만 열이 발생되고는 갑자기 나오지 않았다. 무엇인지 모르는 일이 생겨서 많은 열이 발생하기도 하지만 과연 핵융합에 의한 것인지는 아직 확실치 않다. 지금도 많은 과학자들이 도전하고 있으니 결과를 지켜볼 필요가 있지 않을까?

12.4.5 방사성폐기물

방사성폐기물은 방사성물질 또는 방사성물질에 의하여 오염된 물질로서 폐기의 대상이 되는 물질이며 방사능의 세기에 따라 고준위와 저준위 폐기물로 구분된다. 저준위 폐기물은 방사능의 정도가 낮은 것이며 원자력발전소의 운전원이나 보조요원이 사용한 장갑, 덧신, 가운, 걸레와 각종 교체 부품 등이다. 또한, 방사성동위원소를 사용하는 산업체, 병원, 연구기관에서 배출되는 방사성폐기물도 포함된다. 고준위 폐기물은 사용 후 핵 원료 자체나 이를 자원으로 재활용하기 위해 재처리할 때 발생하는 수준의 방사능을 가지는 폐기물을 말한다.

기체폐기물은 밀폐한 탱크에 저장하거나 자연설비를 이용하여 방사능이 기준치 이하가 되면 고성능 여과기를 거쳐 대기로 방출한다. 배기구에는 고감도 방사선 감시 장치가 붙어 있어 배출되는 기체의 방사능양이 기준치를 초과할 우려가 있으면 경보가 울리고 배기구는 자동으로 닫힌다. 그리고 방사성물질의 배출을 막는 자동 세탁수와 같은 액체폐기물은 저장조에 모은 후에 여과 증발 장치 등을 이용하여 깨끗한 물과 찌꺼기로 분류한다. 깨끗한 물은 다시 사용하거나 방류하고 농축된 찌꺼기는 건조하여 안전한 고화체로 만든 후 철제드럼에 넣어 밀봉하여 저장한다. 정화된 물을 방출하는 배수구에는 기체폐기물의 경우처럼 방사능 감시 장치와 경보장치가 부착되어 방사성물질의 방출을 막는다. 원자력발전소의 운전원이나 정비요원들이 사용했던 작업복, 장갑, 덧신이나 발전소 보수를 위해 교체한 부품 등의 고체폐기물은 압축하여 철제 드럼에 넣어 밀봉한다. 이와 같은 고체폐기물은 발전소 내에 있는 폐기물저장고에 보관한다. 경주에 건설하고 있는 방폐장이 완공되면 보관된 고체 폐기물을 그 곳으로 옮겨 집중 관리할 예정이다.

12.5 대체에너지와 신에너지

대체에너지는 자연을 이용하는 에너지이며 환경에 미치는 영향이 화석에너지보다 아주 적으며 재생할 수 있는 에너지로 지열, 풍력, 수력, 해양 (조력, 파력, 온도차)에너지 등이 있다. 최근에 개발 연구되고 있는 신에너지에는 태양에너지, 핵융합에너지, 연료전지, Magneto Hydro Dynamics (MHD), 바이오에너지 등이 있다. 다음에 이들에 대하여 간단하게 설명하려고 한다.

12.5.1 태양에너지

태양은 막대한 양의 에너지를 만드는 무한정의 에너지원이긴 하지만 일사량이 가장 많은 시간에도 에너지 밀도가 1 kW/m² 정도로 매우 낮고 기상, 지형 등의 자연 조건에 구애받는 등의 제약으로 아직은 경제성이 낮다. 태양열 온수장치, 태양열 발전소 및 태양전지 등이 개발되어 이용되고 있으며 많은 연구가 이루어지고 있다.

12.5.2 태양열발전

태양열 발전소는 포물면경을 이용하여 열에너지를 모아 물을 가열하여 만들어진 증기로 터빈을 돌려 발전을 하게 된다. 1973년경부터 연구개발이 시작되어 82년 미국에서 1,000 kW급이 실용화되었다. 현재 30만 kW에 달하는 발전시설이 운전 중이며 수천 kW급 발전소가 연구개발 또는 건설 중에 있다.

12.5.3 태양열 온수장치

지붕에 태양열을 흡수할 수 있는 검은 색의 수열관을 설치하여 가정에 온수를 공급하는 장치가 사용되고 있다. 이 온수장치는 여러 개를 연결시킬 수도 있어 다량의 온수를 만드는 것도 가능하다. 특히 더운 지방이나 여름에 잘 운용되고 겨울에는 물을 데우는 것을 돕게 된다.

12.5.4 태양전지

태양전지는 일종의 반도체이며 재료로서는 Si, GaAs, CdTe, CdS, InP, 등과 복합재료들이 사용되고 있다. 태양에너지를 흡수하면 전자 또는 홀에 의해 전기가 흐르게 된다. 전자계산기, 손목시계, 인공위성의 전원으로서 이용되고 있다. 무공해 에너지원으로 소음과 열이 발생하지 않지만 큰 발전량을 얻기 위해서는 큰 태양 전지판이 필요하다는 결점이 있다. 우리나라에서는 전남 하화도에 25 kW급, 최남단 마라도에 30 kW급 시스템이 설치되어 섬 주민들에게 전력을 공급하고 있다.

12.5.5 반도체

전자 또는 홀이 이동하면 전기가 흐른다. 금속 등의 도체에는 결정에 자유전자가 존재하므로 전기를 통할 수 있지만 절연체에는 전자들이 원자 또는 분자에 속박되어 전기가 흐르지 않는다. 반도체는 열이나 빛 등의 에너지가 공급되거나 불순물을 소량 첨가하면(doping) 이동할 수 있는 전자나 홀이 생성되어 전기를 흐르게 한다. 순수한 실리콘 과 게르마늄을 진성 반도체, 가전자가 하나 많은 원소들 즉, 인, 비소, 안티몬이 첨가되면 n형 반도체, 가전자가 하나 적은 원소들 즉, 갈륨, 인듐이 첨가되면 p형 반도체이다, 반도체의 일반적인 비저항은 실온에서 10^{-3}~10^{10} Ω · cm 정도이다. 온도가 올라가면 비저항이 감소한다.

12.5.6 전지

전지는 산화 환원 반응에서 나오는 화학에너지를 전기에너지로 변화시킬 수 있는 장치이며 실생활에서 편리하게 이용되고 있다. 황산구리(II) 수용액에 아연을 넣으면 아연이 산화되어 2가 이온이 되어 용액에 녹고 구리이온은 환원되어 구리로 석출된다.

$$Zn_{(s)} + Cu^{2+}{}_{(aq)} \rightarrow Zn^{2+}{}_{(aq)} + Cu_{(s)}$$

아연과 구리 이온을 분리된 두 개의 칸에 각각 넣고 전선으로 연결하면 전선을 따라 전류가 흘러 전등을 켜거나 전동기를 돌리는데 사용한다. 양극(anode)에서는 아연의 산화가 일어나고 구리 이온의 환원은 음극(cathode)에서 일어나며 만들어진 전자들은 전선을 따라 양극에서 음극에서 흐른다. 용액에서는 황산이온(SO_4^{2-})은 양극 쪽으로 그리고 아연 이온(Zn^{2+})은 음극 쪽으로 이동한다.

1) 갈바니 전지

구리와 은으로 이루어진 갈바니 전지에서 구리는 양극이며 은은 음극이다. 이 전지를 간략하게 표시하면 다음과 같다.

$$Cu(s) \mid Cu^{2+}{}_{(aq)} \parallel Ag^{+}{}_{(aq)} \mid Ag_{(s)}$$

양극은 왼쪽에 음극은 오른쪽에 표시되며 ∣ 는 고체 전극과 용액의 접촉면이며 ‖ 은 양극과 음극을 연결하는 염다리이다.

전지에서 전류가 흐르려면 전기회로의 두 점 사이에 전위차 ΔE가 있어야 한다. 전위차는 외부회로에 전압계를 연결하여 측정하며 회로를 흐르는 전류의 양과 관련이 있으며 전류가 너무 크면 전압은 떨어진다. 알짜 전위차는 다음과 같다.

$$\Delta E_{알짜} = \Delta E - \Delta E_{외부}$$

ΔE는 $\Delta E_{알짜}$가 0이 될 때까지 $\Delta E_{외부}$를 조절하여 측정할 수 있으며 전류는 0이 된다. $\Delta E_{외부}$를 ΔE보다 약간 작게 하면 알짜 전위차가 작아지며 반응이 전극에서 서서히 일어나므로 전지는 거의 가역적으로 된다.

2) 1차전지

1차전지는 전지에서 전력이 생기는 동안 양극 또는 음극이 화학반응으로 인해 소모되는 전지이며 건전지, 알칼리 전지, 수은 전지, 리튬 전지 등이 있다. 건전지는 가장 오래된 소형전지로서 회중전등, 휴대용 라디오와 장난감 등에 사용되고 있다.

양 극: $Zn_{(s)} \rightarrow Zn^{2+}{}_{(aq)} + 2e^-$

음 극: $2NH_4^+{}_{(aq)} + 2e^- \rightarrow 2NH_{3(g)} + H_{2(g)}$

$$2MnO_{2(s)} + H_{2(g)} \rightarrow Mn_2O_{3(s)} + H_2O_{(l)}$$

$$Zn^{2+(aq)} + 2NH_{3(g)} + 2Cl^{-(aq)} \rightarrow Zn(NH_3)_2Cl_{2(s)}$$

전체반응: $Zn_{(s)} + 2MnO_{2(s)} + 2NH_4Cl_{(s)} \rightarrow Zn(NH_3)_2Cl_{2(s)} + H_2O(l) + Mn_2O_{3(s)}$

전류가 빨리 흐르면 생성되는 기체가 빨리 소모되기 어려우므로 전압이 떨어지는 단점이 있다. 최대 전위차는 1.5V이다. 아연은 식물과 인간에게 해로운 금속이므로 사용후 주의 깊게 폐기해야 한다. 알칼리 전지의 전해질은 강염기인 KOH이며 수명이 건전지보다 길다. 고율 방전이 가능하고 용량이 크며 저온에서도 사용할 수 있지만 강염기를 사용하므로 분해할 때 조심해야 한다.

양 극: $Zn_{(s)} + 2OH^- \rightarrow ZnO_{(s)} + H_2O_{(l)} + 2e^-$

음 극: $2MnO_{2(s)}) + H_2O_{(l)} + 2e^- \rightarrow Mn_2O_{3(s)} + 2OH^-_{(aq)}$

전체반응: $Zn_{(s)} + 2MnO_{2(s)} + 2H_2O_{(l)} \rightarrow Zn(OH)_{2(s)} + Mn_2O_{3(s)}$

사용시 기체가 발생하지 않으며 전류가 많이 흘러도 전압이 갑소하지 않으며 표준전압은 1.54V이다.

수은 전지의 양극은 아연이고 음극은 산화수은(HgO)이다. 양극과 음극이 고체이므로 칸막이로 분리하지 않아도 되며 수명이 길다. 아연은 수은과 합금을 만들거나 아말감화하여 사용된다.. 전압은 1.34V이고 안정하므로 통신 설비나 과학 기기에 많이 사용되고 있다. 수은은 독성이 강한 중금속이므로(미나마타병) 사용후 처리에 주의해야한다.

양 극: $Zn_{(s)} + 2OH^- \rightarrow ZnO_{(s)} + H_2O_{(l)} + 2e^-$

음 극: $HgO_{(s)} + H2O_{(l)} + 2e^- \rightarrow Hg_{(l)} + 2OH^-_{(aq)}$

전체반응: $Zn_{(s)} + HgO_{(s)} + H_2O_{(l)} \rightarrow Zn(OH)_{2(s)} + Hg_{(l)}$

리튬전지는 고성능의 전자제품에 필요한 높은 에너지 밀도와 높은 출력밀도를 가지고 있으며 전압은 3V이다. 가장 가벼운 금소이고 산화전위가 높으므로 단위 무게당의 전기화학적 용량이 아연전지의 4배 이상이므로 음극물질로 가장 우수하지만 수분에 민감하기 때문에 수분을 제거한 유기용매 개발에 오랜 시간이 걸렸다. 리튬전지는 전해액이나 양극물질에 따라 고체양극, 액체양극, 고체전해질 전지로 나누어진다. 고체양극형의 이산화망간 리튬전지는 계산기, 시계, 완구 등에 많이 사용되고 있으며, 리튬 액체 양극전지는 군용무전기 등의 특수한 분야에 사용되고 있다. 고체전해질 리튬전지는 전지에서 누출이 없지만 추력이 상대적으로 약하므로 인공심장박동기 등의 낮은 출력으로 오랜 저장수명이 필요한 곳에 사용된다.

3) 2차전지

외부에서 전압을 주어 방전과 반대방향으로 전류를 흐르도록 하여 다시 충전할 수 있는 전지를 2차전지라고 하며 납축전지, 니켈-카드뮴 전지 등이 속한다. 재충전시 외부

전합은 정지전압보다 커야 하며 극성은 반대여야 한다.

납축전지의 양극은 다공성의 납(Pb)이며 음극은 압축된 PbO_2이다. 교대로 배열되어 진한 황산에 담겨 있으며 얇은 섬유 유리판으로 분리되어 있다.

양　극: $Pb_{(s)} + SO_4^{2-}{}_{(aq)} \rightarrow PbSO_{4(s)} + 2e^-$

음　극: $PbO_{2(s)} + 4H^+{}_{(aq)} + SO_4^{2-}{}_{(aq)} \rightarrow PbSO_{4(aq)} + 2H_2O_{(l)}$

전체반응: $Pb_{(s)} + PbO_{2(s)} + 2H_2SO_{4(aq)} \rightarrow 2PbSO_{4(s)} + 2H_2O_{(l)}$

납축전지의 기전력은 약 2V이지만 사용하는 동안 서서히 저하하여 1.8V 정도가 되면 다시 충전해야한다. 축전지의 기전력은 크기와는 관련없지만 극판면적을 크게 하면 용량이 증가하여 많은 전류를 흐르게 할 수 있다. 충전은 전지의 양 단자에 전원의 양 단자를 연결하고 규정된 전류값을 유지하면서 계속한다. 충전이 진행되면 양극판은 다갈색으로 음극판은 납색으로 변화하며 전압이 2.7~2.8V로 높아지고 전해액의 비중이 서서히 증가하여 1.26 정도가 되면 종료한다.

니켈-카드뮴 전지는 계산기, 면도기, 캠코더, 휴대용 라디오 등에 사용된다. 충전하여 계속 사용할 수 있으므로 수명이 길다.

양　극: $Cd_{(s)} + 2OH^-{}_{(aq)}) \rightarrow Cd(OH)_{2(s)}) + 2e^-$

음　극: $NiOOH_{(s)} + H_2O_{(l)} + 2e- \rightarrow Ni(OH)_{2(s)} + OH^-{}_{(aq)}$

전체반응: $Cd_{(s)} + 2NiOOH_{(s)} + 2H_2O_{(l)} \rightarrow Cd(OH)_{2(s)} + 2Ni(OH)_{2(s)}$

전압은 1.4V이다. 카드뮴도 유독한 중금속 (이타이이타이병)이므로 사용 후 잘 처리해야만 한다.

12.5.7 연료전지

연료를 산화시켜 직접 전기를 만드는 장치이다. 연료전지는 두 가지 측면에서 일반적인 전지와 다르다. 첫째는 연료와 산소가 계속하여 전지에 공급된다. 둘째로 전극은 백금과 같이 전기화학 반응에 불활성인 전극을 사용한다. 전극은 용액에 전자를 제공해 주는 전도체 역할을 한다. 그림 수소와 산소를 사용하는 연료전지에 대해 알아보자. 수소는 양극에서 산화되고 산소는 음극에서 환원된다. 전체 반응은 연소의 경우와 동일하나 화학에너지가 모두 열로 변환되지 않고 약 40에서 55 %는 전기에너지로 변화된다.

$$2H_2 + O_2 \rightarrow 2H_2O$$

12.5.8 풍력발전

풍력발전기를 간단하게 설명하면 10 m 이상의 높이에 날개가 둘 내지 셋 달린 큰 회전익이 장치되어있으며 회전익의 크기와 지상에서의 높이에 의해 발전 가능량이 결정된

표 12.3 보퍼트 풍력계급

풍력계급	명칭	지상 10m에서의 풍속 km/h	육상상태	해상상태
0	고요	〈1	연기가 수직으로 올라감	거울과 같은 해면
1	실바람	1 ~ 5	풍향은 연기가 날리는 것으로 알 수 있으나 풍향계는 움직이지 않음	물결이 생선바늘같이 작고 (파고 0.1m) 물거품이 없음
2	남실바람	6 ~ 11	바람이 얼굴에 느껴짐 나뭇잎이 흔들리며 풍향계도 움직이기 시작함	물결이 작게 일고 (파고 0.2m) 퍼의 마루가 부서지지 않고 모양이 뚜렷함
3	산들바람	12 ~ 19	나뭇잎과 가는 가지가 끊임없이 흔들리며 깃발이 가볍게 날림	물결이 커지고 (파고 0.6m) 파 마루가 부서져서 물거품이 생기고 흰 파도가 간간히 보임
4	건들바람	20 ~ 28	먼지가 일고 종잇조각이 날리며 작은 가지가 흔들림	파도가 일고 (파고 1m) 파장이 길어지며 흰 파도가 많이 보임
5	흔들바람	29 ~ 38	잎이 무성한 작은 나무가 전체가 흔들리고 호수에 물결이 생김	파도가 조금 높아지고 (파고 2m) 흰 파도가 많이 나타나며 물거품이 생기기 시작함
6	된바람	39 ~ 49	큰 나뭇가지가 흔들리고 전선이 소리를 내며 우산 받기가 곤란해짐	물결이 높아지기 시작하고 (파고 3m) 물거품이 광범위해지며 물보라가 생김
7	센바람	50 ~ 61	나무 전체가 흔들리며 바람을 안고서 걷기가 어려움	파도가 높아지고 (파고 4m) 파가 부서져서 물거품이 생겨 줄을 이루며 바람에 의해 날림
8	큰바람	62 ~ 74	작은 나부가지가 꺾이며 바람을 안고서는 걸음 수 없음	파도가 제법 높고 (파고 5.5m) 파장이 더 길어지며 마루의 끝이 거꾸로 됨 물거품이 강풍에 날림
9	큰센바람	75 ~ 88	가옥에 다소 손해가 생김 굴뚝이 넘어지고 기와가 벗겨짐	파도가 높고 (파고 7m) 물거품이 바람에 k라 짙은 줄무늬를 띰 마루가 흩어져 날리고 물보라 때문에 시계가 나빠짐
10	노대바람	89 ~ 102	내륙 지방에서는 보기 드문 현상임 수목이 뿌리째 뽑히고 가옥에 큰 피해가 생김	파도가 옆으로 긴 마루로 되어 몹시 높고 (파고 9m) 물거품이 큰 덩어리기 되어 강풍에 날림 파도가 심하게 부서지고 시계가 나쁨
11	왕바람	103 ~ 117	이런 현상이 생기는 일은 거의 없음 광범위한 파괴가 생김	파도는 대단히 높고 (파고 11.5m) 주위의 배는 파도에 가려 보이지 않고 길게 줄지은 물거품들이 바다를 덮음 시계가 극히 나쁨
12	싹쓸바람	118 이상	–	바다가 물거품과 물보라로 가득 차 (파고 14m 이상) 지척을 분간할 수 없음

다. 또한 바람의 속도 역시 중요한 변수이다. 지상에서 높이 올라갈수록 바람이 세게 불고 회전익이 받는 풍량은 날개의 길이-l 제곱에 비례하기 때문이다. 또한 풍력은 풍속의 세제곱에 비례한다. 대부분의 풍력발전기는 보퍼트 풍력계급으로 3~10계급($12\sim10^2$km/h)이 작동하도록 설계되어 있다.

보퍼트 풍력계급은 19세기 초에 영국의 보퍼트에 의하여 고안되었고 1962년부터 공식적으로 사용되고 있다.

터빈은 수평으로 세워져 있는 2～3 개의 날을 가지고 있고 각각 300～750 kW의 전기를 만든다. 바람의 세기는 높을수록 커지므로 높게 세워진 터빈의 발전용량이 더 좋다. 대기 오염이 없지만 터빈들이 멀리 떨어져 있어야 하므로 넓은 지역이 필요하다. 미국, 독일 등에서 용량이 큰 발전소가 있으며 우리나라에도 서해안 군산에 발전소가 있다.

12.5.9 수력발전

물의 위치에너지를 이용하여 자기장 속에 있는 전기 도선을 회전 시켜 발전하는 수력발전은 1882년도에 미국 Wisconsin 주에 있는 Appleton 발전소에서 처음으로 시작되었다. 수력발전의 장점은 가동과 정지가 용이하고 운영비가 적게 들며 기계 수명이 반영구적이라는 점이다. 수력발전에는 수로식 발전, 댐식 발전, 댐 수로식 발전, 유역 변경식 발전, 양수 발전 등이 있지만 물의 낙차에서 생기는 운동에너지를 전기에너지로 변환시킨다. 많은 전기를 얻기 위해서는 낙차가 상당히 커야하므로 수력 발전소는 주로 수요지인 도시에서 멀리 떨어진 산간벽지 즉 상류에 건설되는 경우가 많고 또한 자연환경이 훼손될 수 도 있다. 생산된 전기는 고압선을 이용하여 도시 근처까지 송전된 후 변전소에서 전압이 조절되어 일반 가정, 공공건물, 공장 등으로 보내진다. 도시 근처의 송전선, 전봇대 등은 교통이나 시민들의 안전에 위험할 수 있으므로 순차적으로 지하를 이용하여 송전할 계획이라고 한다. 참고로 우리나라는 220V를 사용하고 있다. 우리나라에는 1983년 섬진강에 수력발전소가 건설된 이래, 팔당, 청평, 소양강, 충주, 안동, 합천, 보성강, 양양, 무주 등에 수력 발전소를 건설하여 가동 중이다.

댐건설로 수력발전이 가능하게 되었고 홍수 조절 등의 여러 용도로 사용될 수 있으며 또한 주변 경관이 아름다워졌다는 것은 이로운 점이지만 단점도 있다. 자신이 태어난 강의 상류로 거슬러 올라가 산란하여야하는 연어들이 댐을 거슬러 오르지 못하고 따라서 산란하지 못하고 죽는 수가 많다는 것이 방영된 적이 있다. 물론 이에 대한 대책으로 댐 주위에 연어를 위한 물길을 새로 만들어 연어가 오를 수 있게 하였다. 그러나 인위적인 댐건설로 인하여 생태계가 받게 될 영향에 대해서는 장기간 신중하게 고려될 필요가 있다.

12.5.10 지열발전

지열은 지구 내부에서 표면으로 나오는 열을 뜻한다. 지구의 온도는 중심부로 갈수록 상승하여 내핵의 온도는 4000℃ 정도이다. 지열은 열전도 또는 가스, 온수 및 화산폭발 등에 의해 유출되며 양은 지역에 따라 차이가 크지만 지구의 전 표면에서 나온다. 재생은 불가능하지만 지구 자체의 에너지이므로 굴착하는 깊이에 따라 잠재력은 무한하다고 볼 수 있다. 지열발전은 지하에 있는 고온층에서 증기 또는 열수의 형태로 열을 받아들여 발전한다. 빗물이 단층 등을 통해서 마그마가 모여 있는 지하로 흘러 들어갈 때 열을 흡수하여 고온의 물로 바뀌며 이 때 우물을 파면 압력이 낮아져 분출되는 고온의 수증기로 터빈을 돌린다. 이탈리아의 랄데렐로 지역의 발전이 유명하며. 이 밖에 뉴질랜드, 미국, 일본, 러시아, 멕시코에서 발전소를 가동하고 있다.

12.5.11 조력발전

하구나 만을 방조제로 막아 댐을 건설한 후 밀물이 되어 조수가 해안으로 들어오면 댐 상부의 저장소에 모아 둔다. 그리고 썰물이 되어 조수가 밀려나가면 댐 상부의 물이 방류될 때의 에너지를 전기에너지로 바꾸는 것이 조력발전의 간단한 원리이다. 따라서 간만의 차가 큰 지역 황해, 영국해협, 아이리시 바다의 연안 등의 한정된 장소에만 적용할 수 있다. 간만의 차가 13.5m인 프랑스 서북에 위치한 브레타뉴 지구의 랑스강 하구에서 대규모의 발전을 하고 있다. 현재 실용화된 방법에 의하면 간만의 차이가 큰 하구나 만의 입구에 방조제를 만들고 수차 발전기와 수문을 설치하여 바닷물을 저장할 수 있는 저수지를 만든 후 수문을 조작하여 저수지와 바다와의 수위차를 발생시켜 발전을 한다. 우리나라에도 조력 발전을 위한 조사와 연구가 활발히 진행되고 있다.

12.5.12 바이오매스

살아 있는 생물체의 유기물량(건조 중량 또는 탄소량으로 표시)이 바이오매스(biomass)이며 생물체량 또는 생물량이라고도 한다. 일반적으로 열대다우림, 열대계절림, 온대 상록수림의 순으로 바이오매스가 감소하고 있다고 추정되고 있다.

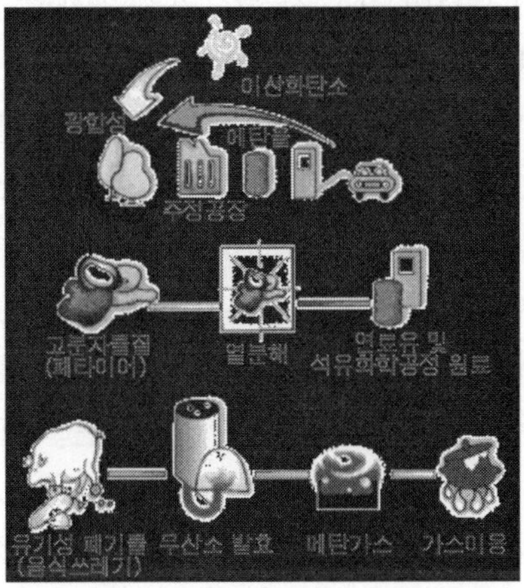

현재 가장 많이 사용되고 있는 화석연료들은 멀지 않은 장래에 고갈될 것으로 예상되고 있고 또한 환경에 악영향을 유발하므로 바이오매스를 에너지원으로 이용하는 기술의 개발이 요구되고 있고 1978년 말부터 시작된 제2차 석유파동을 계기로 세계 각국에서는 바이오매스 이용에 관한 연구가 활발해졌다. 일본에서는 호주에 자생하는 유칼립투스의 잎에서 채취한 기름이 휘발유를 대신하여 자동차의 연료가 될 수 있다는 가능성이 입증되었다. 주조법과 같은 발효법으로 사탕수수나 카사바로부터 알코올을 뽑아 가솔린에 혼합해서 만드는 가소홀(gasohol)의 연구도 활발하여 브라질이나 미국에서는 이미 일부 실용화되고 있으며, 알코올만으로 달리는 자동차도 있다. 바이오매스 이용에 특히 관심이 깊은 나라는 동남아시아나 아프리카 등지의 비산유 개발 도상국들로서, 석유를 구입할 외화가 부족하므로 바이오매스를 이용한 에너지 개발이 주요당면과제로 되어 있다.

12.5.13 연료로서의 수소

수소도 기체이므로 천연가스처럼 파이프를 이용하여 운반할 수 있다. 수소가 연소되면 많은 에너지가 나오며 물이 생긴다. 수소가 연소될 때에는 물만 생성되므로 청청연료이다. 또한 수소는 바닷물에서 만들 수 있으므로 양은 거의 무한정이다. 지구에는 수소기체가 거의 존재하지 않으므로 수소화합물 (주로 물)에서 만들어져야하므로 에너지가 필요하다. 그러므로 수소는 근본적인 에너지원이 아니고 편리한 에너지 운반체이다. 태양전지를 이용하여 물을 전기분해하여 수소를 만들 수 있는 가능성이 있다. 만들어진 수소기체를 파이프라인으로 필요한 장소로 보낼 수 있다.

11.6 환경오염문제

석탄이나 석유의 연소될 때 발생하는 황산화물 (SO_x)과 질소산화물 (NO_x)은 대기 중의 산소와 수증기에 의하여 강한 산성을 가진 황산과 질산으로 변하여 산성비를 내리게 한다. 이로 인하여 미국, 캐나다, 유럽 여러 나라들의 삼림, 호수, 습지 등에 많은 피해가 있으며 상황은 점점 더 악화되어가고 있다. 또한 온실효과를 일으키는 이산화탄소 (CO_2)는 화석연료의 연소와 열대우림의 벌채 등으로 인하여 농도가 증가하고 있고 생명체에 악영향을 주는 자외선을 차단하는 오존층이 CFCs (Chlorofluorocarbons)에 의하여 파괴되고 있어 전 세계가 주목하고 있다. 우리나라의 경우에는 산성비, 온실효과, 오존층 파괴이외에도 중국에서 이동하는 황사에 의한 피해도 점점 증가하고 있다.

우루과이 라운드 (UR) 이후 등장한 그린라운드 (GR)에 의한 '환경적으로 건전하고 지속 가능한 개발 (ESSD: Environmentally Sound And Sustainable Development)'의 원칙에 입각한 환경오염문제는 국제적인 환경보호협약으로 발전되어 최근에는 에너지 사용 규제와 에너지 효율 기준 설정 등의 내용을 포함하는 기후변화협약 (1994년 3월 21일 발효)과 같은 국제적 환경협약들을 발족시켰다.

1997년 12월 일본 교토에서 개최된 기후변화협약 제3차 당사국총회에서 채택된 교토의정서에 의하면 지구온난화를 방지하기 위하여 선진국의 온실기체 감축 목표치를 규정하였다. 의정서가 채택되기까지는 온실기체의 감축 목표와 감축 일정, 개발 참여 문제로 선진국간 그리고 선진국과 개발도상국간의 의견 차이로 심한 대립을 겪기도 했지만, 2005년 2월 16일 공식 발효되었다.

의무이행 대상국은 오스트레일리아, 캐나다, 미국, 일본, 유럽연합 (EU) 회원국 등 총 38개국이며 각국은 2008~2012년 사이에 온실기체 총배출량을 1990년 수준보다 평균 5.2 % 감축하여야 한다. 각국의 감축 목표량은 −8~+10 %로 차별화하였고 1990년 이후의 토지 이용변화와 산림에 의한 온실기체 제거를 의무이행 당사국의 감축량에 포함하도록 하였다. 그 예로 유럽연합 −8 %, 일본 −6 % 의 온실가스를 2012년까지 줄여야 한다. 감축할 기체로는 이산화탄소 (CO_2), 메탄 (CH_4), 아산화질소 (N_2O), 과플루오르화탄소 (PFC), 수소화플루오르화탄소 (HFC), 육플루오르화황 (SF_6) 등이 포함된다.

당사국은 온실기체 감축을 위한 정책과 조치를 취해야 하며, 여기에는 에너지효율향상, 온실기체의 흡수원 및 저장원 보호, 재생에너지와 신에너지의 개발, 연구 등이 포함된다. 의무이행 당사국이 감축을 할 때, 신축성을 허용하기 위하여 배출권거래 (Emission Trading), 공동이행 (Joint Implementation), 청정개발체제 (Clean Development Mechanism) 등의 제도를 도입하였으며, 1998년 11월 아르헨티나의 부에노스아이레스에서 개최된 제4차 당사국총회에서는 신축적인 제도운용과 관련한 작업을 2000년까지 완료한다는 부에노스아이레스 행동계획 (Bueno행동Aires Plan of Action)이 채택되었다.

한국은 제3차 당사국총회에서 기후변화협약에 관하여 개발도상국으로 분류되어 의무대상국에서 제외되었으나, 몇몇 선진국들은 감축목표 합의를 명분으로 한국, 멕시코 등이 선진국과 같이 2008년부터 자발적인 의무부담을 할 것을 요구하였고, 제4차 당사국총회 기간에 아르헨티나와 카자흐스탄 등의 일부 개발도상국은 자발적으로 의무를 부담할 것을 선언하였다. 2013년~17년 의무대상국이 개발도상국에 집중되기 때문에 5월부터 개최되는 대상국 확대협의에서 한국도 동참을 요구받을 것으로 예상된다. 2002년 IEA (국제에너지기구)의 통계에 따르면 한국의 연간 이산화탄소 배출량은 2000년을 기준으로 했을 때 4억 3400만 톤으로 세계 9위이며, 세계 전체 배출량의 1.8 %를 차지한 것으로 나타났다. 더욱이 1990년 이후 배출량 증가가 85.4 %로 나타나 세계 최고의 증가세를 기록하고 있기 때문에 의무대상국으로 분류될 가능성이 높다.

미국은 전 세계 이산화탄소 배출량의 28%를 차지하고 있지만, 자국의 산업보호를 위해 2001년 3월 탈퇴하였다. 그리고 오스트레일리아, 중국, 일본 등도 탈퇴를 검토하고 있다고 한다. 이러한 미국을 포함한 여러 주요한 나라들의 자국 산업 보호를 내세운 애매한 태도 및 개발도상국들의 반발로 인하여 환경오염문제 해결이 쉽지 않은 듯하다.

연습문제

1. 광합성 반응 중 명반응과 암반응을 설명하라.

2. 우리나라에는 역청탄이 거의 없고 무연탄이 대부분인 이유가 무엇일까?

3. 상온 핵융합이 가능할까?

4. 건전지의 원리를 설명하라.

5. 다목적 댐이 과연 환경 친화적일까?

6. 옥수수를 재배하여 가축 사료로 사용하는 것과 가스올을 만드는 것 중 어느 것이 더 바람직하다고 생각하는가?

CHAPTER 13

생활 속의 화학제품

지금 대부분의 가정에서 사용하고 있는 화학제품의 수는 약 오십만 가지나 된다. 예를 들면 왁스 제거제, 구두약, 페인트, 페인트 제거제, 표백제, 살충제, 쥐약, 얼룩 제거제, 유기 용제, 소독약, 비누, 합성세제, 샴푸, 린스, 향수, 화장품, 자외선 차단제, 로션, 면도 크림, 탈취제, 건조제, 헤어스프레이, 방향제 등을 사용하고 있다. 이들 중 일부는 해롭거나 부식 작용을 하며 독성을 가지고 있기도 하고 화재를 일으킬 수도 있다. 또한 사용 중과 폐기 처분할 때 환경오염을 일으킬 수도 있다. 최근에 냉매 등에 사용되어 왔던 CFC는 오존층을 파괴하는 것으로 밝혀져 활발히 대체물질에 대한 연구 개발이 진행 중이다.

이 장에서 우리가 많이 사용하고 있는 가정용 화학제품에 대하여 소개하려고 한다. 이들에 대한 지식을 가지고 있으면 원하지 않는 사고의 발생을 줄일 수 있다.

13.1 계면활성제

수용액 속에서 표면장력을 작게 하는 물질이며 친수기와 소수기를 가지고 있고 분자량은 100에서 1000 정도이다. 일반적으로 서로 반대 성질인 물과 기름에 대하여 친화성이 있다. 비누는 계면활성제의 대표적인 것이다. 계면활성제는 보통 1% 농도에서 물의 표면장력 72mN/m을 30mN/m 이하로 감소시킨다. 수용액에서 계면활성제의 농도가 어느 정도 높아지면, 단순 분산 상태였던 계면활성제가 집합체 (미셀)를 형성한다. 이때의 농도를 임계미셀농도 (critical micelle concentration ; 약칭 CMC)라고 한다. 음이온 계면활성제와 양이온 계면활성제 그리고 비이온 계면활성제로 구분한다. 음이온 계면활성제는 지방산이온 ($-COO^-$), 황산이온 ($-OSO_3^-$), 아황산이온 ($-SO_3^-$), 및 인산이온 ($-OPO_3^{2-}$)을 가지고 있으며 양이온으로는 소듐이 주로 사용되며 어떤 경우에는 포타슘이 사용되기도 한다. 양이온 계면활성제에는 4차 암모늄이온이 양이온으로 작용하며 음이온은 보통 할로겐 음이온이다. 비이온 계면활성제에는 전하가 없는 극성기 (친수기)가 결합되어 있다. 특징적인 성질로는 습윤, 침투, 에멀젼화, 분산. 흡착, 기포발생, 가용화 등이 있으며 주로 세제로 이용된다.

13.1.1 비누

비누는 계면활성제의 일종이며 피부의 더러움이나 먼지 등의 오염물, 의류에 부착된 고체, 기름 오염물 등을 제거하는 세정제로 이용된다. 비누는 동물의 지방이나 식물성 기름을 수산화소듐 수용액과 가열하여 제조한다. 수산화소듐에 의하여 지방이나 기름이 고급지방산 (포화 또는 불포화)과 글리세린으로 분리되며 고급지방산이 수산화나트륨의 소듐과 결합하여 비누가 된다. 동물의 지방이 들어있는 용기에 수산화소듐 수용액을 넣고 여러 시간동안 잘 교반하면서 가열하여 생긴 비누 성분에 염화소듐 수용액을 넣어 분리하여 프레스로 눌러서 굳히면 비누가 된다. 비누의 분자는 탄화수소의 긴 사슬로 된 소수기와 카르복시기가 알칼리금속과 결합된 친수기로 된 전형적인 음이온성 계면활성제이다. 비누가 물에 녹으면 소수기는 물과의 작용이 나쁘므로 되도록 물과의 접촉면적이 작게 되도록 비누 분자가 모인다. 한편, 친수기는 물과 친숙하므로 물 쪽으로 접촉하가 쉬운 배열을 이룬다. 따라서 소수기가 안쪽으로 친수기가 바깥쪽으로 배열하여 미셀이라 불리는 분자 집합체를 만든다. 미셀의 중심은 소수기의 집합체이다. 즉 물과는 친숙하기 어렵고 기름과는 서로 작용한다. 그러므로 물로 간단히 씻을 수 없는 기름때도 미셀 속에는 쉽게 흡착된다. 그리고 미셀의 표면은 친수성이므로 물로 쉽게 씻어낼 수 있다. 비누의 세제로서의 장점은 물에 용해되면 알칼리성을 나타내어 면, 마 등의 세탁에 적당하고, 피부 세정용으로 이용되면 과도하게 지방을 제거하지 않아 사용감이 좋다는 것이다. 한편, 칼슘, 마그네슘 등의 금속이온이 함유된 경수에서는 이들 이온과 염을 만들어 물에 용해되지 않으므로 세정력이 떨어지며, 저온에서는 용해도가 낮아 세정력이 약한 것 등의 단점이 있다. 산성 용액에서는 비누가 지방산으로 분해되어 세척력이 없어지며 물에 안 녹는 찌꺼기가 생긴다. 가정에서 사용하는 화장비누는 이런 일이 일어나지 않도록 EDTA이소듐염을 첨가한다. EDTA는 화학명이 에틸렌디아민테트라아세트산이며 칼슘, 마그네슘 이온과 강하게 결합하여 물에 녹는 착이온을 만들므로 경수에서도 지장이 생기지 않는다. 또한 비누의 폐수는 미생물 등에 의한 분해성이 좋고 발포성도 작기 때문에 환경오염에 관해서는 비교적 문제가 적은 세제라고 할 수 있다. 비누의 전래로 인해 사라진 전통적인 세정제로는 잿물, 팥을 갈아 만든 조두가 대표적이며, 이 밖에 석감, 콩깍지 삶은 물, 창포 우린 물, 고운 쌀겨, 오줌 등도 사용되었다.

13.1.2 비누의 역사

기원전 2800년 경 고대 바빌론에서 사용되던 원추형 점토에서 비누와 유사한 물질이 발견되었으며 지방을 재와 함께 끓여 헤어 스타일링 보조제로 사용하였다는 기록이 최초의 비누이다. 기원전 1500년경에 기록된 고대 이집트의 의학서에 동물성 기름과 식물성 기름을 알칼리물질과 혼합하여 피부 질환과 아울러 세정에 사용하는 비누를 만드는 방법이 나타나 있다. 고대 이집트 사람들은 이런 방법으로 만든 비누를 사용하여 정기적으로 목욕을 하였다고 전해진다.

영어의 soap 즉 비누는 고대 로마에서 많은 동물들이 재물로 바쳐진 사포산에서 유래하였다. 사포산에는 비가 오면 죽은 동물에서 나온 동물성 기름과 타고 남은 나무 재들이 혼합되어 강가의 점토 속으로 흘러갔고 이 점토화합물이 세척에 도움을 주었기 때문에 사포 (sapo)에서 유래하여 오늘날의 soap이 되었다. 로마인들은 로마 시에 물을 공급하는 수도를 건설하여 공급된 물로 목욕을 하는 문화가 발전하였고 2세기경 그리스의 물리학자인 Galen이 치료와 세정의 목적으로 비누의 사용을 권장하였다.

야만인인 게르만 인들이 로마에 들어와 로마의 풍습을 배워나가는 중 목욕의 풍습도 7세기경 유럽에 보급되어 본격적으로 시작되었으며 목욕 제조 조합도 결성되었다. 이때부터 사용되었던 비누는 기름과 재의 혼합물에 향료를 첨가한 것이었다. 그리고 점차적으로 발전하여 면도용, 세발용 및 입욕용, 세탁용 등의 다양한 종류의 비누가 만들어져 사용되기 시작하였다.

대규모의 상업적 비누는 1791년 프랑스의 화학자 Nicolas Leblanc이 소금에서 소다재 즉 탄산소듐 (sodium carbonate)을 만드는 공정을 특허화하면서 시작되었다. Leblanc공정에 의하여 품질이 좋으며 저렴한 비누를 대량으로 제조할 수 있게 되었다.

우리나라의 비누는 언제부터 사용되었을까? 과거에는 비누 대신 쌀겨, 쌀뜨물, 콩가루, 밀가루 등이 세제로 사용됐는데 이것과 관련해 제일제당 생활화학 기획팀 제구환 부장은『이들 성분의 표면에 미세한 구멍이 많아 지방을 흡착하는데다 그 속에 천연계면활성제성분이 미량 섞여 있기 때문』이라고 설명했다. 실제로 이들 성분은 과거 비누대체제로 활발히 사용됐고 이것을 상대적으로 구하기 쉬웠던「방앗간집 딸」들이『피부가 고와 아름답다』는 이야기가 아직도 전해지고 있다 조선시대에는 궁중이나 양반집 규수들이 녹두가루나 창포가루를「조두박」에 담아 썼고,『더러움을 날려보낸다』는 뜻에서 이를「비루」(비누)라고 불러 오늘날「비누」의 어원이 됐다. 현대적인 의미의 비누는 19세기 프랑스신부 리델이 가져온「샤봉」(비누의 또 다른 말인 사분의 어원으로 추정됨)이라는 비누가 처음이며 일본을 통해 가성소다(양잿물)가 들어오면서 수공업형태로 비누가 만들어지기 시작했다. 물자가 부족한 이유로 등겨기름에다 가성 소다를 섞어 만들다 보니 거칠고 검은 형태에지나지 않았는데 이를 석감(석검 : 일부지방에선 사투리로 새끼미)이라 불렀다. 이후 50년 동산유지, 54년 애경유지 등이 세워져 오늘날의 비누를 생산해냈고 66년부터는 알킬벤젠을 수입해 만든 가루비누인 럭키의 하이타이 애경의 크린업 등이 등장하였고 세탁기 보급 확대에 힘입어 본격적인 합성세제시대를 열었다. 요즈음엔 환경보호추세에 발맞춰 비누는 물론 가루비누도 모두 생분해도가 높은 천연성분으로 바뀌고 있는 상태며, 「미래의 세제」로 미생물·초음파·효소 등을 이용한 세탁제제가 활발히 연구되고 있다.

13.1.3 물의 연화제

비누는 산성 용액과 경수 등에서 세척력이 떨어지므로 물을 미리 중성 내지 염기성의 연수로 만들 필요가 있으며 이 때 사용되는 화학물질을 연화제라고 한다. 효과적인 물 연화제는 탄산소듐 ($Na_2CO_3 \cdot 10H_2O$)이다. 연화제는 물을 염기성으로 만들어 지방산의 침전 생성을 방지하며 경수에 있는 칼슘이온과 마그네슘이온을 제거한다.

$$CO_3^{2-} + H_2O \rightarrow HCO_3^- + OH^-$$
$$Mg^{2+} + CO_3^{2-} \rightarrow MgCO_3$$
$$Ca^{2+} + CO_3^{2-} \rightarrow CaCO_3$$

인산소듐 (Na_3PO_4) 역시 물 연화제로 사용된다.

$$PO_4^{3-} + H_2O \rightarrow HPO_4^{2-} + OH-$$
$$2PO_4^{3-} + 3Mg^{2+} \rightarrow Mg_3(PO_4)_2$$
$$2PO_4^{3-} + 3Ca^{2+} \rightarrow Ca_3(PO_4)_2$$

13.1.4 합성세제

비누가 가지고 있는 단점을 보완하기 위하여 인공적으로 합성된 세정제이며 대부분 중성이므로 중성세제라고도 하다. 합성세제도 계면활성제에 속하고 양이온세제, 음이온세제 및 비이온세제로 나눌 수 있다. 석유제품에서 만들어지는 라우릴 황산소듐이 최초로 만들어졌다.

라우릴 황산소듐: $CH_3(CH_2)_{11}OSO_3^-Na^+$

불포화지방을 수소로 환원하고 황산과 반응시킨 후 중화하여 만들어졌다. 음이온세제에는 생분해가 안 되는 알킬벤젠황산 (alkylbenzenesulfonate, ABS) 세제와 생분해가 되는 선형 알킬황산 (linear alkylsulfonate, LAS)세제로 구분된다.

■ **ABS세제**

가지 달린 ABS분자는 미생물에 의해 쉽게 되지 않으므로 심각한 수질오염을 초래하여 판매 금지되었다. LAS세제는 탄소사슬이 선형이며 미생물의 효소에 의해 분해된다. 음이온세제의 세척력은 산성 용액과 경수에서 비누보다 좋다. 술폰산의 칼슘 및 마그네슘염은 물에 녹으므로 경수에서도 침전이 생기지 않는다. 양이온세제는 사배위 암모늄 이온이온과 할로겐이온으로 이루어져 있다. 살균작용을 가지고 있어 항균, 변기 청소 등의 용도에 사용된다. 비이온성세제는 극성이 작은 유기물 (소수기)에 전하가 없는 친수성 극성기가 결합되어 있다. 비이온성세제에는 이온이 없으므로 경수에 많은 칼슘, 마그네슘 및 철 이온들과 반응하지 않고 따라서 세척력이 감소하지 않는다. 또한 산과도 반응하지 않으므로 강산 용액에서도 사용이 가능하다. 실온에서 주로 액체이므로 액상세제로 사용된다. 합성세제에는 충진제와 광택제가 첨가되는데 이들의 환경에 대한 영향은 아직도 논의 중이다.

13.1.5 식기세척제

손으로 직접 그릇을 씻는 데 사용되는 식기세척제는 하나 또는 둘 이상의 계면활성제와 향수, 색소, 그리고 몇 종류의 첨가제가 포함되어 있다. 계면활성제로는 소듐이나 트리에탄올아민의 LAS 염이거나 비이온성 세제이다. 세제의 성분이 약하면 효능이 떨어지므로 더 많이 사용하여야 한다. 자동 식기 세척기 용 세제는 부식성이 크므로 직접 사용해서는 안 된다. 주성분으로 삼인산소듐, 메타규산소듐, 황산소듐과 소량의 비이온성 세제를 포함하고 있다. 그릇의 찌꺼기와 기름기를 제거하는 원리는 세제의 강 염기성과 기계적인 격렬한 휘저음이다.

13.2 표백제

섬유, 실, 종이, 식품 등에 함유되어 색을 나타나게 하는 색소를 화학적으로 분해하여 제품을 희게 하는 액체 화학약품이며 화학적으로 산화작용을 이용하는 산화표백제와 환원작용을 이용하는 환원표백제가 있다. 환원표백제는 명주, 양모 등 한정된 섬유에만 사용된다. 산화표백제는 과산화수소, 과산화소듐, 과망가니즈산포타슘 등과, 하이포아염소산소듐, 아염소산소듐 등이 있다. 그리고 환원표백제에는 하이드로설파이드, 산성아황산소듐 등이 있다. 면 등의 셀룰로스계 섬유에는 하이포아염소산소듐, 아염소산소듐, 과산화수소, 표백분 등이 쓰인다. 아크릴 및 폴리에스테르 섬유에는 아염소산소듐이 사용되고, 나일론에는 아염소산소듐, 과산화수소, 과아세트산 등의 산화제가 사용된다. 나일론은 염소에 약하고 노랗게 변하기 쉬우므로 염소계 표백제를 사용한 뒤 남아 있는 염소를 제거해야 한다. 명주 표백에는 과산화수소 또는 하이드로설파이드가 사용된다. 염소계 표백제를 사용하면 노랗게 변하므로 조심해야 한다. 양모에는 과산화수소, 과산화소듐, 과망가니즈산포타슘 등의 산화표백과 하이드로설파이드를 사용하는 환원표백이 있는데, 산화표백 후 환원표백하면 선명한 흰색이 얻어진다. 동물성 섬유는 이

산화황 같은 산성 환원제로 표백한다.

13.3 치약

치약은 치아표면에 붙어있는 음식찌꺼기들을 제거하는 연마제와 세제의 혼합물이다. 치아 에나멜은 탄산칼슘 ($CaCO_3$)과 인회석 [$Ca_{10}(PO_4)_6(OH)_2$]로 이루어져 있어 단단하지만 음식물이 분해되면서 생성되는 산에 의해 쉽게 공격받는다. 음식물이 분해되면 산이 생성되고 구강박테리아들은 당이 분해되어 생기는 덱스트린을 산으로 변화시키므로 치아를 깨끗이 하여 산과 오랜 접촉을 하지 않는 것이 중요하다. 음식물찌꺼기와 분해물 및 박테리아로 이루어진 막이 더 단단해지면 치아에 플라그가 생기며 치솔질로 플라그를 주기적으로 완전히 없애지 않으면 산 등의 유해한 물질해물 속 생기므로 결국에는 치아 등의 뼈가 상한다. 치아에서 제거되지 않고 남아있는 플라그는 침 속의 무기질에 의해 석회질 즉 치석으로 변한다. 치약에 함유되어 있는 피로있는 피 ($Na_4P_2O_7$)은 치석을 만드는 무기질 결정 생성을 방해하여 치석을 해방하는 효과가 있다. 플라그나 박테리아에 의해 만들어진 산의 지속적인 접촉에서 치아를 보호하면 단단하고 건강한 치아를 유지할 수 있다. 치약에는 연마제 세제, 각종 향, 감미제, 색소 등이 함유되어 있다. 연마제는 치아의 에나멜을 손상하지 않고 치아표면의 불순물을 제거한다. 치약용 연마제들이 표 13.1에 수록하였다.

표 13.1 **치약용 연마제**

연마제	화학식
탄산칼슘	$CaCO_3$
메타인산소듐	$(NaPO_3)_n$
수소인산칼슘	$CaHPO_4$
산화타이타늄	TiO_2
인산칼슘	$Ca_3(PO_4)_2$
수화된 산화알루미늄	$Al_2O_3 \cdot nH_2O$
수화된 산화규소	$SiO_2 \cdot nH_2O$

세제는 제거된 입자들을 물로 씻을 때 잘 떠내려가도록 한다. 주로 사용되는 세제는 라우릴 황산소듐이다.

라우릴 황산소듐: $CH_3(CH_2)_{11}OSO_3^-Na^+$

박테리아가 치아의 작은 균열이나 틈새에 있는 음식물 찌꺼기를 먹고 산을 만들면 치아가 손상되지만 플루오린이온 (F^-)이 포함된 치약은 플루오르이온이 치아의 인회석구조에 들어가 플루오린화인회석 [$Ca_{10}(PO_4)_6F_2$]를 만들어 산의 공격에 더 잘 견디게 한다. 면 치아플루오린화 인산소듐 (F-$_3$FPO$_3$)이나 플루오린화주석 (SnF_2) 등이 면 치아 첨가되어 플루오린이온을 공급한다. 면아 손상보다 잇몸병 만들(F-3 질환이 더 많고 중요하므로 질환을 막기 위 들어과산화물 등의 항균제가 치약에 첨가되어야 한다는 주장이 제기되고 있다.

13.4 향수

여러 가지 향료의 혼합물을 알코올에 녹여 만든다. 자연계에 존재하는 향료에 살균, 해독, 해열 등의 약효작용이 있다는 것을 알고 기체나 액체의 형태로 오랫동안 사용해왔다. 향수는 보통 액체이므로 피부표면의 온도에서 휘발하여 기체로 변화할 수 있는 성분을 포함해야만 한다. 백 년 전까지는 가격이 비싸고 양이 많지 않았으므로 부유층에 시민 사용이 가능하였지만 천연향수의 성분이 밝혀지면서 비슷한 효능을 가진 향료가 인공적으로 만들어지면서 일반화되어 오늘날에는 비누, 세제, 세척용품, 표백제 등에도 향수가 포함된다. 꽃과 과일의 향을 내는 향료들에 시트랄 (레몬 향), 아이론 (제비꽃 향), 자스몬 (재스민 향), 제라니올 (장미 향) 등이 대량생산이 되고 있다. 일반적으로 향수는 휘발성과 분자량이 다른 세 종류의 성분으로 이루어져 있다. 첫 번째 성분은 가장 휘발성이 높고 뚜렷하고 특징적인 향을 가지고 있다. 감귤오일이나 로즈베리, 라벤더 등의 식물에서 얻는다. 두 번째 성분은 휘발성이 약간 작고 중간 단계에서 향기를 내며 꽃에서 추출한 지방성분이며 시간이 지나도 오래 향기가 계속하여 나온다. 마지막 단계에서 향기를 뿜는 세 번째 성분은 거의 휘발하지 않는 수지나 왁스이다. 마지막 성분을 이루고 있는 분자들은 분자량이 크며 첫 번째와 두 번째 성분의 분자들과 결합하여 휘발 속도를 줄여서 전체적인 향기를 조절한다. 최근에는 거의 모든 향료들이 합성되어 사용된다. 예를 들면 에티오피아의 사향고양이에서 분비되는 시비톤이 토륨이온을 촉매로 사용하여 최근에 합성되었다. 또한 향수는 10~25%의 향료가 75~90%의 알코올에 녹아 있으며 또한 향료를 용액상태에서 안정화시키는 정착액이 포함되어 있다. 용매인 알코올로 인하여 향수는 항균성과 방부성을 가지고 있다.

13.5 샴푸

모발의 각질에는 S-S결합과 사슬간의 이온결합 및 수소결합이 중요한 역할을 한다. 머리를 감으면 각질이 물을 흡수하여 부드러워지며 신축성이 증가한다. 또한 물에 의하여 수소결합과 사슬 간의 이온결합이 끊어진다. 끊어지는 정도는 pH의 영향을 받고 pH가 4.1 이상이면 사슬이 잘 끊어진다. 샴푸는 사슬간의 결합을 끊어 머리를 부드럽게 하고 깨끗하고 건강한 모발을 유지하게 한다. 샴푸에 포함되어 있는 세정제로 비누가 사용되어 왔는데 비누는 머리 결에 비누막이 생기게 하고 특히 경수에서는 생긴 막이 잘 제거되지 않는다. 따라서 최근의 샴푸에는 세정제로 합성세제의 일종인 음이온 세제가 포함되어 있다. 다이에탄올아민과 라우릴산에서 만들어지는 비이온성 계면활성제는 거품안정제나 농화제로 유용하므로 샴푸에 첨가되기도 한다. 또한 경수에 있는 칼슘이나 마그네슘이온과 착물을 만들어 음이온세제와 반응하여 침전이 되는 것을 방지하기 위하여 에틸엔디아민사아세트산 (EDTA) 등의 착화제가 첨가되기도 하며 머리 피부의 건조를 막고 비늘이 쌓이지 않게 하기 위해 라놀린과 미네랄오일 등이 첨가된다. 머리를 감을 때의 물의 온도는 38℃ 정도가 적당하다. 샴푸가 남아있으면 비듬과 가려움의 원인이 되기도 하고 심하면 머리가 빠지기도 하므로 완전히 제거해야 한다. 또한 샴푸를 완전히 제거하면 머리털의 손질이 용이하고 광택이 나며 정전기가 발생하지 않는다. 주로 사용되는 샴푸는 합성세제를 주원료로 한 것이 많으나, 이것은 분해되지 않으므로 환경오염의 한 원인이 되고 또 모발 손상의 예도 보고되고 있어, 자연적으로 분해되는 식물에서 얻어지는 원료에서 합성되는 샴푸를 만들고 있다.

13.6 린스

샴푸에 들어있는 황산라우릴소듐과 같은 음이온 세제는 양이온 세제가 함유된 린스 또는 컨디셔너로 제거한다. 사배위 암모늄이온 등의 양이온은 음이온과 반응하여 염이 되므로 음이온 세제가 쉽게 제거된다. 또한 양이온은 손상된 모발 (깨어진 단백질 사슬의 $-COO^-$)을 중성화시키며 친유성인 알킬 사슬은 모발을 부드럽게 한다. 샴푸에 들어있는 중성음이온세제는 모발에서 지방을 제거하는 경향이 크므로 린스에 지방분이 첨가되어 모발에 지방을 공급한다. 린스에는 양이온 계면활성제와 지방 성분이 있는 고급알코올, 단백질 등이 함유되어 있다.

13.7 탈모제

다리 등에 털이 많이 있을 때 특히 여성들은 털을 제거하기를 원하며 면도기 등의 물리적인 방법과 아울러 탈모제를 사용하기도 한다. 탈모제의 대부분은 크림이나 로션이며 황화소듐 (Na_2S)이나 티오글리콜산 [$Ca(CH_2SHCOO)_2$] 등의 수용성 황 화합물이 포함되어 있고 강한 염기성이므로 털 단백질의 펩티드 결합을 파괴하며 부작용으로 피부에도 손상을 입힌다. 따라서 탈모제를 일주일 이상의 간격을 두고 사용하는 것이 바람직하다. 크림탈모제에는 이들 황화합물과 충진제, 피부조절제, 세제 등을 물에 녹여 만들며 염기성을 만들기 위하여 수산화칼슘 등이 첨가된다.

13.8 대머리의 원인과 치료

대머리가 되는 원인은 여러 가지가 있지만 아직 확실히 밝혀지지는 않고 있다. 원형탈모증의 원인으로는 알레르기, 병원균, 모발선장장애, 내분비장애, 또는 이들의 복합적인 작용 등의 원인에 의해 생긴다고 하며 장년기의 남자들에게 일어나는 대머리는 유전과 아울러 남성호르몬인 안드로겐에 의하여 일어나는 것으로 알려져 있다. 그 외에도 정신적 스트레스, 고열, 난산, 수술에 의한 쇼크 등으로 머리가 빠지기도 한다. 치료법으로 털을 심는 방법, 발모제를 바르는 방법이 사용되고 있지만 효과는 아직 그렇게 뚜렷하지 않다. 발모제로는 미녹시딜이 주로 이용되는데 이것은 혈관을 확장하여 머리카락 뿌리가 있는 곳에서 가늘고 연약한 모발의 성장을 촉진한다.

13.9 기타 세척제들

많은 종류의 세척제들이 시판되고 있다. 크롬, 청동, 구리, 은 등의 금속을 제거하는 세제와 석회, 녹, 얼룩, 기름 등을 제거하는 용도로 사용되는 세제도 많이 사용되고 있다. 몇 가지 여러 용도에 사용되는 세척제에 대하여 알아보자.

13.9.1 용변기, 하수구, 오븐 세척제

용변기에는 경수에서 생기는 탄산염 침전물과 색이 있는 금속화합물들이 생기는 수가 많으므로 이들을 제거하려면 강한 산성인 염산이 함유된 세척제를 사용한다. 철 이온과 반응하여 색이 거의 없는 수용성 이온을 만드는 인산과 옥살산 등의 산들이 일반적으로 첨가된다. 세척제 용액의 pH는 2보다 작으므로 눈과 피부에 닿지 않게 주의하여 취급하여야한다. 하수구나 오븐의 청소에 사용하는 세제는 수산화소듐을 함유하는 pH가 12 이상인 강염기 용액이다. 하수구에는 지방과 기름 덩어리 또는 모발 등에 관이 잘 막힌다. 강염기 용액은 지방과 기름을 수용성인 작은 분자들로 분해하며 단백질도 가수 분해되어 물에 녹으므로 관에 모여 막고 있는 지방분이나 모발이 쉽게 물과 함께 내려간다. 알루미늄이 강염기과 반응하면 수소기체를 만들어 막힌 부분을 더 빨리 뚫리게 하므로 제품에 첨가되기도 한다. 마지막으로 오븐에는 음식에서 나온 기름때가 모이게 되므로 강염기 용액으로 세척하면 쉽게 제거할 수 있다. 강염기 용액도 피부에 해로우므로 주의하여 다루어야 한다.

13.9.2 얼룩제거제

옷에 묻은 얼룩은 보통의 세제나 표백제로 잘 없어지지 않는 경우가 많다. 이럴 경우에는 얼룩에 따라서 다른 약품들이 사용된다. 얼룩을 용해할 있는 용매가 사용되거나 산화반응 등으로 분해하여 얼룩을 제거할 수 있는 약품들이 자주 사용되며 표 13.5에 일부 제품이 나타나 있다.

표 13.5 얼룩과 적당한 얼룩제거제

얼룩	얼룩제거제	작용
커피	차아염소산 나트륨 용액	산화
립스틱	이소프로필알코올	용해
녹과 잉크	옥살산, 메탄올, 물	용해
접착제	아세톤	용해
아스팔트	무기물 수용액	용해
피	찬물, 과산화수소	용해 및 산화
열매, 과일	과산화수소	산화
겨자	차아염소산소듐용액	산-염기 반응
발한억제제	가정용 암모니아 수	산-염기 반응
땀	가정용 암모니아 수, 과산화수소	산화
콜라	색이 없는 오렌지류 음료	용해
담배	차아염소산소듐 용액	산화

염소를 포함하는 사염화탄소는 독성이 강하여 취급하기 곤란하므로 사염화탄소로만 제거되는 얼룩의 경우에는 전문 세탁소에 의뢰하는 것이 바람직하다. 얼룩 제거 반응의 예로는 옷에 묻은 아이오딘 얼룩의 제거이다. 아이오딘 얼룩은 진한 자주색을 띠며 싸이오황산소듐용액으로 제거된다. 제거반응은 산화–환원반응이며 다음과 같다.

$$I_2(s) + 2S_2O_3^{2-}(aq) \rightarrow 2I^-(aq) + S_4O_6^{2-}(aq)$$

13.10 CFC와 오존층 파괴

광합성에 의해 지구에 산소가 생겨 점점 많아지게 되자 지구로 들어오는 자외선에 의해 오존이 생성되어 25~30km의 성층권에 모여 만들어진 것이 오존층이다. 오존층은 약 10~50㎞ 고도에 위치하는 상부 대기층으로 많은 양의 오존이 존재한다. 성층권 오존은 산소분자가 태양으로부터 방출되는 강력한 자외선을 받아 두 개의 산소원자로 분해되면서 발생된 산소원자가 다시 산소분자와 결합하여 생성된다. 오존분자들은 태양의 강렬한 자외선을 흡수하여 지표면에 도달하지 못하게 하여 생명체들을 보호한다. 오존층이 생명체에 해로운 자외선을 차단하여 지표면에 도달하지 못하게 하자 그 때까지 바다 깊은 곳에서만 생존하던 생물들이 강을 거쳐 육지로 상륙하였다. 그러나 최근에 인간에 의하여 오존층이 파괴되어 특히 남극 상공에 큰 구멍이 생겨 해마다 점점 커지고 있어 피부암이 증가하는 등의 생명체에 큰 위협이 되고 있다.

오존층 파괴는 주로 CFC (chlorofluorocarbon)들에 의해 일어난다. 이들 CFC는 열에 안정하며 금속을 부식하지 않고 전기를 통하지 않는 등의 장점과 아울러 지표면에서는 아주 안정하고 인체에 거의 무해하므로 반도체와 정밀부품의 세척, 냉장고의 냉매, 플라스틱의 발포제, 에어로졸 등의 여러 분야에 사용되고 있었다. 지표면에서 아주 안정하므로 분해되지 않고 상승하여 성층권의 오존층에 도달하였는데 문제를 일으키기 시작하였다. 거기서 강한 자외선에 의하여 CFC가 분해되고 생긴 염소라디칼 (Cl·)이 오존을 파괴하였다. 이 반응은 연쇄반응이므로 하나의 염소라디칼에 의해 많은 오존이 사라진다. CFC 이외에도 halon 가스, 사염화탄소, 메틸클로로폼, 삼염화에틸렌 사염화에틸렌 등이 오존을 파괴한다.

남극 상공에 오존층 파괴가 특히 심한 이유는 성층권의 온도가 여름에는 220K로 거의 일정하게 유지되지만 겨울에는 온도가 190K까지 떨어져 수증기가 포화되어 얼음결정이 만들어지며 이 결정에 질산3수화물 ($HNO_3 \cdot 3H_2O$)이 함유된다. 따라서 겨울에는 염소라디칼이 염산 (HCl)이나 염화질산, chloro nitrate ($ClNO_3$)의 형태로 안정하게 축적되고 있다가 봄이 되면 다시 활성화된 염소라디칼이 만들어지기 때문이다.

연습문제

1. 비누가 일반적으로 사용되면서 질병이 많이 사라졌다. 합당한 이유를 생각하라.

2. 합성세제의 장단점은 무엇인가?

3. 구강청정제가 치아 관리에 바람직할까?

4. 경찰에서 혈흔을 찾아내기 위하여 사용하는 방법의 원리는 우엇일까?

5. 가전제품이 여성의 권리를 크게 신장시킨 것에 대한 의견을 기술하라.

6. 오존층이 사라지면 우리 인간에게 어떤 영향이 올까?

찾아보기

| 저자 소개 |

김영해
서경대학교 이공대학 화학생명공학과 부교수(이학박사)

이철호
서경대학교 이공대학 화학생명공학과 부교수(이학박사)

홍성엽
서경대학교 이공대학 화학생명공학과 부교수(이학박사)

생활과 과학

| **저 자** 김영해 · 이철호 · 홍성엽
| **발 행 인** 주정희
| **발 행 처** 자유아카데미
| **주 소** 경기도 파주시 회동길 37-42 파주출판도시
| **전 화** 031-955-1321
| **팩 스** 031-955-1322
| **홈페이지** www.freeaca.com
| **전자우편** main@freeaca.com(대표)
editor@freeaca.com(편집)
crm@freeaca.com(영업)
| **등 록** 제406-2003-017호, 1980. 7. 12
| **제1판1쇄** 2010년 2월 28일 발행
| **제1판4쇄** 2018년 2월 28일 발행
| **정 가** 18,000원

저자와의 협의하에 인지생략

ISBN 978-89-7338-821-9 93400